全国高职高专**石油化工类专业**“十三五”规划教材

石油产品分析

SHIYOU CHANPIN FENXI

第二版

甘黎明　王海超　主编
孙乃有　主审

化学工业出版社
·北京·

本教材是“十三五”职业教育国家规划教材，按照“工学结合，项目引领，任务驱动，教学做一体”的课程建设理念与思路进行编写。教材内容共分七章，包括课程引导知识、汽油质量检验、柴油质量检验、喷气燃料质量检验、润滑油质量检验、其他石油产品质量检验和生物燃料质量检验。各章前后分别设有学习指南和本章小结、阅读材料与习题；书中附有油品质量检验操作规程（试验方法）及评分标准等。

本教材可供高职高专院校石油化工生产技术、石油炼制、工业分析及商品检验等专业学生使用，也可作为石油化工企业、油品销售公司等相关岗位技术人员的参考用书。

图书在版编目（CIP）数据

石油产品分析/甘黎明，王海超主编．—2版．—北京：化学工业出版社，2019.7（2021.10重印）

全国高职高专石油化工类专业“十三五”规划教材

ISBN 978-7-122-34332-1

Ⅰ.①石…　Ⅱ.①甘…②王…　Ⅲ.①石油产品-分析-高等职业教育-教材　Ⅳ.①TE626

中国版本图书馆CIP数据核字（2019）第071274号

责任编辑：窦　臻　林　媛　　　装帧设计：王晓宇

责任校对：刘　颖

出版发行：化学工业出版社（北京市东城区青年湖南街13号　邮政编码100011）

印　　装：三河市延风印装有限公司

787mm×1092mm　1/16　印张16¾　字数416千字　2021年10月北京第2版第3次印刷

购书咨询：010-64518888　　　售后服务：010-64518899

网　　址：http://www.cip.com.cn

凡购买本书，如有缺损质量问题，本社销售中心负责调换。

定　　价：48.00元

前言

PREFACE

本书是全国高职高专石油化工类专业“十三五”规划教材，在第一版的基础上作了修订。第一版自2011年出版以来，多次重印，在多所高职高专院校使用，在教学过程中发挥了一定的积极作用，深受广大读者欢迎。

本教材按照“工学结合，项目引领，任务驱动，教学做一体”的课程建设理念与思路进行编写，教材内容共分七章，包括课程引导知识、汽油质量检验、柴油质量检验、喷气燃料质量检验、润滑油质量检验、其他石油产品质量检验和生物燃料质量检验。

随着石油化工行业的发展和分析检测技术的不断进步，一些石油产品的标准和试验方法标准出现一些更新，包括石油产品及润滑剂总分类的内容也有一些调整，所以第一版中的某些标准和内容知识稍显陈旧，不利于相关院校的教学工作，也给分析化验人员的参考工作带来诸多不便。因此，本次修订在保持第一版教材基本结构不变的基础上，重点进行了知识更新和标准查新，具体修订内容如下：

（1）全面查阅新标准，更新教材相关内容，对第一版教材中涉及更新的石油产品标准和试验方法全部更新处理，修订教材中的相关内容，保持和新标准一致。

（2）在总结教材使用效果的基础上对部分章节的次序和内容进行微调，在课程各章学习任务分布均衡的基础上，更加突出关键特性指标，使之更贴近教学需要。

（3）继续丰富教材内容，替换及增补一些新仪器图片、习题等。

（4）保持教材的科学性和严谨性，对原教材中存在的部分不合理之处进行了修正和更新。

本教材修订由甘黎明、王海超负责协调组织工作。教材第1章、第4章、第5章和附录由甘黎明（兰州石化职业技术学院）编写，第2章、第3章、第6章和第7章由王海超、卢锦华（承德石油高等专科学校）编写。全书由甘黎明、王海超统稿并任主编，兰州石化职业技术学院王守伟、汪永丽等老师参与了部分修订工作。本书第一版主编孙乃有教授对本书修订提供了大量宝贵意见和建议，并担任教材主审。在此，对他们的辛勤劳动表示衷心的感谢。

由于编者水平所限，本次修订工作中难免存在疏漏，恳请专家和读者批评指正，不胜感谢。

编者

2019年5月

第一版前言

PREFACE

本书是全国高职高专石油化工类专业“十二五”规划教材。

教材共分七章，包括课程引导知识、汽油质量检验、柴油质量检验、喷气燃料质量检验、润滑油质量检验、其他油品质量检验和生物燃料质量检验。各章前后分别设有学习指南（知识目标、能力目标）和本章小结、阅读材料与习题；书内附有 20 个油品质量检验记录（报告）单和操作规程评分标准。各油品测定试验方法，均采用国家或行业最新现行标准并在相应章节内给出。

本教材是按照“工学结合，项目引领，任务驱动，教学做一体”课程建设理念与思路进行编写的，可供高职高专院校石油化工生产技术、石油炼制、工业分析以及商品检验等专业使用，也可作为石油化工企业、油品销售公司等技术人员的参考用书。

本教材与以往业已出版的同类教材区别在于：①在课程通篇内容的架构上，并不是以油品的理化性能和使用性能为出发点来进行篇章内容撰写，彻底地摆脱了既往过分强调先理论、后实践的弊端，更加注重了理论与实践的协调统一和齐头并进的交融性。②采取“有所为有所不为”的策略，进行了项目化教学新尝试：“所为者”（如第 2、3、4、5 章教学情境），通过项目引领、任务驱动，更加密切了理论与实践的结合程度，针对炼油厂主流产品（汽油、柴油、喷气燃料、润滑油）进行情境化教学（质量检验），要完成每一情境中的若干个任务，对学生实践能力的提升面临着更大的考验；“不为者”（如第 1、6 章的课程引导知识、其他油品等），则侧重于在教师引导下的学生自主学习和以拓宽并丰富学生的知识面为主导目的。③此外，在第 7 章的教学情境中又人为地设置了学生并不熟悉的某具体油品的质量检验，可使学生能够充分利用已掌握的理论、知识与技能，进一步巩固、锻炼和强化学生的创新能力和相互间的协作精神等，综合培养学生的实践能力并为“油品检验工”取证奠定基础。

本教材比较突出的特点，有以下几个方面。

1. 对油品质量检验所依据的技术标准，进行了系统、全面和透彻的阐述。如标准的分类和分级，标准的编号、属性与复审，非国内标准及其采标；产品质量标准的文件结构和技术要求；试验方法标准的文件结构和检验操作规程以及取样与样品处理、试验结果的准确度与试验报告等。尤其是对测定方法或试验步骤中“检验操作规程”的理解，给出了必要和典型示例的解释，起到了“抛砖引玉”的目的。

2. 多数篇章以“项目引领、任务驱动”进行情境化教学，强化了理论与实践的协调统一。为充分体现专业课程的实践能力培养：针对主流油品质量检验，有目的地给学生或学习小组下达任务单，采取不同渠道让他们按时完成检验方案、熟悉操作中的难点与注意事项等，获取各自的总体实践方案以及油品分析和检验实训工作流程；并对操作过程和试验报告等进行多方位全面评价（附录C），熟悉油品分析的真实情境。

3. 主流产品（如汽油、柴油、喷气燃料、润滑油和生物柴油调合燃料）的质量检验，分置篇章进行情境化教学。如此安排教学内容：一方面对同类别油品的分析和检验项目有所侧重，适宜集中精力、攻克其关键指标，为后续篇章教学内容或其他油品质量检验，达到“触类旁通”的效果；另一方面也避免了类同油品指标在其他章节中再次赘述，人为增加教材篇幅。油品质量检验操作规程（试验方法），在每章各节学习任务后及时给出，便于理论与实践内容的相互交融，也有利于学生自行学习。

本教材第1章和第7章由孙乃有（承德石油高等专科学校）编写、第2章由王海超（承德石油高等专科学校）编写、第3章由王海超和孙乃有编写、第4章由甘黎明和张巧风（延安职业技术学院）编写、第5章由甘黎明（兰州石化职业技术学院）编写、第6章由郗伟（陕西国防工业职业技术学院）和曹慧英（天津石油职业技术学院）编写。全书由孙乃有、甘黎明统稿并任主编，王海超任副主编。

兰州石化公司质检处钱梅同志、大连石化公司质检处藤仁惠同志、兰州石化职业技术学院冯文成教授分别对本书进行了审阅。三位专家提出了很好的修改意见与建议，据此编者进行了大量修改与补充后形成最终定稿。在此，对他们表示衷心的感谢。

由于编者水平有限，书中难免出现疏漏之处，敬请广大同仁不吝赐教、直言斧正，也肯望读者给予批评。

编者

2011年10月

目录

CONTENTS

第 1 章　课程引导知识

学习指南

【知识目标】

1. 掌握石油的存在状态及其元素和化合物组成；

2. 了解石油产品生产和加工流程及其油品调合技术；

3. 熟悉油品分类及其相应的产品质量标准和试验方法标准；

4. 掌握油品分析和检验的任务、分析方法分类，了解课程学习方法；

5. 熟悉油品质量检验的标准文件结构（包括技术要求、检验操作规程、取样、试验结果的精密度和试验报告等）。

【能力目标】

1. 能依据石油加工总流程及其有关工艺，知道原油组分如何利用以及不同成品油的出处；

2. 能针对具体油品的质量检验，查阅和调用相应的产品质量标准和试验方法标准（包括其规范性引用的标准文件）；

3. 会依据特定油品的试验方法标准，初步制定该油品待测项目（指标）分析和检验方案；

4. 对试验步骤或测定方法中的检验操作规程（尤其是影响试验结果的重要条件、因素），应具有充分的理解和必要的解释能力；

5. 能进行油罐液体点样的采样、组合及其后续预处理，会判断试验结果的重复性和再现性。

1.1 石油及石油产品生产

1.1.1 石油及其组成

石油是一种极其重要的一次能源，也是石油化工行业发展所必不可少的初始原料（石油在未加工之前也称原油）。原油是从地下开采出来的油状可燃物，常温下通常是流动或半流动状态的黏稠液体，颜色多为黑色或深棕色，少数为暗绿色、赤褐色甚至黄色或无色，并伴有特殊异味。这种稠状液体的流动性和颜色与原油的组成紧密相关，一般蜡质成分含量越多、凝点越高（如高凝油），胶状沥青状物质含量越多、颜色越深且黏度也越大（如稠油）。不同产地的原油，在外观及理化性质（如凝点、黏度和密度等）上所存在的差异，反映了原油的化学组成不尽相同。

1.1.1.1　原油元素组成

原油既不是单质，也不是简单化合物，而是由相互结合的各种碳氢和非碳氢化合物以及极少量无机质构成的众多物质的混合物，其主体元素以碳、氢、氧、氮、硫为主。碳和氢两种元素的质量分数最高，分别占83%～87%和11%～14%，它们以碳氢化合物（统称为烃类）的形式存在，烃是石油加工（炼制）和利用的主要对象。氧、氮、硫三种元素称为原油中的杂原子，其总量占1%～5%，但含有这些杂原子的非烃化合物的存在量却较高。原油的产地不同，所含的氧、氮、硫会有较大波动，通常氧的质量分数为0.08%～1.82%、氮为0.02%～1.7%、硫为0.06%～5.5%。原油中含有的氧、氮、硫和微量金属元素，与碳、氢元素形成的含氧化合物、含氮化合物、含硫化合物和胶状沥青状物质，其质量分数可达10%～30%甚至更高，这些非烃化合物对石油加工和多数石油产品（简称油品）的质量具有不利影响，除直接利用其某些成分来生产少数产品外，在原油炼制过程中应尽可能将它们分离出来，另外加工利用。原油中含有的微量金属（镍、钒、铁、铜、钠等）和非金属（砷、氯、磷等）元素，前者多以卟啉结构单元的金属配合物大分子形式存在，后者常以盐的形式存在。这些微量金属或非金属元素的含量虽然很低，但对原油加工所用的催化剂影响却很大，砷会使催化重整工艺的催化剂中毒，铁、镍、钒等会使催化裂化工艺的催化剂中毒，故在石油炼制时应进行预处理，将它们脱除或回收利用。

1.1.1.2　原油化合物组成

原油化合物组成主要以烃类和非烃类为主。

（1）烃类　烃类化合物，是原油的主体成分。

① 链烷烃　含量最多，主要以正构烷烃和异构烷烃存在，两者在原油中的质量分数占50%～70%，仅有少数油田的原油中链烷烃低于10%～15%。C_1～C_4 烷烃为气态，是溶解在原油中的烃，也是天然气的主要成分；C_5～C_{15} 烷烃为液态，也存在于汽油和煤油馏分中；C_{16} 及以上烷烃为溶解在液态烃中的固态烃（工业上称这种固体烃类为蜡），当温度降低时，容易结晶、析出，对油品凝点的高低有很大影响。

② 环烷烃　含量仅次于链烷烃，以环状结构存在，多呈五元环和六元环的单环结构并多带有侧基的衍生物，此外还有少量双环和三环结构的环烷烃。汽油馏分中存在的环烷烃主要是单环环烷烃；煤油、柴油馏分中除含单环环烷烃（较汽油馏分中的单环环烷烃具有更长的侧链或更多的侧链数目）外，还存在双环及三环环烷烃；环烷烃是润滑油组成的构成主体，对油品的黏度和黏温性能影响甚大，一般环烷烃的含量越多，油品的黏度就越大。

③ 芳香烃　以不饱和环状结构存在，有单环的苯系芳烃（如苯、甲苯、二甲苯、乙苯及其他衍生物）、双环的萘系芳烃（如甲基萘及其他烷基萘衍生物）和联苯系芳烃以及三个或三个以上苯环叠合在一起的稠环芳烃。通常汽油馏分中含有单环芳烃；煤油、柴油及润滑油馏分中不但含有单环芳烃，还存在双环及三环芳烃；三环及多环芳烃主要存在于重质馏分及重油、渣油中。

上述许多烃类化合物不仅是汽油、煤油、柴油、航空燃料和润滑油的构成组分，还是重要的基本有机化工或精细化工原料。原油中通常没有烯烃和炔烃这两类化合物，然而它们却是石油化工行业的重要原材料。为获取芳烃、烯烃等化工原料，可借石油炼制或对馏分油进行裂解加工而制得相应的烃类化合物。

（2）非烃类　非烃化合物主要包括含氧、含氮、含硫化合物和胶状沥青状物质。

① 含氧化合物　原油中含氧化合物分酸性、中性含氧化合物两大类，主要以酸性含氧化合物为主。酸性含氧化合物有环烷酸、酚类和少量的脂肪酸等（总称为石油酸），其中环烷酸占 90%左右。酸性含氧化合物具有腐蚀性，需要加工时分离出来，用作化工原料。中性含氧化合物有醇、醛、酮以及苯并呋喃等，虽然其含量极少，但氧化后会生成胶质，影响油品的使用性能。

② 含氮化合物　原油中含氮化合物分碱性和非碱性含氮化合物两大类。碱性含氮化合物有吡啶、喹啉等。非碱性（包括弱碱性）含氮化合物有吡咯、咔唑等。它们虽然沸点较高，但不稳定、容易被氧化和聚合，也会影响油品的使用性能。

③ 含硫化合物　原油中含硫化合物分活性和非活性含硫化合物两大类。活性含硫化合物有硫化氢、硫醇等，它们对金属设备具有较强的腐蚀作用。非活性含硫化合物有硫醚、二硫化物和噻吩等，它们对金属设备的腐蚀作用不大，但受热、分解后会变成活性硫化物。原油经一次加工（蒸馏）后：硫醇等存在于汽油、煤油轻质馏分中；硫醚等存在于中质馏分（如柴油）中；噻吩等存在于重油、渣油中。

④ 胶状沥青状物质　此类物质是原油化合物组成中分子质量最重的组分（相对密度大于 1.0），具体可细分为胶质和沥青质两大类。胶质是一种特别黏稠的流体、半流体甚至是固体状态的胶状物，颜色多为黄色至暗褐色，平均分子量为 600～1000。沥青质是一种黑色的固体，平均分子量为 1300。胶质、沥青质对油品性质影响很大，它们的存在容易使油品着色、生成积炭等，因此在石油炼制和油品精制过程中必须除去或它用（如制取沥青等）。

应当指出，胶质和沥青质非烃大分子化合物中除含有氧、氮和硫杂原子外，还含有镍、钒、铁等配位形成体金属元素。

1.1.2　石油产品生产

原油需要通过一系列加工过程后，才能得到众多的商用油品。

1.1.2.1　原油加工

（1）一次加工　将原油用蒸馏的方法分离成轻重不同馏分的过程，称为原油一次加工（即蒸馏）。原油蒸馏，是炼油厂总加工流程中所有工艺的“龙头”，其具体工段包括原油预处理（脱盐脱水）、常压蒸馏和减压蒸馏（相应的馏分油也称直馏馏分）。一次加工所得的粗产品分为：①轻质馏分油（沸点在 370℃以下的馏出油，如汽油、煤油、柴油等）；②重质馏分油（沸点在 370～540℃的馏出油，如重柴油、各种润滑油馏分、裂化原料等）；③减压渣油（又称减压残油）。

未经减压蒸馏加工的常压蒸馏所得的塔底油，称为常压重油（又称常压渣油、半残油）。

（2）二次加工　二次加工是对原油一次加工所得产物的再加工。此加工过程主要是利用重质馏分油和重油或渣油来生产轻质油和其他油品，其工艺包括催化裂化、加氢裂化、催化重整、延迟焦化等。广义上讲，各种粗油品的精制过程也属于二次加工。

（3）三次加工　三次加工主要是对二次加工所得的有关气体以及裂解原料等进行的再加工，

以生产高辛烷值汽油组分和其他化工原料或化工产品等，包括烃类烷基化、异构化等加工工艺。

1.1.2.2 原油加工流程

所谓原油加工流程，是指对原油进行炼制所需的各种工艺的组合，也称炼油厂的总加工流程。按原油的性质和市场对油品的需求不同，构成炼油厂的加工工艺有不同的组合形式，从而有目的地从原油中获得所需油品或其他化工原料等。炼油厂的总加工流程主要包括：燃料型、燃料-润滑油型、燃料-化工型和燃料-润滑油-化工型四种原油加工流程。

（1）燃料油型炼厂　主要生产汽油、煤油、柴油、燃料油和石油焦。

（2）燃料-润滑油型炼厂　除生产各种燃料油品外，还生产润滑油。

（3）燃料-化工型炼厂　除生产各种燃料油品外，还生产化工原料和化工产品。

（4）燃料-润滑油-化工型炼厂　既生产各种燃料油品、润滑油，又生产化工原料与化工产品。

乙烯（丙烯、丁烯）、苯（甲苯、二甲苯）化工原料主要由上述（3）、（4）型炼油厂制得。对烯烃、芳香烃等进行再加工，可获得极其重要的下游产品（如橡胶、塑料和纤维三大合成材料等）。大型石油化工企业（公司）多采用原油深度加工流程，既生产燃料油品，又生产化工原料（中间体）和化工产品，同时兼得润滑油（脂）等。

1.1.2.3 油品精制与调合

（1）油品精制　原油经过一次加工和某些二次加工所得的粗油品，一般尚不能完全符合市售商品质量标准的技术要求，某些粗产品中还可能含有一定的杂质，如硫、氮、氧化合物、混入其中的蜡和胶质以及影响油品实际应用的非理想成分。它们的存在可使油品有臭味、色泽深，影响输送与贮存安全，腐蚀、磨损设备，燃烧后形成积炭、污染环境等。因此对油品中含有影响使用性能的杂质必须进行加工、处理，使油品完全达到相应的产品质量标准，这就是所谓的油品精制。

油品精制的主要工艺包括：酸碱精制、加氢精制、脱硫（臭）、溶剂精制、白土精制、脱蜡等。

（2）油品调合　油品调合，就是将性质相近的两种或两种以上的油品（或其他组分）按最佳比例混合均匀，使生产出的产品更具经济价值的工艺过程。众所周知，供应市场的油品档次与牌号不同，其价格高低也不等，出厂油品不仅要保证产品质量，还要本着优质、优价的基本原则，追求企业的最大经济效益，这就需要发挥每种油品（或组分）在某种性能上的突出优势，与其他油品相互调合、匹配，并适当加入一定量的添加剂（用以改善调合后油品的特定性能），使之既达到了产品质量标准的技术要求，又能取得企业经济效益的最优化。因此，油品调合是炼油厂生产和经营中的一项十分重要的举措。

现以汽油为例，简要介绍一下其调合过程。前已述及，在炼油厂或大型石油化工企业的四种类型的原油加工流程中，通常都可获得汽油馏分或组分，其来源是：一次加工（首道工序）的常、减压蒸馏的直馏汽油馏分，二次加工的催化重整、催化裂化、加氢裂化、延迟焦化的汽油组分，三次加工的烷基化（以炼厂气丁烷、异丁烷为原料）的汽油组分等。在这些汽油组分中：直馏汽油性质安定，可直接用作半成品或调合制得成品；催化重整汽油，产量较少，但辛烷值高，经调合也可制得成品（但对苯含量应注意控制）；催化裂化汽油，产量较多，又安定性较好，辛烷值也较高，主要用作高辛烷值汽油和航空汽油的基本组分；加氢裂化汽油，虽安定性好、腐蚀性小且凝点和冰点都很低，但由于设备投资较大、生产条件较为苛刻，一般多利用该加工工艺去生产喷气燃料（航空煤油）；延迟焦化汽油，安定性较差，辛烷值也较低，须加氢精制且调合后，才能成为合格的成品；烷基化或异构化汽油，辛烷值最高，可用作航空汽油和高级汽油的理想调合组分。目前，我国车用汽油（无铅）的调合，多以催化裂化汽油为主体，并按一定比例加入催化重整汽油、烷基化汽油或高辛烷值的甲基叔丁基醚（MTBE）等，必要时加入适量的添加剂。车用汽油调合的基本方案如表 1-1 所示。

调合过程的计算依据主要是辛烷值和蒸气压，其他指标通常在基体油品（组分）的加工过程中采取适当的工艺和操作条件加以控制和调整。

油品调合是改善油品质量和性能而必须采用的一道生产工艺，主要分罐式和管道两种调合方式。油品调合及其调合后成品油的质量检验，是炼厂油品生产的最后一道工序，对获取高质量的油品起着“把关”的地位和作用。

表 1-1　不同牌号汽油的调合方案

牌号	调合组分(体积分数)/%			
	催化裂化汽油	催化重整汽油	烷基化汽油	甲基叔丁基醚
90	100			
93	70～72		15～20	10～13
93	70～72	15～20		10～13
93	68～70	30～32		
93	60～64		36～40	
95	58～60	26～30		12～14
95	38～41	32～35	24～30	
95	53～56		30～35	12～14
97	28～33		55～58	12～14
97	39～44	33～35	10～12	12～14

1.2　油品分类与有关标准

1.2.1　油品分类

按照 GB/T 498—2014《石油产品及润滑剂　分类方法和类别的确定》（参照采用 ISO/DIS 8681：1986）的规定，依据石油产品的主要特征，油品可分为燃料（F），溶剂和化工原料（S），润滑剂、工业润滑油和有关产品（L），蜡（W），沥青（B）五大类，如表 1-2 所示。

表 1-2　油品的总分类

GB/T 498		ISO/DIS 8681	
类别名称	类别代号	designation	class
燃料	F	fuels	F
溶剂和化工原料	S	solvents and raw materials for chemical industry	S
润滑剂、工业润滑油和有关产品	L	lubricants and related products	L
蜡	W	waxes	W
沥青	B	bitumen	B

注：表中类别代号，为各类别油品主要特征的英文名称的首字母。

1.2.1.1　燃料

（1）总分类　按GB/T 12692.1—2010《石油产品 燃料（F类）分类 第1部分：总则》，燃料油品可分为五个组别（如表1-3所示）。

表1-3　石油燃料分类

组　别	副　组	组　别　定　义
G	—	气体燃料： 主要由来源于石油的甲烷和/或乙烷组成的气体燃料
L	—	液化石油气： 主要由C_3和C_4烷烃或烯烃或其混合物组成，并且更高碳原子数的物质液体体积小于5%的气体燃料
D	(L)(M)(H)	馏分燃料： 由原油加工或石油气分离所得的主要来源于石油的液体燃料。轻质或中质馏分燃料中不含加工过程的残渣，而重质馏分可含有在调合、贮存和/或运输过程中引入的、规格标准限定范围内的少量残渣。具有高挥发性和很低闪点（闭口）的轻质馏分燃料要求有特殊的危险预防措施
R	—	残渣燃料： 含有来源于石油加工残渣的液体燃料。规格中应限制非来源于石油的成分
C	—	石油焦： 由原油或原料油深度加工所得。主要由碳组成的来源于石油的固体燃料

注：副组（L、M、H），分别代表轻质、中质、重质馏分。

（2）系列标准　在GB/T 12692中，还包括编号12692.2～12692.4分别为“船用燃料油品种”、“工业及船用燃气轮机燃料品种”和“液化石油气（L组）”三个子分类体系。现列举其中之一“GB/T 12692.3《石油产品 燃料（F类）分类 第3部分：工业及船用燃气轮机燃料品种》”为例：又具体分为馏分燃料、残渣燃料，适用于工业燃气轮机及由航空发动机改装的用作工业或船用燃气轮机。前者馏分燃料（附属于表1-3中的D组）又详细划分为石脑油型、煤油型、柴油型等石油馏分；后者残渣燃料（附属于表1-3中的R组）依据灰分又对重质组分进行了划分。

燃料（F类）所属油品（D组），如汽油、柴油、航空汽油和航空煤油等，经常在人们较熟悉的汽油机、柴油机以及直升机和喷气式飞机中应用，特制煤油甚至还可作为火箭的推进剂。

1.2.1.2　溶剂和化工原料

（1）溶剂　溶剂也称溶剂油，主要成分为烷烃、环烷烃和少量芳烃等轻质石油产品（一般不含添加剂），主要用作某些物质的溶解、稀释、抽提（萃取）和洗涤等。SH 0004—90（1998），给出了橡胶工业用三个等级（优级品、一级品、合格品）溶剂油的技术要求；GB 1922—2006，给出了油漆及清洗用五个牌号（按馏程分为1、2、3、4、5号）溶剂油的技术要求。

（2）化工原料　主要指烯烃（乙烯、丙烯、丁烯和丁二烯）、芳烃（苯、甲苯、二甲苯）等，这些化工原料可用于制备其他有机化工产品和三大合成材料。

1.2.1.3　润滑剂

（1）总分组及其系列标准　按GB/T 7631.1—2008《润滑剂、工业用油和有关产品（L

类）的分类 第 1 部分：总分组》[部分等同采用 ISO 6743-99：2002《润滑剂、工业用油和有关产品（L 类）的分类 第 99 部分：总分组》]，润滑剂、工业用油和有关产品（L 类）可划分为 18 个组（如表 1-4 所示），每组的详细分类由 GB/T 7631 的其他相应的标准给出。

表 1-4　润滑剂、工业用油和相关产品（L 类）的分类

组别	应用场合	已制定的国家标准编号
A	全损耗系统	GB/T 7631.13
B	脱模	—
C	齿轮	GB/T 7631.7
D	压缩机（包括冷冻机和真空泵）	GB/T 7631.9
E	内燃机油	GB/T 7631.17
F	主轴、轴承和离合器	GB/T 7631.4
G	导轨	GB/T 7631.11
H	液压系统	GB/T 7631.2
M	金属加工	GB/T 7361.5
N	电气绝缘	GB/T 7631.15
P	气动工具	GB/T 7631.16
Q	热传导液	GB/T 7631.12
R	暂时保护防腐蚀	GB/T 7631.6
T	汽轮机	GB/T 7631.10
U	热处理	GB/T 7631.14
X	用润滑脂的场合	GB/T 7631.8
Y	其他应用场合	—
Z	蒸汽气缸	—

（2）润滑剂命名　根据 GB/T 7631 有关规定，润滑剂等各组产品常用一组符号和数字来命名和牌号，其一般格式如下。

类别（代号）－组别（代号）数字

如 L-HM32：L 为润滑剂类别代号；H 为液压系统组别代号（M 为抗磨型，详见表 1-4 中所列 GB/T 7631.2）；32 为黏度等级。又如 L-AN46：L 为润滑剂类别代号；A 为全损耗系统组别代号（其中 N 为精制矿物油，详见表 1-4 中所列 GB/T 7631.13）；46 为黏度等级。

因润滑剂等产品的品种十分繁多，其详细的命名和牌号远比这里列举的复杂，需要时不妨查阅表 1-4 中各组产品的相应标准。本书第 5 章，将针对性阐述润滑油质量检验。

1.2.1.4　其他油品

其他油品包括石油焦、石油沥青、石油蜡、润滑脂、液化石油气等，将在本书第 6 章中介绍。

1.2.2　有关标准

按照 GB/T 20000.1—2014《标准化工作指南 第 1 部分：标准化和相关活动的通用词汇》的规定：所谓的标准是指“通过标准化活动，按照规定的程序经协商一致制定，为各种活动或其结果提供规则、指南或特性，供共同使用和重复使用的文件”。标准的制定，应以科学、技术和经验的综合成果为基础，以促进最佳的共同效益为目的。

1.2.2.1　标准分类与分级

（1）标准分类　依据标准化受体对象（应用领域）不同，我国标准可分为管理标准、工作标准和技术标准等。技术标准是针对标准化领域中需要协调统一的技术事项，包括基础标准、产品标准、方法标准以及安全卫生与环境保护标准等。

① 基础标准　它是指在一定范围内作为其他标准的基础并具有广泛指导意义的标准。如 GB/T 1.1—2009《标准化工作导则 第 1 部分：标准的结构与编写》、GB/T 3101—1993《有关量、单位和符号的一般原则》等。

② 安全卫生与环境保护标准　它是以保护人和物的安全、保护人类的健康、保护环境为目的而制定的标准。如 GB 2894—2008《安全标志及其使用导则》、GB 8978—1996《污水综合排放标准》等。

③ 产品标准和方法标准　它们是油品分析和检验最为常用的技术依据，本章第四节将专门详细介绍。

（2）标准分级　按照标准的适用范围，我国的标准分国家标准、行业标准、地方标准和企业标准四个级别。

① 国家标准　它是对全国经济技术发展有重大意义，需要在全国范围内统一技术要求所实施的标准。国家标准一般由全国性专业标准化技术委员会组织制定，由国家市场监督管理总局与国家标准化管理委员会共同审批和发布。该标准是四级标准体系中的主体，在全国范围内适用，其他各级别标准不得与之相抵触。

② 行业标准　它是指对没有国家标准而又需要在全国某个行业范围内统一技术要求所实施的标准。行业标准的审批和发布，一般由国务院有关行政主管部门下属的行业标准化归口单位管理，并应在国家市场监督管理总局标准化管理委员会备案。该标准在全国某个行业范围内适用。

③ 地方标准　它是指对没有国家标准和行业标准而又需要在省、自治区、直辖市范围内统一技术要求所实施的标准。地方标准由各地方人民政府标准化行政主管部门审批和发布，同时应到国家市场监督管理总局标准化管理委员会备案。该标准在地方辖区范围内适用。

④ 企业标准　它是指对没有国家标准、行业标准和地方标准，在企业内需要统一、协调技术要求或管理、工作要求所实施的标准。该标准仅在企业内部适用。

1.2.2.2　标准的编号、属性与复审

（1）标准编号　我国标准的编号由标准发布的代号、顺序号和年号组成。

① 代号　由大写汉语拼音首字母构成，如国家强制性、推荐性标准代号分别为 GB（国标）、GB/T（国标/推）。石油化工行业强制性、推荐性标准代号为 SH、SH/T，石油天然气行业为 SY、SY/T，化工行业为 HG、HG/T。

② 顺序号　通常由 1～5 位阿拉伯数字构成（无特殊含义，通常标准制定得越早其顺序号就越小）。若标准为系列标准，则在顺序号后加“.”和“子顺序号”，如 GB/T 11060《天然气　含硫化合物的测定》系列标准中，现行有效的共有 11 个子顺序号，如 GB/T 11060.1—2016《第 1 部分：用碘量法测定硫化氢含量》、GB/T 11060.4—2017《第 4 部分：用氧化微库仑法测定总硫含量》、GB/T 11060.10—2014《第 10 部分：用气相色谱法测定硫化物含量》、GB/T 11060.12—2014《第 12 部分：用激光吸收光谱法测定硫化氢含量》等。表 1-4 中的 GB/T 7631.2～7631.17 也属于系列标准。

③ 年号　为标准制定（或复审后）批准、发布的年份，由公元纪年的阿拉伯数字构成（过去曾用其后两位数字，现用四位数字）。标准的具体实施日期通常滞后于批准、发布的日期。

（2）标准属性　我国不同类别和级别的标准，其技术要求和内容属性分强制性、推荐性两种情况。

① 强制性标准　它是国家通过法律的形式明确要求对于一些标准所规定的技术要求和内容必须执行，不允许以任何理由或方式加以违反、变更。强制性标准的实施，主要目的在于保障人体健康、人身和财产安全；对违反强制性标准执行的单位和个人，国家将依法追究当事人的法律责任。

根据《国家标准管理办法》（第三条）规定，国家强制性标准包括的领域为：食品卫生，医药、兽药、农药；产品及产品生产、储运和使用中的安全、卫生，劳动安全、卫生，运输安全；工程建设的质量、安全、卫生；环境质量和污染物排放；涉及技术衔接的通用技术术语、符号；需要控制的通用试验、检验方法；需要控制的其他重要产品等。

② 推荐性标准　它是指国家鼓励自愿采用的具有指导作用而又不宜强制执行的标准，即标准所规定的技术要求和内容具有普遍的指导作用，允许使用单位结合自己的实际情况，灵活加以选用。

（3）标准复审　我国标准的有效期一般为 5 年，届时要对标准进行审查（包括重新确认、重新修订和标准废止），其他情况常以修改通知单形式下发至用户。

① 重新确认　若标准内容没有改动，则确认继续有效、照常使用。标准再度印刷时，代号与顺序号不变，如 SH/T 0508—92（2005 年确认）《油页岩含油率测定法（低温干馏法）》："（2005 年确认）"字样须注明在标准文件的封面上，行文格式可将其简写为 SH/T 0508—92（2005）。

② 重新修订　当标准有大部分内容需要改动或作实质性修改时，应将其列入重新修订计划中加以解决。重新修订的标准重新印刷时，须用修订时的年号代替原标准文件的年号，一般情况下其代号与顺序号是不变的，但有时标准的名称会有调整（个别情况下，甚至代号、属性及顺序号也可能变更），如关于油品冷滤点测定的试验方法标准，其制定、复审的情况依次为：SY 2413—83《柴油冷滤点测定法》、SH/T 0248—92《馏分燃料冷滤点测定法》、SH/T 0248—2006《柴油和民用取暖油冷滤点测定法》。

③ 标准废止　已经没有存在必要的标准，复审后应予以废止，如上述的 SY 2413—83 和 SH/T 0248—92。

④ 修改通知单　通常出版后且仍在有效期内的标准，若发现其中个别技术要求和内容有问题，需要做少量修改和补充时，多用标准修改通知单的形式予以弥补、更正，待条件成熟时升级颁布新标准，修改单对既有标准文件不做改动，但修改单中涉及的技术和内容必须与该标准一并贯彻执行。

1.2.2.3　非国内标准及其采标

（1）国家鼓励采用国际和国外先进标准　采用国际标准和国外标准（简称采标），即是把国际和国外先进标准的技术要求和内容，通过分析、研究，不同程度地纳入我国的各类、各级标准中，并贯彻实施以取得最佳效果的社会活动。

① 国际标准　是指国际标准化组织（ISO）等所制定的标准和公认具有国际先进水平的其他国际组织制定的某些标准。

② 国外标准　是指国际上有影响的区域标准、世界主要经济发达国家制定的具有世界先进水平的国家标准抑或行业标准。

在石油产品分析这门课程中，将会遇到的国际和国外先进标准如表 1-5 所示。

表 1-5 部分国际和国外标准代号及其释义

代 号	原 文 名 称	审批机构译文
ISO	International Standardization Organization	国际标准化组织
IEC	International Electrotechnical Commission	国际电工委员会
EN	EuroNorm	欧洲标准化委员会①
ANSI	American National Standards Institute	美国国家标准学会
BS	British Standard	英国标准学会②
DIN	Deutschen Industrie Normen③	德国标准化学会④
API	American Petroleum Institute	美国石油学会
ASTM	American Society for Testing and Materials	美国实验与材料协会
SAE	Society of Automotive Engineers	美国汽车工程师学会

① 欧洲标准化委员会（European Committee for Standardization）为其主管机关。

② 英国标准学会（British Standards Institution）为其主管机关。

③ 德国工业标准，现“德国标准（Deutschen Normen）”仍沿用 DIN 代号。

④ 德国标准化学会（Deutsches Institut für Normung）为其主管机关。

通常，标准只有权威性和普适性（适用范围）的不同，一般不存在编制质量的高低。但是，为适应国际市场竞争需要，促进国际贸易、增加商品出口，企业采用国际（外）先进的技术、管理和工作标准，也是客观的需要和必然的发展趋势，甚至有的企业在内部还实行更加严格的“内控”标准等。

（2）采标一致性程度分类

① 等同（identical）采用　是指我国制定的标准在技术和内容上与国际（外）先进标准中译文本相同，编写上不做或稍做编辑性修改，可用图示符号“≡”表示，缩写字母代号为 IDT。

② 修改（modified）采用　是指我国制定的标准在技术和内容上与国际（外）先进标准中译文本基本相同，在编写上允许编辑性修改（但应对技术性差异的原因进行解释），可用图示符号“=”表示，缩写字母代号为 MOD。

③ 非等效（not equivalent）采用　是指我国制定的标准在技术和内容上与国际（外）先进标准中译文本有重大差异。可用图示符号“≠”表示，缩写字母代号为 NEQ。

等同、修改采标❶，在现行标准前言中应注明采用了何种国际（外）的先进标准并对采用的一致性程度进行标示；等同采标，在标准的封面上须使用双编号，如 GB/T 19001—2008/ISO 9001：2008《质量管理体系 要求》。非等效采用现不属于采标范畴，只表明我国标准与相应国际（外）先进标准有对应的关系。

等效采用、参照采用这两个曾经用过的术语，现已停止使用。

1.3 油品分析的任务、分类与学习方法

石油产品分析也称油品检验技术，是指用统一规定的或公认的试验方法，分析和检验石

❶ 详见 GB/T 20000.2—2009《标准化工作指南 第 2 部分：采用国际标准》。

油产品的理化性质和使用性能的试验过程。该分析技术是建立在化学分析、仪器分析及石油炼制工艺等基本理论、基础知识与操作技能之上，依据油品的产品质量标准及其试验方法标准，以具体产品的技术要求和内容（俗称规格）为切入点，对待测油品的项目（指标）进行全项目的分析和检验或认证。

1.3.1　油品分析的任务

油品分析是石油炼制工业的“眼睛”，在原油加工的生产过程中起着“把关”的作用。油品分析试验结果可用来评定原料、中间品和最终产品的质量，进行生产工艺装置设计、检查工艺流程是否正常，合理使用原料、保证安全生产、及时发现问题，提高产量、减少废品，改进质量、增加品种，顺利完成生产计划和提高企业经济效益的基础和依据。同时，也是贮存和使用部门制定合理的储运方案、正确使用油品、充分发挥油品最大效益的依据。

油品分析的主要任务有以下几个方面：

① 对用于原油加工的原油和原材料进行分析和检验，为炼油厂设计和制定生产方案提供可靠数据；

② 对炼油工艺装置的生产过程进行控制分析，系统地检验各馏出口的中间品或产品的质量，从而对各生产工序及其操作进行及时控制和调整，以保证安全生产和产品质量；

③ 对出厂油品进行全分析和检验，为改进生产工艺，提高产品质量、增加品种，提高经济效益提供依据；

④ 对超期贮存、失去标签或发生混油的油品使用性能进行评定，以便确定其能否使用或提出处理意见；

⑤ 对油品质量进行仲裁：当油品生产和使用部门对油品质量发生争议时，有关部门可根据公认的试验方法标准进行检验，分析问题产生的原因，并进行调解或仲裁，以保证各方的合法利益。

1.3.2　分析方法的分类

1.3.2.1　按分析方法原理分类

（1）化学分析法　该法是利用某产品待测项目物质的化学性质来进行分析和检测的，如表 2-2 GB 18351《车用乙醇汽油（E10）》中的“博士试验（SH/T 0174）”项目。当利用某产品待测项目物质的物理和化学性质进行分析和检测时，则称之为物理-化学分析法，如 GB 18351 中的“水溶性酸或碱（GB/T 259）”项目。

（2）仪器分析法　该法是利用某些常见或特殊，甚至是专用（属）仪器设备对某产品待测项目或物质进行分析和检测，如 GB 18351《车用乙醇汽油（E10）》中的“铅含量（GB/T 8020）”“乙醇含量（NB/SH/T 0663—2014）”两项目，标准中分别采用原子吸收光谱法和气相色谱法。虽然，某些特殊、专用（属）仪器设备也归类于仪器分析法的范畴，但在油品分析和检验领域中，还有其独特的称谓：如 GB 18351 中的“蒸气压（GB/T 8017）”、“铜片腐蚀（GB/T 5096）”两项目，均属于模拟性条件试验法。

1.3.2.2　按生产及要求分类

（1）快速分析法　顾名思义，该法的突出特点是试验步骤简单，操作速度要快，试验结果的误差可能较大，但只要满足生产要求即可，此法主要用于车间的中间产品控制分析（也称中控分析)。必要时，快速分析须在车间现场进行或采用更为先进的在线分析技术。

(2) 例行分析法　例行分析法，也称常规分析法或日常分析法。该法主要依据试验方法标准，对原料、成品等物料进行试验。与快速分析、在线分析比较，此法需用的时间可相对长些，但对试验结果的准确度要求较高，主要用于产品质量评定、认证以及工艺计算、财务核算等。通常，例行分析，多在企业质检处（科）中心化验室进行。例行分析所使用的试验方法标准，有的也适用于仲裁分析。

(3) 在线分析法　在线分析法，也称过程控制分析法。它是在中控分析的基础上发展起来的现代检验技术。该技术主要针对生产过程中中间产品的特性量值，进行实时检测并将数据、参数直接反馈到工艺总控制系统，及时实施车间生产过程的全程质量控制。

目前，虽然有的企业质检处已经设立了在线科（室），但多数快速分析还是以离线分析为主。例行分析和仲裁分析，目前多属于离线分析范畴。

(4) 仲裁分析法　该法特指不同单位对同一产品的分析结果发生争议时，由国家认证的权威机构采用公认的试验方法标准进行裁决性的且具有法律意义的试验工作。

随着现代分析技术与手段的不断进步，快速分析也在向提高试验结果准确度的方向发展，例行分析也在向迅速得出试验结果的方向发展，它们之间的差别已逐渐变小且越来越不明显。当下，某些用于中控过程领域的在线分析，明天将可能会在终产品的在线分析和检验领域得到更加广泛的应用。

本门课程讲授的石油产品分析，类同或模拟企业的例行分析，主要针对成品油的质量进行分析和检验（仲裁分析也与此类似）。至于炼厂中间品的离线快速分析，与本门课程陆续要介绍到的油品例行分析原理（方法），所用仪器设备，测定、试验方法（步骤）等，具有很大程度的相关性，由此及彼、可见一斑。在线分析，限于其应用的领域和程度，本门课程中不再展开介绍。

1.3.3　课程内容、授课建议与学习方法

广义的石油及石油产品分析，包括石油炼制中所及的原油分析与评价、入厂原材料分析、加工过程中间产品分析以及最终产品出厂质量分析和检验等。本门课程重点学习和研究的对象，主要侧重于成品油（气）的有关分析，即汽油（包括航空汽油）、柴油、喷气燃料（航空煤油）、润滑油、石油焦、石油沥青、石油蜡、润滑脂、液化石油气等分析和检验。

鉴于本门课程教材内容的撰写，是按照“工学结合，项目引领，任务驱动，教学做一体”的课程建设理念的总体思路进行的，故与以往出版的同类教材具有如下几方面的不同：①在课程通篇内容的架构上，并不是以油品的理化性能和使用性能为出发点来进行篇章内容撰写的，彻底地摆脱了既往过分强调先理论、后实践的弊端，更加注重理论与实践的协调统一和齐头并进的交融性。②采取有所为有所不为的策略，进行了项目化教学新尝试：所为者（如第2、3、4、5章教学情境），通过项目引领、任务驱动，更加密切了理论与实践的结合程度，针对炼油厂主流产品（汽油、柴油、喷气燃料、润滑油）进行情境化教学（质量检验），要完成每一情境中的若干个任务，对学生实践能力的提升面临着更大的考验；不为者（如第1、6章的课程引导知识、其他油品等），则侧重于在教师引导下的学生自主学习和以拓宽并丰富学生的知识面为主导目的。③此外，在第7章的教学情境中又人为地设置了学生并不熟悉的某具体油品的质量检验，可使学生能够充分利用已掌握的理论、知识与技能，进一步巩固、锻炼和强化学生的创新能力和相互间的协作精神等，综合培养学生的实践能力并为“油品检验工”取证奠定基础。

因此，无论是教师和学生，在涉及情境化教学的篇章时应做到以下几项。

首先，应熟悉信息导读内容（如油品来源及用途、产品质量标准与试验方法标准以及仪器设备和检验操作规程等）。

其次，要针对具体项目，为不同学习小组的学生下达具体任务单，让各组学生接到任务后，在规定的学时内，到图书馆或网上查阅、收集、整理相关资料，回答任务书中的问题并制定出油品检验方案与具体操作步骤，熟悉仪器及操作规程中的难点与注意事项等，形成各组的总体实践方案。

再次，组织学生将每组的总体实践方案提交班级辩论与讨论，进一步优化各组的总体实践方案。

然后，在实践场所模拟企业的环境和管理方式，真实地开展油品的分析和检验工作。

最后，完成各自的试验报告，进行自我评价、相互评价以及指导教师的点评等工作。

由于项目化教学还是一个新生事物，真正做到理论与实践相互交融和齐头并进、教学做一体化还存在相当难度，上述的授课建议和学习方法（尤其是情境化教学章节）虽进行了一定的实践尝试，但仍需进一步探索、完善，以上所言不揣冒昧，可择其利而为之抑或自行组织安排有关章节的授课内容。

1.4　油品分析的技术依据

无论是炼油厂供货，还是油品销售公司进货、储备、出库或加油站供油，甚至是政府部门进行的质量抽检，都要以产品质量标准及其试验方法标准为技术依据。只有“把好”油品分析和质量检验这一“关口”，才能出具可靠的《油品质量检验报告》或《油品质量合格证》。

1.4.1　质量标准及其文件结构和技术要求

产品质量是以适合一定用途、满足社会和人们需要为特征，包括产品结构、材质、性能、强度等内在质量特性，也包括产品形状、颜色、嗅觉、包装等外部质量特性。在这些特性中，有的可以直接定量（如硬度、化学成分等），有的则不宜直接定量（如外观、舒适性等）。不论是直接定量还是间接定量（或定性）的特性技术参数，都应准确地反映社会和用户对产品用途与功能的客观需求（如安全性、适用性、可靠性、维修性、有效性和经济性等），并体现在产品质量标准的技术要求和内容中。

1.4.1.1　质量标准

质量标准，也称产品质量标准。它是对产品结构、规格、质量和试验方法等所做的技术规定，是产品生产和质量认定的技术依据。企业为了使生产经营能够有条不紊地进行，则须从进厂原材料、中间品控制直到成品检验和销售等各个环节，都应当有相应的产品质量标准作保证，通过对产品进行个别的或综合的试验来反映产品质量特性，以确保各项生产活动的协调进行且生产出优质或合格产品。

根据《国家产品质量法》（第二十六条）规定，产品质量应当符合下列要求：不存在危及人身、财产安全的不合理的危险，有保障人体健康和人身、财产安全的国家标准、行业标准的，应当符合该标准；具备产品应当具备的使用性能（但是，对产品存在使用性能的瑕疵作出说明的除外）；符合在产品或者其包装上注明采用的产品标准，符合以产品说明、实物样品等方式表明的质量状况。

1.4.1.2 文件结构

产品质量标准的文件结构主要包括：封面，目录，前言，引言，范围，规范性引用文件，术语和定义，符号和缩略语，技术要求，试验方法，检验规则（抽样、判定原则），标签与标志，包装、运输、贮存，附录等内容。

1.4.1.3 技术要求

从事油品分析工作，必须熟悉产品质量标准中的技术要求及其试验方法（详见表 2-1、表 2-2、表 3-1、表 3-2、表 4-3 等），这是进行石油产品分析最重要的技术依据。

企业所生产、销售的产品，不得掺杂、掺假，不得以假充真、以次充好，不得以不合格品冒充合格品。只有经过检验或认证，完全符合产品质量标准对应等级者，才是合格产品，准予投入流通。对有缺陷的不合格品进行补救（实际生产中，这种情况很少出现）：可调整、修复的，称为返修品；不可调整、修复的，称为废品。通常，废品应集中、统一销毁。极特殊情况下，有的不合格品虽在产品外观、颜色、嗅觉等少数项目指标上，尚未完全达到质量标准的技术要求，但仍有一定程度的应用价值，可作为等外品（如次级品、处理品）限制其使用领域及范围，审慎地加以利用或者予以销毁。

1.4.2 方法标准及其文件结构和检验操作规程

判断某产品的质量是否满足技术要求，则要用产品质量标准中所及的试验方法标准对其各个指标项目进行分析和检验。

1.4.2.1 方法标准

方法标准，也称试验方法标准。它是以提高工作效率和保证工作质量为目的，对产品的质量及其性能等进行分析和检验的技术规定，是产品质量评定（认证）的最重要的技术依据。

通常，产品质量标准中本身拥有或者引用业已存在且现行有效的试验方法标准（如表 2-1 中右侧纵向栏目）。

1.4.2.2 文件结构

油品质量标准中所涉及的试验方法标准，在本门课程的学习与实训操作中经常使用。现将 GB/T 1884—2000《原油和液体石油产品密度实验室测定法（密度计法）》（ISO 3675：1998，MOD）、GB/T 261—2008《闪点的测定 宾斯基-马丁闭口杯法》（ISO 2719：1998，MOD），两个标准文件结构的正文部分内容摘录如下，以供读者对试验方法标准有一概括性的了解和认知。

（1）GB/T 1884—2000《原油和液体石油产品密度实验室测定法（密度计法）》 这里，只给出该标准一级标题和部分二级、三级标题内容（详细情况可见 4.3 节中的检验操作规程）。

1 范围

2 引用标准

3　术语
4　原理
5　仪器
5.1　密度计量筒：由透明玻璃、塑料或金属制成，……
5.2　密度计：玻璃质，应符合 SH/T 0316 和表 1 中给出的技术要求。
……
6　取样
取样应按 GB/T 4756 采取。……
7　样品制备
7.1　样品混合 ……
……
7.1.3　含蜡馏分油 ……
8　仪器检定
9　仪器准备
10　测定方法
……
10.5　把合适的密度计（5.2）放入液体中，达到平衡位置时放开，让密度计自由地漂浮，要注意避免弄湿液面以上的干管。……
……
10.7　……。由于干管上多余的液体会影响读数，在密度计干管液面以上部分应尽量减少残留液。
……
11　计算
12　报告结果
13　精密度
13.1　重复性 ……
13.2　再现性 ……
14　试验报告
其中：SH/T 0316、GB/T 4756，为本标准所引用的其他标准。

（2）GB/T 261—2008《闪点的测定 宾斯基-马丁闭口杯法》 为节省篇幅起见，这里仅集中罗列该标准的第一级标题。

1　范围
2　规范性引用文件
3　术语和定义
4　方法概要
5　试剂与材料
6　仪器
7　仪器准备
8　取样
9　样品处理
10　试验步骤

11　计算
12　结果表示
13　精密度
14　试验报告

1.4.2.3　检验操作规程

在试验方法标准文件中，难度最大的问题是对测定方法或试验步骤中相应的“检验操作规程”的理解，切忌机械地只按“操作规程”进行“照方抓药”，而不知其所以然。

比如，上述GB/T 1884中“10.5 把合适的密度计（5.2）放入液体中，达到平衡位置时放开，让密度计自由地漂浮，要注意避免弄湿液面以上的干管。……”和“10.7 ……。由于干管上多余的液体会影响读数，在密度计干管液面以上部分应尽量减少残留液。”的文字描述。又如，GB/T 261中一级标题（10 试验步骤）下的第三级标题（10.2.2），“将试样倒入试验杯至加料线……”的文字描述。

一旦不小心：“液面以上的干管”被弄湿（附有较多残留液）。“试样倒入试验杯至加料线”刻度线上方或下方（倒入样品过量或不足）。就严重地违反了试验方法标准的检验操作规程，试验结果也会出现很大的误差。

原因在于：若液面以上的干管附有大量残留液，则相当于人为地增加了密度计的质量，测取的密度注定要偏小。若倒入试验杯的油品超过刻度线，则相当于人为地缩小了试验杯加料线上方的固定容积空间，使油蒸气与空气混合气体的爆炸下限更容易到达，测取的闪点注定要偏低；反之，则有相反的试验结果。

在油品分析中，诸如此类的测定注意事项（或称试验结果的影响因素）还有许多，应当密切关注、熟悉和掌握，并能正确地按标准的检验操作规程进行规范的实训操作。

为保证和提高产品质量，某些企业除使用国家、行业、地方标准外，有时还要实行更特殊的标准，如“内控”或国际（外）先进标准等。应当注意，企业总是以生产出适销对路、物美价廉的产品为最终目的，追求高“标准”、严“内控”应以确保能提高经济效益为前提，才能做到既技术先进而又经济合理。目前，在企业中广泛采用的ISO 9001《质量管理体系　要求》的管理方法和运行模式、实行全程八项质量管理原则，是一种切实可行的产品质量管理与控制的最规范举措，可极大地避免以往对产品“死后验尸”检验“把关”的弊端。

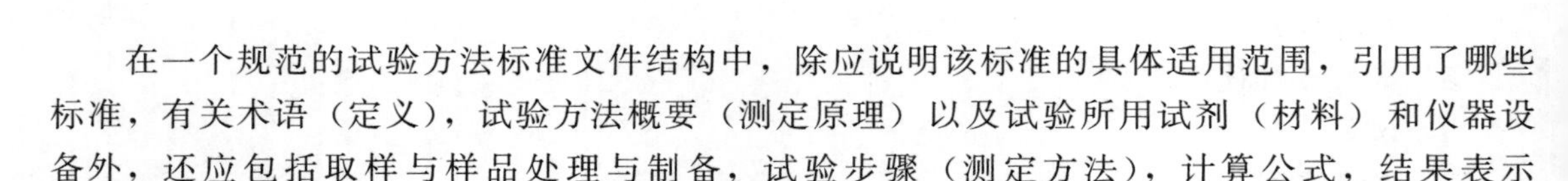

1.5　试验方法标准中的其他重要内容

在一个规范的试验方法标准文件结构中，除应说明该标准的具体适用范围，引用了哪些标准，有关术语（定义），试验方法概要（测定原理）以及试验所用试剂（材料）和仪器设备外，还应包括取样与样品处理与制备，试验步骤（测定方法），计算公式，结果表示（征），准确度，试验报告等内容。关于试验步骤或测定方法（即所谓的“检验操作规程”）前面已进行了较详细的阐述，这里重点对分析工作的其他重要内容（如取样与样品处理、试验结果的准确度和试验报告等）进行必要的介绍。

1.5.1　取样与样品处理

从一定数量的整批物料中采集少量具有代表性样品的操作过程，称为取样（也称采样或样品采集）。取样是分析和检验工作的第一步，也是一种比较复杂、需要非常谨慎的操作过程。为保证采集到的样品均匀一致，通常要对多个点样进行组合、供分析和检验用，必要时，试验前还要进行适当的处理或制备。

1.5.1.1　取样

与其他物质一样，油品的存在状态也分气态、液态和固态三种类别。气体样品，如液化石油气；液体样品，包括汽油、柴油、喷气燃料、润滑油等；固体样品，包括沥青、蜡、石油焦、硫黄粉、润滑脂等。其中，后者的形态又可分为块状、粉末状和膏状。气态、液态以及固态膏状的油品，其组成相对比较均匀，取好的组合样一般在试验前只需要对其溶解的水分或含蜡成分等进行适当的处理；非膏状固态油品，由于块体、颗粒或粉末的尺寸大小不一，通常在试验前需要对组合样进行进一步粉化与均化。

（1）取样标准　油品分析和检验，常用的取样标准文件有：

SH/T 0233—92《液化石油气采样法》，GB/T 4756—2015《石油液体手工取样法》，SH/T 0635—1996《液体石油产品采样法（半自动法）》，GB/T 7597—2007《电力用油（变压器油、汽轮机油）取样方法》。SH/T 0229—92（2004）《固体和半固体石油产品取样法》，GB/T 11147—2010《沥青取样法》，GB/T 2000—2000《焦化固体类产品取样方法》等。

（2）油罐取样示例　现仅就 GB/T 4756“立式圆筒形油罐（7.3.1.1）”涉及的样品类型及其取样器具的操作方法进行介绍。

① 点样　点样是指在油罐内规定的位置采集的样品，其取样操作方法是：降落取样器（如图 1-1 所示），直到其口部达到要求的深度，用适当的方法打开塞子，在要求的液面处保持取样器具直到充满为止。

上部样（在油罐液体的顶表面下其深度的 1/6 液面处所采集的样品）、中部样（在 1/2 处）、下部样（在 5/6 处）和出口液面样（从油罐内输出液体的最低液面采集的样品）等，皆可用加重取样器或取样笼[1]采集相应的点样。

② 底部样　底部样是指从油罐的底面（底板）上的物料中所采集的点样，其取样操作方法是：降落取样器（如图 1-2 所示）到罐底，通过和罐底板接触，打开阀或类似的启闭器，在离开罐底时能关闭阀或启闭器。

③ 油罐沉淀物或残渣样品　该类物料的采集，使用抓取取样器（如图 1-3 所示）。油罐沉淀物或残渣样品没有代表性，只用于考虑它们的性质和组成。

油品分析，通常采集一组点样（上部样、中部样、下部样或上部样、中部样、出口液面样）用于油品质量的分析和检验。如果对其中一组三个点样的试验结果表明：罐内油品是均匀的，就可以将这三个点样等比例地合并成组合样，供分析和检验用；若罐内油品是不均匀的，则必须在多于 3 个液面上采取点样，再依据各自所代表的油品数量按比例掺合成组合样，供分析和检验用。

其他样品类型还有：顶部样（在油罐液体的顶表面下 150mm 液面处所采集的样品）和

---

[1] 笼内可直接放样品容器（瓶子），对于具有挥发性的样品，可不必将样品再转移到其他取样容器中，从而避免可能会出现的轻组分损失。

表面样（也称撇开样，在油罐液体的表面所采集的样品）等。

当在不同液面取样时，要从顶部到底部依次进行，这样可避免扰动下部的液面。

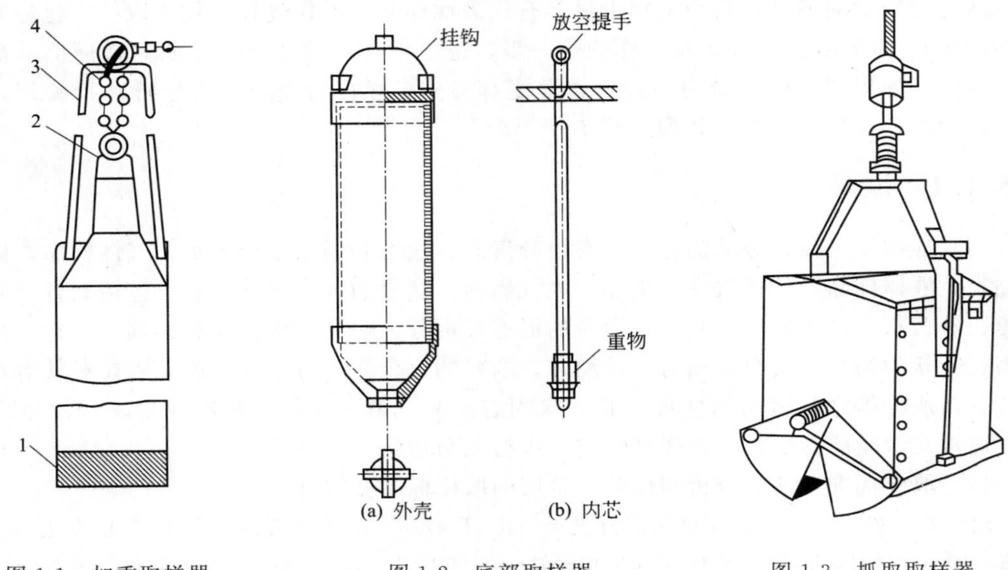

图 1-1　加重取样器

1—外部铅；2—锥形帽；
3—铜丝手柄；4—提取链

图 1-2　底部取样器

图 1-3　抓取取样器

④ 组合样　组合样是指按规定的比例合并（掺合）若干个点样，所得到的代表整批物料性质的供分析和检验用的样品。

实际工作中其他设备及不同物料的取样操作方法，可查阅上面给出的有关标准文件，按图索骥，不难掌握和利用。

(3) 取样容器　按 GB/T 4756 标准（5.5、5.6 和 7.2.1.6）规定：

样品容器应是玻璃瓶、塑料瓶、带金属盖的瓶或听，其应用取决于待取样物料的性质。上述容器的容积一般为 0.25～5L，但当特殊试验、大量样品或进一步细分样品需要时，也可以使用更大的容器。由于塑料有扩散作用，容器不能很好地保持样品的完整性，因此不能用它长时间贮存样品。

软木塞、磨砂玻璃塞、塑料或金属的螺旋帽都可以用于封闭样品瓶。不应使用橡胶塞；挥发性液体不应使用软木塞；瓶或听的螺旋帽应配有软木或其他耐油材料的垫片。

样品容器中应留有至少 5%用于膨胀的无油空间，这一操作应在从油罐中提出取样器具时立即进行。

(4) 样品标签　按 GB/T 4756 标准（7.2.5.1）规定，采集（或转移）后的样品容器应贴上清楚的标签，并要使用永久的记号。具体内容包括：

取样地点；

取样日期；

取样者姓名或其他标记；

被取样物料的说明；

样品所代表的数量；

罐号、包装号（和类型）、船名；

样品类型；

使用的取样装置。

（5）取样安全注意事项　按 GB/T 4756 标准（6）有关规定，取样人员应对被取样物料的性质和已知或潜在危险给予仔细的考虑和重视。

① 在取样期间应注意避免吸入油蒸气，戴上不溶于烃类的防护手套；在有飞溅危险的地方，应戴上眼罩或面罩。

② 应穿防静电的衣服，不得穿人造纤维制品的衣服；必要时，穿戴上适当的装备。

③ 降落取样器具的绳子应是导电体，不得完全用人造纤维制造。

④ 用在可燃性气氛中的便携式金属取样器具，应用不打火花的材料制造。

⑤ 在可能存在易燃气体的区域，不得穿能打火花的鞋（建议在干燥区域不穿胶鞋）。

⑥ 浮顶油罐，因有毒的和可燃的蒸气会聚集在浮顶上方，应从顶部平台取样；当必须下到浮顶取样时，除非浮顶上方的大气经过检验是安全的，并至少应有两人戴上呼吸器在现场。

⑦ 在罐内已产生烃蒸气的易燃气氛或油雾时，应保持取样导线牢固地接地，以避免静电危险。

⑧ 在大气雷电干扰或冰雹、暴风雨期间，不得进行取样。

1.5.1.2　样品处理

用于油品分析或产品质量检验的样品或组合样，在转移、贮存和试验过程中要确保其性质的完整性，试验前或试验中的预处理技术常用于稳定样品组分或者进一步均化样品，有时是出于试验方法与测定原理的需要。

（1）冷却　试样中含有易挥发性物质时，其运输与保存应维持在适当低的温度下，以保证试验结果的准确性。如 GB/T 6536（常压蒸馏），须将样品收集并保存在 0～10℃的温度下；GB/T 8017（雷德蒸气压），盛样品的容器和在容器中的样品应冷却到 0～1℃。

（2）预热　对含蜡和黏稠的试样，可将样品预先加热到 40～80℃或适当温度，摇匀后用作分析样品。如 GB/T 255（馏程），在测定含蜡液体燃料时，可适当提高样品的温度，使其在流动状态下量取；GB/T 511（机械杂质），含蜡的和黏稠的样品应预先加热到 40～80℃、搅拌后再称量；GB/T 508（灰分），含蜡的和黏稠的润滑油样品需预先加热至 50～60℃、摇匀后再称量；GB/T 268（康氏残炭），含蜡的和黏稠的样品应预先加热至 50～60℃、摇匀后再称量。

（3）过滤　对试样中水分或机械杂质的脱除，主要利用新煅烧并冷却后的硫酸钠、氯化钙、食盐等吸水，再用滤纸过滤获得分析样品或者取上层澄清部分或用倾注法得到分析样品。如：GB/T 255（馏程）、GB/T 6536（常压蒸馏）、GB/T 509（实际胶质）、GB/T 510（凝点）、GB/T 268（康氏残炭）、SH/T 0234（碘值）、GB/T 261（闭口杯法闪点），若样品中含有水时，试验前应进行脱水；SH/T 0248（冷滤点）、GB/T 382（烟点）、GB/T 265（运动黏度），若样品中含有水或机械杂质时，试验前应脱水并除去机械杂质。

（4）其他　在测定油品某些指标时，时常需要用到物理或化学手段（如溶解、抽提和稀释等）对试样进行适当的预处理，以实现待测物质与基体的分离等目的，便于后续测定。如：GB/T 259（水溶性酸及碱）、GB/T 258（酸度），用 95%乙醇溶解、抽提；GB/T 511（机械杂质），用溶剂油或甲苯溶解、稀释；GB/T 387（管式炉法硫含量），若样品中的硫含量大于 5%，则用白油或医用凡士林预先进行稀释后才能测定。此外，GB/T 5096（铜片腐蚀）、SH/T 0023（银片腐蚀），则要把样品取进棕色的玻璃瓶中，以使样品在试验前避光。

1.5.2 试验结果的准确度

GB/T 6379.1—2004《测量方法与结果的准确度（正确度与精密度）第一部分：总则与定义》（ISO 5725-1：1994，IDT），规定了试验结果及其准确度的定义，并用“正确度”和“精密度”两个术语来描述一种试验方法及其试验结果的准确度。

1.5.2.1 测试结果与准确度

（1）测试结果　用规定的测试方法所测定的特征值。

（2）准确度　测试结果与接受参照值间的一致程度。

“准确度”这一术语在过去一段时间只用来表示目前称为正确度的部分，该术语现既包含正确度，也包含精密度。

1.5.2.2 正确度与精密度

（1）正确度　由大量测试结果得到的平均数与接受参照值间的一致程度。

（2）精密度　在规定条件下，独立测试结果间的一致程度。

在相同的条件下，对同一或认为是同一的物料进行检验，一般不会得到相同的试验结果，这就是要考虑精密度的主要原因。即使严格按照标准的“检验操作规程”进行试验，也不可避免地会出现随机误差，因此对试验结果的实际解释时，就必须考虑这种变异现象。精密度主要用来描述重复试验结果之间的变异程度，具体用术语重复性和再现性来表征。

1.5.2.3 重复性与再现性

重复性和再现性是试验结果精密度度量的两个极端情况。前者，操作员、仪器设备及其校准、地点与环境以及在短时间内重复测定等相对变化不大，变异最小；后者，操作员、仪器设备及其校准、地点与环境以及时间等相对变化较大，变异最大。

（1）重复性与重复性限　重复性是指在重复性条件下的精密度。这种重复性条件是指：在同一实验室，由同一操作员使用相同的仪器设备，按相同的试验方法，在短时间内对同一被测对象相互独立进行的试验条件。

重复性限（r）是指一个数值，在重复性条件下，两个试验结果的绝对差小于或等于此数的概率为95%。

（2）再现性与再现性限　再现性是指在再现性条件下的精密度。这种再现性条件是指：在不同的实验室，由不同的操作员使用不同的仪器设备，按相同的试验方法，对同一被测对象相互独立进行的试验条件。

再现性限（R）是指一个数值，在再现性条件下，两个试验结果的绝对差小于或等于此数的概率为95%。

1.5.3 试验报告

试验报告是实验室检验工作的“最终产品”，也是实验室工作质量的集中体现并直接关系到客户的切身利益，因此试验（检验）报告“应当内容真实齐全、数据准确、结论明确；禁止伪造报告或者其数据、结果[1]”。

---

[1] 引自：国家质检总局公布、2011年2月1日业已实施的《产品质量监督抽查管理办法》（第三十一条）有关规定。

试验或检验报告通常应包括：检验项目、试样名称、试样编号、采样地点、采样时间、执行标准、试验室温度、大气压、检验次数、仪器型号、完成检验时间、检验结果、检验人员、检查者签字、技术负责人签字、实验室所在单位盖章等。

本章小结

本章由原油的元素和化合物组成出发，对原油的烃类和非烃化合物进行了分类，并借原油加工工艺给出了常见油品的来源。在熟悉油品分类及其有关标准和油品分析方法分类的基础上，引入了油品的产品质量标准和试验方法标准；重点对标准文件的结构及其技术标准和检验操作规程等进行了全面阐述，又给出了油品分析的取样、试验结果精密度以及试验报告等内容。

通过上述课程内容学习，可使学生认识原油的加工过程及其油品来源，熟悉油品分类以及进行油品分析的主要技术依据，并能按照试验方法标准开展油品的质量检验或认证工作。

【阅读材料】

原油的分类

世界上不同产地原油的性质是千差万别的，究其根本原因乃是由于其化学组成和馏分组成的差异，也就是由于组成原油的分子的大小及类型的分布不同所致。对于组成和性质不同的原油，应该区别对待，在开采、储运和加工过程中都要针对其特点采用相宜的方法，以达到合理利用资源、提高经济效益的目的。不同原油加工流程对原油的类别是有所选择的，甚至可将两种以上不同类型的原油调合后进行混炼。下面简单介绍原油的化学和商品分类方法。

1. 化学分类方法

(1) 美国矿务局分类法

该方法是通过对原油切割出的两个轻、重关键馏分的相对密度（API 度）测定为依据来进行分类的。轻馏分称为轻关键馏分，是常压下原油在 250～275℃馏出的馏分；重馏分称为重关键馏分，是在 5.33 kPa（40 mmHg）残压下 275～300℃馏出的馏分，换算到常压下为 395～425℃的馏分。偏重的原油，为避免重关键馏分裂化，可将残压降至 1.33kPa（10mmHg）蒸馏出 240～265℃的同等馏分。具体原油分类指标和类别划分如表 1-6 和表 1-7 所示。

表 1-6　原油分类指标

指　标		API 度		
关键馏分	轻关键馏分	≥40	33.1～39.9	≤33
	重关键馏分	≥30	20.1～29.9	≤20
基属		石蜡基	中间基	环烷基

表 1-7　原油类别划分

原油类别	轻关键馏分	重关键馏分	原油类别	轻关键馏分	重关键馏分
石蜡基	石蜡基	石蜡基	中间-环烷基	中间基	环烷基
石蜡-中间基	中间基	中间基	环烷-中间基	环烷基	中间基
中间-石蜡基	中间基	石蜡基	环烷基	环烷基	环烷基
中间基	中间基	中间基			

(2) 特性因数(*K* 值)分类法

特性因数(*K* 值),又称 Watson *K* 值或 UOP *K* 值,它与原油的化学组成有关,是原油的平均沸点和相对密度的函数。当沸点相近时,烷烃的 *K* 值最大,环烷烃的次之,芳香烃的最小。具体内容如表 1-8 所示。

表 1-8 按 *K* 值划分原油

指　　标	*K* 值		
	>12.1	11.5～12.1	10.5～11.5
原油类别	石蜡基	中间基	环烷基

2. 商品分类方法

原油商品分类法(也称工业分类法),是化学分类方法的补充。该方法多以原油密度、组分(如硫、蜡和胶质等)含量为依据,是世界石油大会规定和国际石油交易计价的常用方法,有关内容如表 1-9～表 1-12 所示。

表 1-9 按 API 度法划分原油

指　　标	API 度			
	>33.1	33.1～22.3	22.3～10.0	<10.0
原油类别	轻质	中质	重质	特重

表 1-10 按含硫量法划分原油

指　　标	硫含量(质量分数)/%		
	<0.5	0.5～2.0	>2.0
原油类别	低含硫	含硫	高含硫

表 1-11 按含蜡量法划分原油

指　　标	蜡含量(质量分数)/%		
	0.5～2.5	2.5～10.0	>10.0
原油类别	低含蜡	含蜡	高含蜡

表 1-12 按含胶量法划分原油

指　　标	胶含量(质量分数)/%		
	<5	5～15	>15
原油类别	低含胶	含胶	多胶

习　　题

1. 术语解释

(1) 原油　(2) 一次加工　(3) 油品调合　(4) 标准属性

(5) 修改采用　(6) 在线分析　(7) 方法标准　(8) 组合样

(9) 准确度　(10) 精密度

2. 判断题

(1) 环烷烃是润滑油组成的构成主体,对油品的黏度和黏温性能影响甚大,当温度降低时,这种烃类容易结晶、析出,对油品凝点的高低有很大影响。(　)

(2) 原油中活性含硫化合物对金属设备具有较强的腐蚀作用,但非活性含硫化合物对金属设备不具有腐蚀作用。(　)

(3) 加氢裂化汽油组分,安定性好、腐蚀性小且凝点和冰点都很低,一般多用作喷气燃料(航空煤油)。(　)

(4) 按 GB/T 498—2014 规定，油品分燃料（F），溶剂和化工原料（S），润滑剂、工业润滑油和有关产品（L），蜡（W），沥青（B）五大类。(　　)

(5) 按 GB/T 7631 规定，润滑脂不属于润滑剂。(　　)

(6) 若标准文件的封面上出现 GB/T 19001—2008/ISO 9001：2008 字样，则说明 GB/T 19001—2008 是等同采用了 ISO 9001：2008。(　　)

(7) 无论是产品质量标准还是试验方法标准，其部分技术要求和内容可引用业已存在且现行有效的其他规范性标准。(　　)

(8) 在具体油品的质量检验过程中，对某一项目的测定经常有多个试验方法可供选用，其中的任何一种都可用于仲裁分析。(　　)

(9) 油罐顶部样的采集，应使用脱掉塞子的加重取样器，将其突然降落到液面下 150mm 处，待气泡停止冒出时，提出盛满样品的取样器具。(　　)

(10) 准确度这一术语既包含正确度也包含精密度；精密度主要用重复性和再现性术语来表征。(　　)

3. 填充题

(1) 原油的流动性和颜色与其____紧密相关：一般____成分含量越多，其凝点越高；胶状沥青状物质含量越多，其____越深且____也越大。

(2) 原油中的主体元素是____、____、____、____、____，其中____和____两种元素的质量分数分别占________和________，它们主要以碳氢化合物（统称为________类）的形式存在。

(3) 原油蒸馏，是炼油厂总加工流程中所有工艺的“______”，其具体工段包括原油预处理(________)、____蒸馏和____蒸馏（其馏分油也称________）；常压蒸馏的塔底油，称为常压____（也称常压渣油或____油），减常压蒸馏的塔底油称为减压____（也称减压____油）。

(4) 按原油的____和市场对____的需求，炼油厂的加工工艺可组合成不同形式的总加工流程，主要包括____型、燃料-____型、燃料-____型和燃料-润滑油-化工型，后者既生产各种燃料油品、________，又生产化工原料与化工产品。

(5) 油品调合是改善油品__________而必须采用的一道生产工艺，主要分罐式和________两种调合方式；调合后成品油的________，是炼厂油品生产的________工序，对获取高质量的油品起着“____”的地位和作用。

(6) 国家标准是在全国范围内________________所实施的标准，由国家________________总局与国家________管理委员会共同审批和发布，其他各级别标准不得与之相____；国家____性、推荐性标准代号分别为 GB、________。

(7) 标准的复审包括重新____、重新____和____，其他情况常以__________形式下发至用户；修改单对既有__________不做改动，但涉及的__________必须与该标准一并贯彻执行。

(8) 油品分析是建立在________、________及____________等基本理论、基础知识与操作技能之上，依据油品的____________及其____________，以具体产品的（俗称规格）为切入点，对待测油品的项目（指标）进行____的分析和检验或认证。

(9) 为保证和提高产品质量，企业有时还要使用“____”或________先进标准，但追求高“____”、____“内控”应以确保能提高________为前提，才能做到既________而又经济合理；采标 ISO9001《质量管理体系要求》，是切实可行的产品质量________的最规范举措。

(10) 油品分析，通常采集____样用来进行质量检验，若对上部样、中部样、__________的试验结果表明罐内油品是均匀的，则将这________等比例地合并成________，供分析和检验用。

4. 单选题

(1) 可导致石油炼制工艺中催化重整催化剂中毒的物质主要是（　　）。

A. 铁　　B. 砷　　C. 烃类　　D. 胶状沥青状物质

(2) 下列工艺属于三次加工的是（　　）。

A. 原油蒸馏　　B. 催化裂化　　C. 延迟焦化　　D. 烃类烷基化

(3) 下列石油馏分中，（　　）不属于轻质油。

A. 汽油　　B. 轻柴油　　C. 航空汽油　　D. 润滑油

(4) 在标准编号“SH/T 0508—92（2005）”中，2005 为标准的（　　）。

A. 代号　　B. 顺序号　　C. 确认年号　　D. 修订年号

(5) 下列国际（外）先进标准中，（　　）是美国石油学会标准。

A. ISO　　B. EN　　C. BS　　D. API

(6) GB 18351《车用乙醇汽油》检验项目中，（　　）不属于模拟性试验。

A. 乙醇含量　　B. 蒸气压　　C. 铜片腐蚀　　D. 抗爆性

(7) 油品分析和检验的最重要的技术依据是（　　）。

A. 强制性标准　　B. 国际标准　　C. 质量检验报告　　D. 方法标准

(8) 下列（　　）取样器具适合采集油罐沉淀物或残渣样品。

A. 加重　　B. 底部　　C. 抓取　　D. 全层

(9) 对用于油品分析或产品质量检验的组合样进行冷却贮存，其主要目的在于（　　）。

A. 均化样品　　B. 防止组分挥发　　C. 迫使蜡凝固　　D. 便于称量样品

(10) 重复性条件与再现性条件的共同点是（　　）相同。

A. 实验室　　B. 仪器设备　　C. 操作员　　D. 试验方法

第2章　汽油质量检验

学习指南

【知识目标】

1. 了解汽油的组成、分类、规格、牌号和用途等相关知识；
2. 掌握汽油技术指标要求及指标作用；
3. 掌握汽油典型指标检验方法，并熟悉其测定影响因素；
4. 熟悉汽油分析常用仪器的性能、使用方法和测定注意事项。

【能力目标】

1. 能正确选择和使用常见的汽油分析仪器；
2. 能够控制试验条件，对汽油水溶性酸碱、馏程、饱和蒸气压、溶剂洗胶质、诱导期、族组成等指标进行检测；
3. 能分析处理汽油检验中的异常状况，排除试验常见故障；
4. 能正确处理试验数据并且报告结果。

2.1　信息导读

2.1.1　种类与牌号

2.1.1.1　汽油种类

(1) 汽油性质　使用在点燃式发动机中的燃料称为汽油，汽油是复杂烃类混合物，其主要成分为 C_5～C_{12} 的烷烃、环烷烃和芳香烃。烷烃包括直链烷烃、支链烷烃、烯烃和炔烃；环烷烃包括五元环、六元环和少量双环烷烃；芳香烃由苯系和萘系的化合物组成。汽油的外观为无色至淡黄色，易燃易爆，密度 0.720～0.775g/cm^3，沸点范围 30～205℃，是消耗量最大的轻质油品之一。

(2) 汽油制备过程　汽油主要由石油馏分或重质馏分裂化制得，原油蒸馏、催化重整、催化裂化、加氢裂化等都产生汽油馏分，但由原油蒸馏装置直接生产的直馏汽油，不单独作为发动机燃料，而是将其精制、调合，有时还加入适量添加剂以制得商品汽油。

（3）汽油分类　我国汽油现按组成和用途不同分为车用汽油、车用乙醇汽油和航空汽油三种，主要用作汽油机的燃料。

2.1.1.2　汽油牌号

车用汽油和车用乙醇汽油均按研究法辛烷值划分牌号，有 89 号、92 号、95 号和 98 号四个牌号。

航空汽油按马达法辛烷值分为 75 号、95 号和 100 号三个牌号，其产品应标记为："75 号航空活塞式发动机燃料""95 号航空活塞式发动机燃料""100 号航空活塞式发动机燃料"。

2.1.2　储存、选用的注意事项

2.1.2.1　储存注意事项

汽油灌装及储存时主要应注意防火、防爆、避免质量变化及减少蒸发损失等。

（1）防火、防爆　向各种容器中灌装汽油时，应严格按容器安全容量灌装。根据季节不同，可留出 5%～7%的安全空间，以防受热后汽油膨胀而将油桶胀破。

汽油是易燃物，其蒸气与空气的混合气一经接触明火，就有着火爆炸的危险。因此，储存、使用应严格遵守操作规程，防火、防爆，防静电，确保安全。

（2）避免质量变化　在油罐中储存的汽油，每三个月应抽样检验其实际胶质含量，如已接近 25mg/100mL 时（经运输与储存，使用时的实际胶质往往要比标准中要求的数值高，一般允许不大于 25mg/100mL），则应及时使用。与油罐储存相比较，桶装汽油损耗较大，变质较快，露天存放的桶装汽油，时间不应超过半年。对库存汽油必须进行定期化验，建立其油品档案。

油品应尽量储存在温度低、温差小的地方，防止温升膨胀和加速变质，同时减少汽油与金属表面接触，使金属催化氧化变质的可能性减小。

（3）减少蒸发损失　储存汽油时，除根据油温变化留出必要的空间外，油罐或油桶应尽可能装到位，否则长期储存时，汽油蒸发损失将明显增大。试验证明，在露天存放的条件下，油桶仅装 20%的汽油、年损失 13.9%（装油 60%、损失 2.3%，装油 90%、损失 0.4%），同时酸度、胶质也有较快的增长。所以，汽油的蒸发损失不仅是数量的减少，还伴随着质量的下降并存在蒸气着火、爆炸的隐患。

2.1.2.2　选用注意事项

汽油选用的基本要求是，在正常运行条件下发动机不发生爆震。因此，必须结合发动机的构造、使用地理条件和应用实际，合理选择不同牌号的汽油。

（1）发动机压缩比　目前，选择汽油牌号的主要依据仍是发动机的压缩比。通常，压缩比低于 9 的汽油机选用 89 号或 92 号汽油；压缩比高于 9 的汽油机选用 95 号汽油。如果选用不当，会造成发动机工作不稳定或降低发动机的经济性。例如，压缩比高的发动机选用低辛烷值汽油，会引起发动机爆震，致使功率下降，油耗升高；反之，压缩比低的发动机使用较高辛烷值的汽油，也会造成浪费，不经济。目前，国产轿车汽油机的压缩比一般都在 9 以上，大多数使用研究法辛烷值为 92 号或 95 号的汽油。

需要指出的是，除汽油牌号外，发动机爆震还与其他一些因素有关。因此，当发动机爆震时，应先查明原因，采取措施消除引起爆震的各种因素，而不要轻易决定更换汽油的

牌号。

（2）所在地海拔高度　高原地区空气较稀薄，大气压力低，发动机吸入空气量下降，压缩终了的压力与温度都有所降低，可选用较低牌号的汽油而不致产生爆震现象。

（3）牌号相近汽油的代用　在汽油供应一时不能满足要求时，可选择牌号相近的汽油代用，并通过调整发动机最佳点火时间来防止爆震和有效发挥汽油的效能。例如，当汽油机使用辛烷值低于要求的汽油时，可适当推迟点火时间（即减小点火提前角），并注意勿使发动机超负荷工作，以免发生爆震；反之，当汽油机使用辛烷值高于要求的汽油时，可将点火时间适当提前（即加大点火提前角），以充分发挥较高辛烷值汽油的效能，提高发动机功率，降低油耗。

2.1.3 产品质量标准

目前，我国车用汽油执行的有效标准有 GB 17930—2016《车用汽油》和 GB 18351—2017《车用乙醇汽油（E10）》两个（见表 2-1 和表 2-2）。GB 17930 参考了国外工业发达国家的车用汽油标准，结合我国车用汽油的实际生产情况，按照既要控制汽车排放，又要使燃料汽油满足现代汽车要求的基本思想，规定了由液体烃类和由液体烃类及改善使用性能的添加剂组成的车用汽油的技术条件，适用于点燃式内燃机的燃料。此外，按环保要求严格程度不同，各地还制定有相应的地方性标准。例如，北京市地方标准 DB 11/238—2016《车用汽油》。

航空汽油执行的国家标准是 GB 1787—2008《航空活塞式发动机燃料》。

表 2-1　车用汽油（Ⅴ）和车用汽油（ⅥA、ⅥB）的技术要求和试验方法

项目		车用汽油(Ⅴ) GB 17930—2016				车用汽油(ⅥA,ⅥB) GB 17930—2016			
		89号	92号	95号	试验方法	89号	92号	95号	试验方法
抗爆性									
研究法辛烷值(RON)	不小于	89	92	95	GB/T 5487	89	92	95	GB/T 5487
抗爆指数(RON+MON)/2	不小于	84	87	90	GB/T 503、5487	84	87	90	GB/T 503、5487
铅含量/(g/L)	不大于	0.005			GB/T 8020	0.005			GB/T 8020
馏程					GB/T 6536				GB/T 6536
10%蒸发温度/℃	不高于	70				70			
50%蒸发温度/℃	不高于	120				110			
90%蒸发温度/℃	不高于	190				190			
终馏点/℃	不高于	205				205			
残留量(体积分数)/%	不大于	2				2			
蒸气压/kPa					GB/T 8017				GB/T 8017
从11月1日至4月30日		45～85				45～85			
从5月1日至10月31日		40～65				40～65			
胶质含量/(mg/100mL)					GB/T 8019				GB/T 8019
未洗胶质(加清洁剂前)	不大于	30				30			
溶剂洗胶质含量	不大于	5				5			
诱导期/min	不小于	480			GB/T 8018	480			GB/T 8018
硫含量②/(mg/kg)	不大于	10			SH/T 0689	10			SH/T 0689
硫醇（博士试验）		通过			SH/T 0174	通过			NB/SH/T 0174
铜片腐蚀(50℃,3h)/级	不大于	1			GB/T 5096	1			GB/T 5096
水溶性酸或碱		无			GB/T 259	无			GB/T 259
机械杂质及水分③		无			目测③	无			目测③

续表

项目		车用汽油(Ⅴ) GB 17930—2016				车用汽油(ⅥA,ⅥB) GB 17930—2016			
		89号	92号	95号	试验方法	89号	92号	95号	试验方法
苯含量[4](体积分数)/%	不大于	1.0			SH/T 0713	0.8			SH/T 0713
芳烃含量[5](体积分数)/%	不大于	40			GB/T 11132	35			GB/T 30519
烯烃含量[5](体积分数)/%	不大于	24			GB/T 11132	18(15)			GB/T 30519
氧含量(质量分数)/%	不大于	2.7			NB/SH/T 0663	2.7			NB/SH/T 0663
甲醇含量[1](质量分数)/%	不大于	0.3			NB/SH/T 0663	0.3			NB/SH/T 0663
锰含量/(g/L)	不大于	0.002			SH/T 0711	0.002			SH/T 0711
铁含量[1]/(g/L)	不大于	0.01			SH/T 0712	0.01			SH/T 0712
密度(20℃)/(kg/m^3)		720～775			GB/T 1884、GB/T 1885	720～775			GB/T 1884、GB/T 1885

① 车用汽油中，不得人为加入甲醇以及含铅、含铁和含锰的添加剂。

② 也可采用 GB/T 11140、SH/T 0253 ASTM D7039 进行测定，有异议时，以 SH/T 0689 方法测定结果为准。

③ 将试样注入 100mL 玻璃量筒中观察，应当透明，没有悬浮和沉降的机械杂质和水分。在有异议时，以 GB/T 511 和 GB/T 260 方法测定结果为准。

④ 也可采用 GB/T 28768、GB/T 30519 和 SH/T 0693 进行测定，在有异议时，以 SH/T 0713 方法测定结果为准。

⑤ 对于 95 号车用汽油，在烯烃和芳烃总含量控制不变的前提下，可允许芳烃的最大值为 42%（体积分数）。也可采用 GB/T 28768、GB/T 30519 和 SH/T 0741 进行测定，有异议时，以 GB/T 11132 方法测定结果为准。

注：国Ⅴ汽油的过渡期为 2018 年 12 月 31 日，2019 年 1 月 1 日起，国Ⅴ规定的技术要求废止；国ⅥA 规定的技术要求废止日期为 2022 年 12 月 31 日，自 2023 年 1 月 1 日起，实施国ⅥB 的技术要求。

表 2-2　车用乙醇汽油（E10）（Ⅴ）技术要求和试验方法

项目		GB 18351－2017			
		89号	92号	95号	试验方法
抗爆性					
研究法辛烷值(RON)	不小于	89	92	95	GB/T 5487
抗爆指数(RON+MON)/2	不小于	84	87	90	GB/T 5487、503
铅含量[1]/(g/L)	不大于	0.005			GB/T 8020
馏程					GB/T 6536
10%蒸发温度/℃	不高于	70			
50%蒸发温度/℃	不高于	120			
90%蒸发温度/℃	不高于	190			
终馏点/℃	不高于	205			
残留量(体积分数)/%	不大于	2			
蒸气压[2]/kPa					GB/T 8017
从 11 月 1 日至 4 月 30 日		45～85			
从 5 月 1 日至 10 月 31 日		40～65[3]			
胶质含量/(mg/100mL)					GB/T 8019
未洗胶质(加清洁剂前)	不大于	30			
溶剂洗胶质含量	不大于	5			
诱导期/min	不小于	480			GB/T 8018
硫含量[4]/(mg/kg)	不大于	10			SH/T 0689
硫醇(博士试验)		通过			NB/SH/T 0174
铜片腐蚀(50℃,3h)/级	不大于	1			GB/T 5096
水溶性酸或碱		无			GB/T 259
机械杂质[5]		无			目测
水分(质量分数)/%	不大于	0.20			SH/T 0246
乙醇含量(体积分数)/%	不大于	10.0±2.0			SH/T 0663

续表

项目		GB 18351—2017			
		89 号	92 号	95 号	试验方法
其他有机含氧化合物⑥(质量分数)/%	不大于	0.5			SH/T 0663
苯含量⑦(体积分数)/%	不大于	1.0			SH/T 0693
芳烃含量⑧(体积分数)/%	不大于	40			GB/T 11132
烯烃含量⑧(体积分数)/%	不大于	24			GB/T 11132
锰含量①/(g/L)	不大于	0.002			SH/T 0711
铁含量①/(g/L)	不大于	0.010			SH/T 0712
密度⑨(20℃)/(kg/m^3)		720～775			GB/T 1884、GB/T 1885

① 车用乙醇汽油（E10）中，不得人为加入含铅、含铁、含锰的添加剂。

② 也可采用 SH/T 0794 进行测定，在有异议时，以 GB/T 8017 方法为准。换季时，加油站允许有 15 天的置换期。

③ 广西全年执行此项要求。广东、海南两省使用车用乙醇汽油（E10）的地区全年执行此项要求。

④ 也可采用 GB/T 11140、SH/T 0253、ASTM D 7039 进行测定，有异议时，以 SH/T 0689 方法测定结果为准。

⑤ 也可采用目测法：将试样注入 100 mL 玻璃量筒中观察，应当透明，没有悬浮和沉降的机械杂质及分层。在有异议时，以 GB/T 511 方法测定结果为准。

⑥ 不得人为加入。也可采用 SH/T 0720 测定，在有异议时以 NB/SH/T 0663 方法为准。

⑦ 也可采用 SH/T 0713、GB/T 28768、GB/T 30519 进行测定，有异议时，以 SH/T 0693 方法为准。

⑧ 对于 95 号车用乙醇汽油（E10），在烯烃和芳烃总含量控制不变的前提下，可允许芳烃的最大值为 42%（体积分数）。也可采用 GB/T 28768、GB/T 30519、NB/SH/T 0741 进行测定，在有异议时，以 GB/T 11132 方法为准。

⑨ 也可采用 SH/T 0604 进行测定，在有异议时，以 GB/T 1884、GB/T1885 方法为准。

2.1.4 汽油产品检验流程

在汽油产品检验过程中，为了保证结果的准确性，应将馏程和蒸气压指标作为优先检验指标，其他各指标检验无先后检验顺序。

在油品分析和检验过程中，发现有一些质量指标，例如诱导期、锰含量、铁含量和铅含量，长期的化验分析的结果都为合格，为了提高工作效率，减少工人的劳动强度，可以将这些指标列为保留（保证）项目，保留期限根据具体情况分为一周一次、一月一次或半年一次。若在抽查过程中发现保留项目有不合格的现象，则此次保留项目改为正常项目，每批都应进行检验分析。

2.2 汽油的族组成和抗爆性（学习任务一）

2.2.1 族组成的测定

2.2.1.1 汽油的族组成

族组成是根据油中所含各族烃类的百分含量来表示其烃类组成的方法，称为族组成，其表示方法如下：

对于直馏汽油，一般用烷烃、环烷烃、芳香烃的质量百分含量来表示其族组成（气相色谱法），其中烷烃可分为正构烷烃和异构烷烃，环烷烃可分为环戊烷系和环己烷系以及单环环烷烃、双环环烷烃、多环环烷烃。

对于二次加工汽油用烷烃、环烷烃、烯烃、芳香烃的质量分数来表示其族组成（气相色谱法）。

2.2.1.2 测定意义

（1）苯含量　苯虽然对汽油辛烷值的贡献较大，但它却是公认的致癌物，由于蒸发和燃烧不完全而排入大气，可对人体造成危害，因此从环境保护考虑，限制车用汽油中的苯含量是十分必要的。我国车用汽油ⅥA和ⅥB要求苯含量（体积分数）不大于0.8%。

（2）芳烃含量　芳烃是汽油辛烷值的重要贡献者，其能量密度大，但燃烧后生成的沉积物多。试验还表明，随着汽油中芳烃含量的增高，汽油尾气中的苯含量也增多。我国车用汽油Ⅴ和Ⅵ控制芳烃含量（体积分数）为不大于40%和35%，既考虑了减少排放有害污染物的要求，又照顾到维持辛烷值达到必要的水平。

（3）烯烃含量　烯烃也是提高辛烷值的重要成分，但其稳定性差，一些烯烃有很强的大气反应活性，在光的作用下，易与空气反应生成臭氧，造成大气污染，因此降低汽油中的烯烃含量有利于保护环境。我国车用汽油Ⅴ中要求烯烃含量（体积分数）不大于24%，我国车用汽油ⅥA中为18%，ⅥB与ⅥA相比，所有指标都没有发生变化，只有烯烃含量又降低了3%，为15%。

2.2.1.3 测定仪器及操作

测定汽油族组成的早期方法是采用磺化反应测定芳烃含量；不饱和烃与溴、碘加成反应测定烯烃含量；苯胺点法测定烷烃、环烷烃、芳烃含量等。目前，这些化学方法已被近代仪器分析法所代替。

苯含量的测定按SH/T 0713—2002《车用汽油和航空汽油中苯和甲苯含量的测定（气相色谱法）》进行，该标准修改采用ASTM D3606—1996《车用汽油和航空汽油中苯及甲苯含量测定法（气相色谱法）》进行。

由于醇类对该试验有干扰，故车用乙醇汽油的苯含量按SH/T 0693—2000《汽油中芳烃含量测定法（气相色谱法）》进行。

芳烃含量按GB/T 11132—2008《液体石油产品烃类的测定　荧光指示剂吸附法》和GB/T 30519—2014《轻质石油馏分和产品中烃族组成和苯的测定　多维气相色谱法》测定。

2.2.2 抗爆性测定

2.2.2.1 汽油的抗爆性

（1）汽油机的爆震　汽油机是用电火花点燃油气混合气而膨胀做功的机械，故又称点燃式发动机。其工作过程包括吸气（吸入油气混合气）、压缩、膨胀做功（由电火花点燃）和排气四个步骤，简称四行程。

在正常情况下，油气混合气一经电火花点燃，便以火花为中心逐层发火燃烧，平稳地向未燃区传播，火焰速度约为20～50m/s。此时，汽缸内温度、压力变化均匀，活塞被均匀地推动，发动机处于良好的工作状态。但是，如果使用燃烧性能差的汽油时，油气混合物被压缩点燃后，在火焰尚未传播到地方，就已经生成了大量的不稳定过氧化物，并形成了多个燃烧中心，同时自行猛烈爆炸燃烧，使火焰传播速度剧增至1500～2500m/s。高速爆炸燃烧产生强大的压力冲击波，猛烈撞击活塞头和汽缸，发出清脆的金属敲击声，这种现象称为爆震（俗称敲缸）。

汽油机发生爆震时，火焰速度极快，瞬间掠过，使燃料来不及充分燃烧便被排出汽缸，形成黑烟，造成功率下降，油耗增大。同时受高温高压的强烈冲击，发动机很容易损坏，可导致活塞顶或汽缸盖撞裂、汽缸剧烈磨损及汽缸门变形，甚至连杆折断，迫使发动机停止工作。

汽油的抗爆性是指汽油在发动机中燃烧时，不发生爆震的能力。它要求车用汽油的辛烷值合乎规定，以保证发动机运转正常，不发生爆震，充分发挥功率。

（2）影响汽油机爆震的因素　影响爆震的因素较多，主要因素可以归结为燃料性质、发动机结构和发动机的操作条件三个方面。

① 燃料性质　汽油是 $C_5 \sim C_{12}$ 各族烃类的混合物。当碳原子数相同时，烷烃和烯烃易被氧化，自燃点最低，若使用含烷烃、烯烃较多的燃料，很容易形成不稳定的过氧化物，产生爆震现象；反之，如果燃料含有难以氧化的异构烷烃、芳烃和环烷烃较多时，由于其自燃温度较高，就不易引起爆震。

相同烃类中，分子量越大（或沸点越高），形成不稳定过氧化物的倾向越大。因此，由同一原油炼制的汽油，馏分越重，越容易发生爆震。

② 发动机结构　适当提高压缩比（压缩比是指活塞在下止点时的汽缸容积与在上止点时的汽缸容积的比值），可增大混合气体的压缩程度，提高发动机功率，降低油耗，使发动机有较好的经济性。但随着压缩比的增大，压缩混合气的温度、压力也将增大，过氧化物的生成量也随之增多，因而越易发生爆震。所以，不同压缩比的发动机必须使用抗爆性与其相匹配的汽油，才能提高发动机功率而不会产生爆震现象。目前汽车发动机正朝着增大压缩比方向发展，这就要求生产更多抗爆性能好（即辛烷值高）的汽油。

③ 发动机的操作条件　汽缸内油气与空气的混合程度可用空气过剩系数（α）表示。所谓空气过剩系数是指燃烧过程中实际供给空气量和理论需要空气量之比。在 $\alpha=0.8\sim0.9$ 时，最易爆震；在 $\alpha=1.05\sim1.15$ 时，不易爆震，功率大；汽缸进气温度和压力增高，爆震倾向增大；冷却水温度升高，爆震趋势增大；发动机转速增大，爆震减弱。总之，凡是能促进汽油自燃的因素，如汽缸内温度、压力的增大等，均能加剧爆震；凡是能促进汽油充分汽化、燃烧完全的因素，均能减缓爆震现象。

（3）辛烷值　辛烷值是表示点燃式发动机燃料抗爆性的一个约定值。在规定条件下的标准发动机试验中，通过和标准燃料进行比较来测定，采用和被测燃料具有相同抗爆性的标准燃料中异辛烷的体积分数来表示。辛烷值越高，汽油的抗爆性越好，使用时可允许发动机在更高的压缩比下工作，这样可以大大提高发动机功率，降低燃料消耗。

标准燃料（或称参比燃料）由抗爆性能很高的异辛烷（2,2,4-三甲基戊烷，其辛烷值规定为100）和抗爆性能很低的正庚烷（其辛烷值规定为0）按不同体积分数配制而成。标准燃料中所含异辛烷的体积分数就是标准燃料的辛烷值。

测定辛烷值在标准单缸发动机中进行，测定方法不同，其结果也不同。马达法辛烷值是在900r/min的发动机中测定的，用于表示点燃式发动机在重负荷条件下及高速行驶时汽油的抗爆性能。目前，马达法辛烷值只作为航空汽油的质量指标。

研究法辛烷值是发动机在600r/min条件下测定的，它表示点燃式发动机低速运转时，汽油的抗爆性能。测定研究法辛烷值时所用的辛烷值试验机与马达法辛烷基本相同，只是进入汽缸的混合气未经预热，温度较低。研究法所测结果一般比马达法高出5～10个辛烷值单位，例如，过去用马达法辛烷值确定的85号汽油与现在由研究法辛烷值划分的92号汽油相对应。

研究法辛烷值和马达法辛烷值之差称为汽油的敏感性。它反映汽油抗爆性随发动机工作状况剧烈程度的加大而降低的情况。敏感性越低，发动机的工作稳定性越高。敏感性的高低取决于油品的化学组成，通常烃类的敏感性顺序为：烯烃>芳烃>环烷烃>烷烃。

（4）抗爆指数　抗爆指数是反映车辆在行驶时汽油燃烧的抗爆性指标。通常，抗爆指数用研究法辛烷值和马达法辛烷值的平均值来表示，故又称为平均实验辛烷值。

$$ONI=\frac{MON+RON}{2} \tag{2-1}$$

式中　ONI——抗爆指数；

MON——马达法辛烷值；

RON——研究法辛烷值。

抗爆指数越高，汽油的抗爆性越好。89号车用汽油的抗爆指数为84，表示研究法辛烷值不小于89，抗爆指数不小于84。

2.2.2.2　辛烷值测定意义

① 汽油的抗爆性用辛烷值来表示。其中研究法辛烷值与全尺寸点燃式发动机低速运转下的抗爆性能相关联；马达法辛烷值则是与全尺寸点燃式发动机高速运转下的抗爆性能相关联。

② 辛烷值是车用汽油最重要的质量指标。车用汽油的牌号是按照研究法辛烷值划分的，例如92号车用汽油即表明该汽油辛烷值不低于92。根据辛烷值的实测结果可判定属哪一牌号的车用汽油。

③ 辛烷值的高低能反映出炼油工业的水平。中国的炼油工业起步较迟，1907年，国内最早的油矿——陕西延长油矿诞生，能生产出一些灯油用来照明，1939年，才建成了中国历史上的第一个现代化油田——玉门油田，最初只有一套年处理不到7万吨的常压蒸馏装置，产出的常压汽油的辛烷值只有40～55。到1962年，炼油工业已从原来的简单的粗加工，逐步发展到深加工，有了催化裂化、延迟焦化等工艺，生产出的催化汽油和焦化汽油里面含有了较多的烯烃，汽油的辛烷值有所上升，能达到70～80。20世纪90年代之后，我国大力发展高辛烷值汽油和清净汽油，炼油企业也相继建设了重整加氢、烷基化、异构化、MTBE等生产高辛烷值汽油的装置。1991年，颁布了第一个车用无铅汽油的标准，包括90、93和97三个牌号。所以说，高炼制水平的炼油企业才能生产出高牌号的汽油。

④ 通过辛烷值来调控油品中自燃点低的组分，使其能完全燃烧，提高利用效率。测定不加抗爆剂的汽油的辛烷值，可大致判断汽油的主要成分。测定加有抗爆剂的汽油的辛烷值，可判断抗爆剂的效果，找出适宜的抗爆剂加入量。

2.2.2.3　测定仪器

研究法辛烷值的测定按GB/T 5487—2015《汽油辛烷值测定法（研究法）》进行。适用于测定点燃式发动机燃料研究法辛烷值的测定，不适用于主要由含氧化合物组成的燃料及其燃料组分。

辛烷值测定是在一台经过标准化的单缸、四冲程、可变压缩比的CFR化油器发动机上进行的。图2-1是CFR F-2U研究法马达法辛烷值联合试验机，在同一套设备中联合了两种全球公认的测定辛烷值的标准方法，该试验机的可变压缩比气缸可在发动机工作过程中改变压缩比，可变范围是从4∶1到18∶1，这样可测定大范围的燃料样品；爆震表与一个直接装在气缸燃烧室中的传感器相连，将燃烧爆震转换成一个模拟信号（爆震强度用0～100值表示），通过转换，得到试样的辛烷值。研究法辛烷值的测定可以采用内插法或压缩比法。

图2-1　CFR F-2U研究法马达法联合辛烷值机

2.2.3　辛烷值检验操作规程（GB/T 5487—2015）

GB/T 5487—2015中包含四种测定方法：

方法A　内插法（平衡燃料液面高度法）。

方法B　内插法（动态燃料液面高度法）只适合辛烷值在80～100之间的测试。

方法C　压缩比法 适合于辛烷值在80～100之间的测试。

方法D　内插法（辛烷值分析仪OA）适合于辛烷值在72～108之间的测试。

2.2.3.1　内插法

内插法的测定原理是：在固定的压缩比条件下，使试样的爆震表读数位于两个参比燃料调和油的爆震表读数之间，然后采用内插法计算试样的辛烷值。

按照最大爆震强度下的燃空比的调节试验方法不同，内插法又有平衡燃料液面高度法和动态燃料液面高度法两种。

内插法具体测定的步骤如下：

① 将仪器调试到标准爆震强度要求。根据操作表对发动机进行调整使其在标准爆震强度下运行。所谓标准爆震强度是已知辛烷值的参比调和油在爆震试验装置中燃烧时产生爆震的程度，通常调整爆震表读数为50。

② 估计试样的辛烷值。调节试样的燃空比使爆震强度达到最大值，然后调整压缩比（即调整气缸高度，用测微计读数表示，可通过标准中的表格进行换算），使爆震表读数为50。确定试样产生标准爆震强度时的气缸高度，记下此时爆震表读数。

③ 用插入法计算试样的辛烷值。不改变气缸高度，选择两种正标准燃料（一个辛烷值略高于试样，另一个略低于试样，二者之差不大于2个辛烷值单位），调整它们的燃空比使

分别达到最大爆震强度，其一爆震较试样剧烈（爆震强度大），另一爆震较试样缓和（爆震强度小）。使用内插法通过平均爆震强度读数之差计算试样的辛烷值。测定爆震强度，记下爆震表的读数，按式(2-2) 计算试样的辛烷值。

$$X=\frac{b-c}{b-a}(A-B)+B \tag{2-2}$$

式中 X——试样的辛烷值；

A——高辛烷值参比燃料的辛烷值；

B——低辛烷值参比燃料的辛烷值；

a——高辛烷值参比燃料的平均爆震表读数；

b——低辛烷值参比燃料的平均爆震表读数；

c——试样的平均爆震表读数。

2.2.3.2 压缩比法

该法测定原理是：根据试样在标准爆震强度下所需的气缸高度（用测微计读数表示），从标准表中即可查出其辛烷值。

从操作表中查到选定的正标准燃料辛烷值对应的气缸高度，调整发动机确定标准爆震强度。在稳态条件下调节燃空比使试验爆震强度达到最大，再调节气缸高度产生标准爆震强度。为确保试验条件正常，再次确认校正过程及测定结果，然后根据气缸高度读数（经大气压力补偿）查表得出辛烷值。试验要求试样辛烷值与用于校正发动机的正标准混合燃料在规定的范围内，根据辛烷值的范围不同，其允许差值为 0.7～2.0 不等。

使用 ASTM-CFR 试验机测定辛烷值，准确、严格，是对外贸易和进行仲裁时必做的试验。但其操作条件比较严格，设备复杂，试样需要量大，测定时间长，应用极为不便。为此，一些简便、快捷、环保及科技含量高的辛烷值测试仪器应运而生（如 SHATOX 系列分析仪），它们多具有便携、精确和多功能的特点，可同时测定汽油的辛烷值、氧化物含量、苯含量、芳香族化合物含量和烯烃含量等，广泛应用于汽油的生产、质检和科研中。

此外，为了适应科研与生产的需要，近年来还出现了一些间接测定辛烷值的方法，如核磁共振波谱法、气相色谱法、介电常数法及物理化学参数法等。其基本原理是将汽油中易于测定的化学结构参数和物理性质参数与辛烷值进行关联，得出精确的经验式，进而计算辛烷值。

2.3 汽油的馏程和蒸气压（学习任务二）

2.3.1 馏程测定

2.3.1.1 馏程及有关术语

（1）馏程 油品主要是由多种烃类及少量烃类衍生物组成的复杂混合物，与纯液体不同，它没有恒定的沸点，其沸点表现为一定的温度范围。油品在规定的条件下蒸馏，从初馏点到终馏点这一表示蒸发特性的温度范围称为馏程。通常车用汽油的馏程用 10%、50%、

90%蒸发温度，终馏点和残留量等指标来表示。

（2）有关术语

① 初馏点 冷凝管末端滴下第一滴冷凝液瞬时观察到的校正温度计读数，以℃表示。

② 馏出（蒸发）温度 馏出物（蒸发物）体积分数为装入试样的10%、50%、90%时，蒸馏瓶内温度计的读数分别称为10%、50%、90%馏出温度（蒸发温度）。

③ 终馏点 试验中得到的最高校正温度计读数，通常是在蒸馏烧瓶底部全部液体都蒸发后才出现。

④ 回收百分数 在观察温度计读数同时，在接收量筒内的冷凝物体积，以装样体积分数表示。

⑤ 最大回收百分数 在冷凝管继续有液体滴入量筒时，每隔2min观察一次冷凝液的体积，直至两次连续观察的体积一致时，报告为最大回收百分数或最大回收体积，以百分数或以mL表示。

⑥ 残留百分数和损失百分数 蒸馏结束后，将冷却烧瓶内的残留物按规定方法收集到5mL量筒中测得的体积分数，称为残留百分数。以装入试样体积为100%减去馏出液体和残留物的体积分数之和，所得之差值称为损失百分数。

⑦ 总回收百分数 测得的最大回收百分数和蒸馏瓶中残留百分数之和，以百分数表示。

⑧ 动态滞留量 在蒸馏过程中出现在蒸馏烧瓶的瓶颈、支管和冷凝管中的物料。

2.3.1.2 测定意义

测定发动机燃料的馏程可鉴别发动机燃料的蒸发性，从而判断油品在使用中的适用程度。车用汽油、喷气燃料、轻柴油和车用柴油对馏程均有严格的要求，原因是保证它们具有一定的蒸发性，以能在内燃机中正常燃烧做功，并不产生爆震现象。虽然汽油机、喷气机和柴油机的工作原理不完全一样，但均要求在燃烧前能充分汽化，和空气形成均匀混合可燃气，为燃烧创造良好的条件。

（1）初馏点 通过初馏点可判断汽油中有无保证发动机在低温下易于启动的轻馏分。

（2）10%蒸发温度 表示车用汽油中含轻组分的多少，它决定汽油低温启动性和形成气阻的倾向。汽油发动机启动时转速较低（一般为50～100r/min），吸入汽油量少，若10%蒸发温度过高，表明缺乏足够的轻组分，其蒸发性差，则冬季或冷车不易启动。因此，车用汽油规格中规定，10%蒸发温度不能高于70℃。汽油的10%馏出温度与发动机能直接启动所允许的最低气温实验数据，如表2-3所示。

表2-3 汽油10%馏出温度与启动气温的关系

10%蒸发温度/℃	54	60	66	71	77	82	98	107
能直接启动的最低大气温度/℃	−21	−17	−13	−9	−6	−2	0	5

由表2-3可见，10%蒸发温度越低，发动机的低温启动性越好。但10%蒸发温度也不能过低，否则轻组分过多，在炎热的夏季或低大气压下工作时，易在输油管内汽化形成气阻，中断燃料供应，影响发动机正常工作。

目前，车用汽油只规定了10%蒸发温度的上限，其下限实际上是由蒸气压来控制的，一般车用汽油的10%蒸发温度不宜低于60℃。

（3）50%蒸发温度 表示车用汽油的平均蒸发性，它直接影响发动机的加速性和工作平稳性。若50%蒸发温度低，汽油在正常温度下能迅速蒸发，可燃气体混合均匀，发动机加速灵敏，运转平稳；反之，50%蒸发温度过高，当发动机加大油门提速时，随供油量的急剧增加，部分汽油将来不及充分汽化，引起燃烧不完全，致使发动机功率降低，甚至突然熄火。

为此，应严格规定车用汽油50%蒸发温度不高于110℃。

（4）90%蒸发温度和终馏点　表示影响车用汽油充分挥发和燃烧的重组分的多少，决定汽油在汽缸中的蒸发完全程度。这两个指标的温度过高，表明较重组分过多，不易保证车用汽油在使用条件下完全蒸发及燃烧，将导致汽缸内积炭增多、排气冒黑烟。这不仅会增大油耗，降低发动机功率，使其工作不稳定，而且没完全汽化的组分还会冲掉汽缸壁的润滑油，进而流入曲轴箱，稀释润滑油，降低其黏度，使润滑性能变差，这都将加剧机械磨损。试验证明，使用终馏点为225℃的汽油，发动机的磨损比使用终馏点为200℃的汽油大一倍、耗油量增加7%。

因此，车用汽油严格限制90%蒸发温度不高于190℃，终馏点不高于205℃。

（5）残留量　反映车用汽油贮存过程中，氧化生成胶质物质的含量。随残留量的增大，气门、化油器喷管及电喷喷嘴被堵塞的机会增多，汽缸内结焦量也增多。因此，车用汽油要求残留量不大于2%。

2.3.1.3　测定仪器及操作

（1）测定仪器　车用汽油馏程的测定按GB/T 6536—2010《石油产品常压蒸馏特性测定法》进行。该标准适用于测定馏分燃料，如天然汽油、航空汽油、喷气燃料、柴油和煤油等，不适用于含有较多残留物的产品。蒸馏装置有手工蒸馏和自动蒸馏两种方式，有争议时，仲裁试验应采用手工蒸馏。

图2-2为SYD-6536B型石油产品蒸馏试验仪器（双管），该设备按照GB/T 6536有关规定设计制造。

图2-2　SYD-6536B型石油产品蒸馏试验仪器（双管）

（2）仪器操作

① 检查仪器的工作状态，使其符合说明书所规定的工作环境和工作条件。

② 检查仪器的外壳，必须处于良好的接地状态，电源线必须有良好的接地端。

③ 在控制箱后面的两个冷凝水箱内加入适量的冷却液。

④ 接通工作电源，调节蒸馏烧瓶和量筒的位置，打开“电源开关”，指示灯亮。

⑤ 按下相应控制箱面板上的“温控开关”。按温控仪上的“SET”键，正确设置试验所需的冷凝温度。如果冷凝水箱的设定温度在室温以下，则需打开仪器侧面的“制冷开关”，使试验温度符合测试要求。

⑥ 冷凝水箱的浴温达到设定温度后，调节“电压调节旋钮”，调节电炉的加热功率，控制升温速度。

⑦ 严格按照 GB/T 6536 规定的要求，测定并记录测试结果。

⑧ 取出蒸馏烧瓶时，应将电炉高度调节旋钮调到适当位置，避免蒸馏烧瓶支管损坏。

⑨ 试验结束后，应及时关闭电源，并擦洗干净仪器的表面。

⑩ 仪器较长时间不用时，应放净冷凝水箱内的冷却液，用清水清洗并擦拭干净冷凝水箱，置于通风、干燥、无腐蚀性气体的环境中。

2.3.1.4 测定注意事项

（1）试样及馏出物量取温度的一致性　液体石油产品的体积受温度的影响比较明显，温度升高油品体积增大，温度降低体积则减小。如果量取试样及馏出物时的温度不同，必将引起测定误差。标准试验方法中要求量取试样、馏出物及残留液体积时，温度要尽量保持一致，在 13～18℃下进行。

（2）冷凝器内冷浴温度的控制　测定不同石油产品的馏程时，冷凝器内水温控制要求不同。例如，汽油的初馏点低、轻组分多，挥发性大，为保证蒸馏汽化的油蒸气全部冷凝为液体，减少蒸馏损失，必须控制冷凝器温度为 0～1℃；煤油馏分较汽油相对较重，初馏点一般在 150℃以上，为使油蒸气冷凝，水温控制不高于 30℃；蒸馏含蜡液体燃料时，水浴温度应随蒸馏温度的升高而逐步提高，一般控制水温在 30～60℃之间，既可使油蒸气冷凝为液体，又不致使重质馏分在管内凝结，保证冷凝液在管内自由流动，达到试验方法所规定的要求。

（3）加热速度和馏出速度的控制　各种石油产品的沸程范围是不同的，如果对较轻的油品快速加热，可产生两方面不良影响：其一，迅速产生的大量气体可使蒸馏瓶内压力上升，高于外界大气压，导致温度测定值高于正常蒸馏温度；其二，始终保持较大的加热速度，将引起过热现象，造成干点升高。反之，加热过慢，会使初馏点、10%馏出温度、50%馏出温度、90%馏出温度及终馏点等温度降低。因此标准中规定蒸馏不同油品要采用不同的加热速度：蒸馏汽油时，从开始加热到初馏点的时间为 5～10min；蒸馏航空汽油时为 5～10min；蒸馏喷气燃料、煤油、车用柴油时为 10～15min；蒸馏重质燃料油时为 10～15min。

蒸馏汽油时，从初馏点到 5%馏出温度的馏出时间为 60～100s，其余馏出速率应保持在 4～5mL/min（约 2～5 滴/s）。蒸馏重质燃料油时，蒸馏速率为 4～5mL/min。

蒸馏汽油、喷气燃料、煤油或轻柴油时，当蒸馏烧瓶内残留液体约 5mL 时，最后一次调整加热，使蒸馏烧瓶中 5mL 残留液体蒸馏到终馏点的时间小于 5 min，如果这段时间超过 5min，这次试验无效。应重新调整加热强度，再次进行试验。

（4）蒸馏损失量的控制　测定汽油馏程时，量筒的口部要用棉花等塞住，以减少馏出物的挥发损失，同时还能避免冷凝管上凝结的水滴入量筒内。

（5）蒸馏烧瓶支板的选择　蒸馏烧瓶支板（由 3～6mm 厚的陶瓷或其他耐热材料制成）具有保证加热速度和避免油品过热的作用。蒸馏不同石油产品时要选用不同孔径的蒸馏烧瓶支板。通常的考虑是，蒸馏终点的油品表面要高于加热面。轻质油大都要求测定终馏点，为防止过热可选择较小的蒸馏烧瓶支板：汽油用孔径为 ϕ38mm 的蒸馏烧瓶支板；煤油、车用柴油、重质油均采用孔径为 ϕ50mm 的蒸馏烧瓶支板。

（6）试样的脱水　若试样含水，蒸馏汽化后会在温度计上冷凝并逐渐聚成水滴，水滴落入高温的油中会迅速汽化，造成瓶内压力不稳，甚至发生冲油（突沸）现象。因此，测定前必须对含水试样进行脱水处理并加入沸石，以保证试验安全及测定结果的准确性。

2.3.2　石油产品馏程检验操作规程（GB/T 6536—2010）

本标准适用于馏分燃料，如天然汽油（稳定轻烃）、轻质和中间馏分、车用火花点燃式发动机燃料、航空汽油、喷气燃料、柴油和煤油以及石脑油和石脑溶剂油产品。本标准不适用于含有较多残留物的产品。

2.3.2.1　方法概要

根据试样的组成、蒸气压、预期初馏点和预期终馏点等性质将试样归类为所规定五个组别中的一组。取 100mL 试样在其相应组别所规定的条件下，用实验室间歇蒸馏仪器进行蒸馏，根据试验结果的要求，系统地观察并记录温度读数和冷凝物体积、蒸馏残留物和损失体积，观测得温度读数需进行大气压力修正，试验结果以蒸发百分数或回收百分数对相应的温度作表或作图表示。

2.3.2.2　仪器与试剂

（1）仪器　石油产品蒸馏器（见图 2-2）；蒸馏烧瓶（125mL）；冷凝器和冷浴；金属罩或围屏；加热器；蒸馏烧瓶支架和支板（采用燃气加热时，准备直径为 100mm 的环形支架 1 个；带有直径为 76～100mm 中心孔的蒸馏烧瓶支板一块，放在支架上；若采用电加热，准备带有直径为 38mm 中心孔的蒸馏烧瓶支板 1 块）；气压计；量筒（100mL、50mL）；玻璃水银温度计（GB—46 号-2，300℃；GB—47 号-2，400℃）。

（2）试剂及材料　车用汽油；拉线（细绳或铜丝）；吸水纸（或脱脂棉）；无绒软布。

2.3.2.3　准备工作

（1）取样　将试样收集在已预先冷却至 0～10℃ 的取样瓶中，并弃去第一次收集的试样。操作时，最好将取样瓶浸在冷却液体中；若不能，则应将试样吸入已预先冷却的取样瓶中（抽吸时，要避免试样搅动）。然后，立即用塞子紧密塞住取样瓶，并将试样保存在冰浴或冰箱中。

> 注意：如果试样含有悬浮水，则不适合做试验，应该另取一份无悬浮水的试样，或将试样与无水硫酸钠或其他适合的干燥剂一起搅动，取上层清液进行试验。

（2）仪器的准备　选择蒸馏仪器，并确保蒸馏烧瓶、温度计、量筒和 100mL 试样冷却至 13～18℃，蒸馏烧瓶支板和金属罩不高于环境温度。

> 说明：量筒必须放在另一冷浴中，该冷浴为高型透明的玻璃杯或塑料杯，其高度要求能将量筒浸入 100mL 刻线处，试验过程中应始终保持冷浴状态。

（3）冷浴的准备　选取适宜的冷却介质（合适的冷浴介质有碎冰和水、冷冻盐水或冷冻乙二醇)，使冷浴温度维持在0～1℃。冷浴介质的液面必须高于冷凝器最高点。

(4) 擦洗冷凝管　用缠在拉线上的一块无绒软布擦洗冷凝管内的残存液。

(5) 安装取样瓶温度计　用一个打孔良好的软木塞或聚硅氧烷（硅酮）橡胶塞，将温度计紧密装在取样瓶颈部，并保持试样温度为13～18℃。

(6) 装入试样　用量筒取100mL试样，并尽可能地将试样全部倒入蒸馏瓶中。

注意：装入试样时，蒸馏烧瓶支管应向上，以防液体注入支管中。

(7) 安装蒸馏温度计　用软木塞或聚硅氧烷（硅酮）橡胶塞，将温度计紧密装在蒸馏烧瓶的颈部，水银球位于蒸馏烧瓶颈部中央，毛细管低端与蒸馏烧瓶支管内壁底部最高点齐平。

(8) 安装冷凝管　用软木塞或聚硅氧烷橡胶塞，将蒸馏烧瓶支管紧密安装在冷凝管上，蒸馏烧瓶要调整至垂直，蒸馏烧瓶支管伸入冷凝管内25～50mm。升高及调整蒸馏烧瓶支板，使其对准并接触蒸馏烧瓶底部。

(9) 安装量筒　将取样的量筒不经干燥，放入冷凝管下端的量筒冷却浴内，使冷凝管下端位于量筒中心，并伸入量筒内至少25mm，但不能低于100mL刻线。用一块吸水纸或脱脂棉将量筒盖严密，这块吸水纸剪成紧贴冷凝管。

(10) 记录室温和大气压力。

2.3.2.4　试验步骤

① 加热　将装有试样的蒸馏烧瓶加热，并调节加热速率，对汽油来说，保证开始加热到初馏点的时间为5～10min，而柴油要求的时间为5～15min。

② 控制蒸馏速度　观察记录初馏点后，立即移动量筒，使冷凝管尖端与量筒内壁相接触，让馏出液沿量筒内壁流下。调节加热，汽油要求从初馏点到5%回收体积的时间为60～100s；对柴油不做要求，从5%回收体积到蒸馏烧瓶中5mL残留物的冷凝平均速率是4～5mL/min。

③ 观察和记录　对汽油要求记录初馏点、终馏点和5%、15%、85%、95%回收体积分数及从10%～90%每10%回收体积分数的温度计读数，对柴油要求记录到95%回收体积分数。根据所用的仪器，记录回收体积，要精确到0.5mL（手工）或0.1mL（自动)，记录温度计读数，要精确至0.5℃（手工）或0.1℃（自动)。

④ 加热的最后调整　当在蒸馏烧瓶中的残留液体约为5mL时，再调整加热，使此时到终馏点的时间为3～5min。

⑤ 观察记录终馏点（柴油不要求)，并停止加热。

⑥ 继续观察记录　在冷凝管继续有液体滴入量筒时，每隔2min观察一次冷凝液体积，直至相继两次观察的体积一致为止。精确地测量体积，并记录。根据所用的仪器，精确至0.5mL（手工）或0.1mL（自动)，报告为最大回收体积分数。如果出现分解点（即蒸馏烧瓶中液体开始呈现热分解时的温度，此时出现烟雾，温度波动，并开始明显下降）而预先停止了蒸馏，则从100%减去最大回收体积分数，报告此差值为残留量和损失，并省去步骤⑦。

⑦ 量取残留百分数　待蒸馏烧瓶冷却后，将其内容物倒入5mL量筒中，并将蒸馏烧瓶悬垂于量筒之上，让蒸馏瓶排油，直至量筒液体体积无明显增加为止。记录量筒中的液体体积，精确至0.1mL，作为残留百分数。

⑧ 计算损失百分数　最大回收百分数和残留百分数之和为总回收百分数。从100%减去总回收百分数，则得出损失百分数。

2.3.2.5　计算和报告

(1) 记录要求　对每一次试验，都应根据所用仪器要求进行记录，所有回收体积分数都要精确至0.5%（手工）或0.1%（自动），温度计读数精确至0.5℃（手工）或0.1℃（自动）。报告大气压力精确至0.1kPa[1]。

(2) 进行大气压力修正　温度计读数按式(2-3)修正到101.3kPa，并将修正结果修约至0.5℃（手工）或0.1℃（自动）。报告应包括观察的大气压力和说明是否已进行了大气压力修正。

(3) 修正损失体积分数　按式(2-4)或式(2-5)进行计算。

(4) 修正最大回收体积分数　按式(2-6)进行计算。

(5) 计算修正后的蒸发温度　按式(2-7)计算10%蒸发温度、50%蒸发温度和90%蒸发温度。

$$t_c = t + C \tag{2-3}$$

$$C = 0.0009(101.3 - p_k)(273 + t)$$

式中　t_c——修正至101.3kPa时的温度计读数，℃；

t——观察到的温度计读数，℃；

C——温度计读数修正值，℃；

p_k——试验时的大气压力，kPa。

修正后的真实损失体积分数，按式(2-4)或式(2-5)计算。

$$L_c = 0.5 + (L - 0.5)/[1 + (101.3 - p_k)/8.0] \tag{2-4}$$

$$L_c = AL + B \tag{2-5}$$

式中　L_c——修正至101.3kPa时损失体积分数，%；

L——从试验数据计算得出的损失体积分数，%；

p_k——试验时的大气压力，kPa；

A，B——常数（见表2-4）。

表2-4　用于修正蒸馏损失的常数 *A* 和 *B*

观察的大气压力/kPa(或mmHg)	A	B	观察的大气压力/kPa(或mmHg)	A	B
74.6(560)	0.231	0.384	89.3(670)	0.400	0.300
76.0(570)	0.240	0.380	90.6(680)	0.428	0.286
77.3(580)	0.250	0.375	92.0(690)	0.461	0.269
78.6(590)	0.261	0.369	93.3(700)	0.500	0.250
80.0(600)	0.273	0.363	94.6(710)	0.545	0.227
81.3(610)	0.286	0.357	96.0(720)	0.600	0.200
82.6(620)	0.300	0.350	97.3(730)	0.667	0.166
84.0(630)	0.316	0.342	98.6(740)	0.750	0.125
85.3(640)	0.333	0.333	100.0(750)	0.857	0.071
86.6(650)	0.353	0.323	101.3(760)	1.000	0.000
88.0(660)	0.375	0.312			

[1] 1kPa=1000Pa=7.5mmHg=101.97mmH_2O。

相应修正后的最大回收体积分数按式(2-6) 计算。

$$R_c = R_{max} + (L - L_c) \tag{2-6}$$

式中　R_c——修正后的最大回收体积分数，%；

R_{max}——观察的最大回收体积（接收量筒内冷凝的液体体积）分数，%；

L——从试验数据计算得出的损失体积分数，%；

L_c——修正后的损失体积分数，%。

车用汽油的馏程要求用规定蒸发体积分数时的温度计读数即蒸发温度表示，该温度可按式(2-7) 计算。

$$t = t_L + \frac{(t_H - t_L)(R - R_L)}{R_H - R_L} \tag{2-7}$$

式中　t——蒸发温度,℃；

R——对应于规定蒸发体积分数的回收体积分数，%；

R_L——临近并低于 R 的回收体积分数，%；

R_H——临近并高于 R 的回收体积分数，%；

t_L——在 R_L 时观察到的温度计读数,℃；

t_H——在 R_H 时观察到的温度计读数,℃。

2.3.2.6　精密度

按下述规定判断试验结果的可靠性（95%置信水平）。

（1）重复性　同一操作者重复测定的两个结果之差不应大于表 2-5（手工）或表 2-6（自动）中所示的数据。

（2）再现性　不同操作者测定的两个结果之差不应大于表 2-5（手工）或表 2-6（自动）中所示的数据。

表 2-5　汽油手工蒸馏的重复性和再现性

蒸发点	重复性	再现性	蒸发点	重复性	再现性
初馏点	3.3	5.6	90%点	r_1	$R_1-1.22$
5%点	$r_1+0.66$	$R_1+1.1$	95%点	r_1	$R_1-0.94$
10%～80%点	r_1	R_1	终馏点	3.9	7.2

注：$r_1=0.864S+1.214$，$R_1=1.736S+1.994$。

表 2-6　汽油自动蒸馏的重复性和再现性

蒸发点(或回收点)	重复性	再现性	蒸发点(或回收点)	重复性	再现性
初馏点	3.9	7.2	80%点	r_2	$R_2-0.94$
5%点	$r_2+1.0$	$R_2+1.78$	90%点	r_2	$R_2-1.9$
20%点	$r_2+0.56$	$R_2+0.72$	95%点	$r_2+1.4$	R_2
10%点	r_2	$R_2+0.72$	终馏点	4.4	8.9
10%～70%点	r_2	R_2			

注：$r_2=0.673S+1.131$，$R_2=1.998S+2.617$。

温度变化率按下述公式计算。

5%回收体积分数的温度变化率，按式(2-8) 计算：

$$S = 0.1(t_{10} - t_I) \tag{2-8}$$

10%～80%回收体积分数的温度变化率，按式(2-9) 计算：

$$S=0.05(t_{V+10}-t_{V-10}) \tag{2-9}$$

90%回收体积分数的温度变化率，按式(2-10) 计算：

$$S=0.1(t_{90}-t_{80}) \tag{2-10}$$

95%回收体积分数的温度变化率，按式(2-11) 计算：

$$S=0.2(t_{95}-t_{90}) \tag{2-11}$$

式中　S——温度变化率，℃/%；

t——用脚注表示在该回收体积分数时的平均温度，℃；

V——回收体积分数，%；

$V-10$——比该回收体积分数小 10%；

$V+10$——比该回收体积分数大 10%；

I——初馏点,℃；

10，80，90，95——相应的回收体积分数，%。

2.3.3 蒸气压测定

2.3.3.1 有关术语

（1）蒸发过程　在一定温度下，液体分子由于本身的热运动，会从液体表面汽化成蒸气分子而扩散到空气中去，这一过程称为蒸发过程。

（2）饱和蒸气　在敞口容器中，如果扩散速度大于凝结速度，液体就会不断地汽化，直至蒸干为止。但在密闭容器中，不断运动的蒸气分子会撞击液面或器壁而凝结成液体，随时间的推移，单位时间内蒸发和凝结的分子数将相等，此时气液两相达到动态平衡状态，对应的蒸气称为饱和蒸气。

（3）蒸气压　在一定的温度下，气液两相处于平衡状态时的蒸气压力称为饱和蒸气压(简称蒸气压)。石油馏分的蒸气压通常有两种表示方法：一种是汽化率为零时的蒸气压，又称为泡点蒸气压或真实蒸气压，它在工艺计算中常用于计算气液相组成、换算不同压力下烃类的沸点或计算烃类的液化条件；另一种是雷德蒸气压，它是在雷德蒸气压测定器中，液体燃料与其平衡的蒸气体积之比为 1∶4，在规定温度时所测得的由燃料蒸气产生的最大压力，主要用于评价汽油的汽化性能、启动性能、生成气阻倾向及贮存时损失轻组分等重要指标。通常，泡点蒸气压要比雷德蒸气压高。

2.3.3.2 测定意义

（1）评定汽油汽化性能　汽油的饱和蒸气压越大，挥发性越强，所含低分子烃类越多，越易汽化，与空气混合也越均匀，从而使进入汽缸的混合气越容易着火，燃烧速率快，燃烧得越完全。因此，较高的蒸气压能保证汽油正常燃烧，发动机启动快，效率高，油耗低。

（2）判断汽油在使用时有无形成气阻的倾向　通常，汽油用于发动机燃料时，希望具有较高的蒸气压，但是也并不是无限的，蒸气压过高容易使汽油在输油管路中形成气阻，使供油不足或中断，造成发动机功率降低，严重时甚至可能停止运转；而蒸气压过低又会影响油料的启动性能。从表 2-7 中不难看出：随着大气温度的升高，应控制汽油保持较低的蒸气压，才能保证汽油发动机供油系统不发生气阻现象。因此，对车用汽油和航空汽油的蒸气压都有具体限制指标，如我国车用汽油的蒸气压按季节规定了不同指标。国Ⅴ和国Ⅵ中规定汽油的蒸气压夏季为 40～65kPa，冬季为 45～85kPa。

表 2-7 大气温度与车用汽油不发生气阻的蒸气压关系

大气温度/℃	10	16	22	28	33	38
不产生气阻的最高蒸气压/kPa	97	84	76	69	56	48

(3) 估计汽油贮存和运输中的蒸发损失　当贮存、灌注及运输汽油时，轻质馏分总会有一定量的损失，根据汽油饱和蒸气压可估计轻质馏分的损失程度。通常，油品含轻组分越多，蒸气压越大，蒸气损失也越大，这不仅易造成油料损失，污染环境，而且还有发生火灾的危险性。

2.3.3.3 测定仪器及操作

(1) 测定仪器　车用汽油的蒸气压按 GB/T 8017—2012《石油产品蒸气压测定法（雷德法）》测定。该标准是非等效采用 ASTM D863—08《石油产品蒸气压测定法（雷德法）》标准方法制定的，除汽油外还适用于测定易挥发性原油及其他易挥发性石油产品的蒸气压，但不适用于测定液化石油气的蒸气压。

图 2-3 为 SYD-8017 型石油产品蒸气压试验仪器（雷德法），适用于按照 GB/T 8017 要求测定汽油、易挥发性原油及其他易挥发性石油产品的蒸气压。仪器主要由水浴箱、控温装置、蒸气压弹（见图 2-4）、压力表等部分组成，具有使用灵活、移动方便等特点。

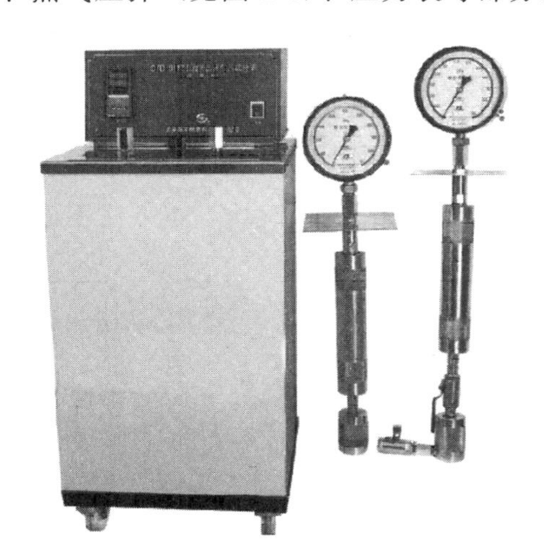

图 2-3　SYD-8017 型石油产品蒸气压试验仪器（雷德法）

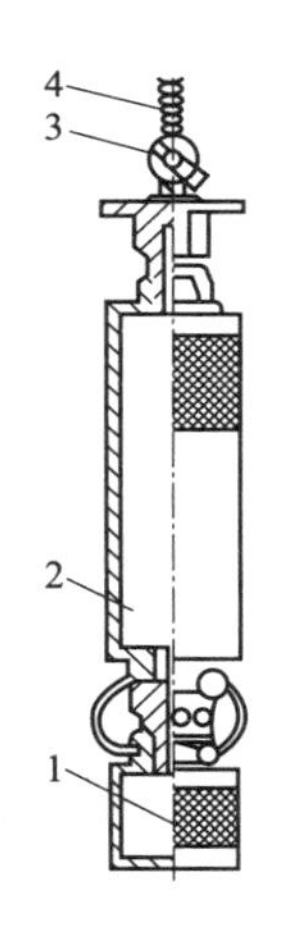

图 2-4　雷德法蒸气压弹示意图

1—汽油室；2—空气室；3—接头管；4—活栓

(2) 仪器操作

① 先从水浴箱内取出两个蒸气压弹后将清水加入浴箱，使水面离箱内胆顶面约 30mm，以保证有足量的水。

② 打开电源开关，接通工作电源。

③ 设定水浴加热温度 37.8℃。试验时，水浴的温度应以水银温度计为准，如设定温度与水银温度计有差值时需修正，应按仪器说明书中的方法进行修正。

④ 当试验温度等条件达到要求后，严格按照 GB/T 8017 标准的要求测定试样的蒸气压。

⑤ 试验后按 GB/T 8017 标准要求清洗压力表、蒸气压弹等用具。

2.3.3.4 测定注意事项

在 GB/T 8017 的石油产品蒸气压测定中，为避免产生严重误差，应着重注意以下几点。

（1）取样和试样管理　严格按标准中的规定进行取样、冷却及装入试样，避免试样蒸发损失而引起轻微的组成变化，试验前绝不能把雷德蒸气压的任何部件当作试样容器使用。

（2）压力表的校正　必须保证压力表在读数时处于垂直位置，并轻轻敲击后再读数。每次试验后要将压力表用水银压差计进行校正，以保证试验结果的准确性。

（3）试样的空气饱和　按试验方法规定剧烈地摇荡盛放试样的容器，使试样与容器内空气达到平衡状态，只有满足这样条件的试样，所测得的最大蒸气压才是雷德蒸气压。

（4）检查泄漏　必须在试验前和试验中，仔细检查全部仪器是否有漏油和漏气，若有漏油、漏气现象应舍弃试样，取新试样重新试验。

（5）温度控制　仪器安装必须按标准要求准确操作，不得超过规定的安装时间，以确保空气室温度恒定在 37.8℃；严格控制试样温度为 0～1℃，测定水浴温度为（37.8±0.1)℃。

（6）仪器的冲洗　每次试验后都必须按照方法规定进行清洗。必须彻底冲洗压力表、空气室和汽油室，以保证其中不含有残余试样。

（7）仪器的连接　仪器的安装必须小心按标准方法中的要求进行操作，不得超出规定的安装时间（必须在 10s 内完成）。

（8）仪器的摇荡　测定时必须按方法规定剧烈地摇晃测定器，使试样与测定器内空气达到平衡，以保证平衡状态。

2.3.4 蒸气压检验操作规程（GB/T 8017—2012）

本方法适用于测定汽油、易挥发原油及其他挥发性石油产品的蒸气压，本方法不适用于测定液体石油气的蒸气压。

2.3.4.1 方法概要

将冷却的试样充入蒸气压测定器的汽油室，并将汽油室与 37.8℃的空气室相连接。将该测定器浸入恒温浴（37.8±0.1)℃，并定期振荡，直至安装在测定器上的压力表读数恒定，压力表读数经修正后即为雷德蒸气压。

2.3.4.2 仪器与试剂

① 仪器　雷德法蒸气压测定器（见图 2-3）。

② 试剂　汽油。

2.3.4.3 准备工作

（1）取样　用取样器按 GB/T 4756 进行。取样器中所装试样的体积在 70%～80%之间，封闭取样器口，并置于 0～1℃的冷浴室中，直至试验全部完成。

（2）空气饱和容器中的试样　从 0～1℃的冷浴室中取出装有试样的容器，检查其容积是否在 70%～80%之间，若符合要求时，立即封口，剧烈振荡后放回冷浴室中至少 2min。

（3）汽油室的准备　将开口的汽油室和试样转移连接装置完全浸入冷浴室中，放置 10min 以上，使其冷却到 0～1℃。

（4）空气室的准备　将压力表连接在空气室上。空气室浸入（37.8±0.1)℃的水浴中，使水的液面高出空气室顶部至少25mm，保持10min以上，在汽油室充满试样之前不要将空气室从水浴中取出。

2.3.4.4　试验步骤

（1）试样的转移　将试样容器，见图2-5(a)从冷浴室中取出，开盖，插入经冷却的试样转移管和透气管，见图2-5(b)。将冷却的汽油室尽快放空，放在试样转移管上，见图2-5(c)。同时将整个装置快速倒置，汽油室应保持直立位置，见图2-5(d)。

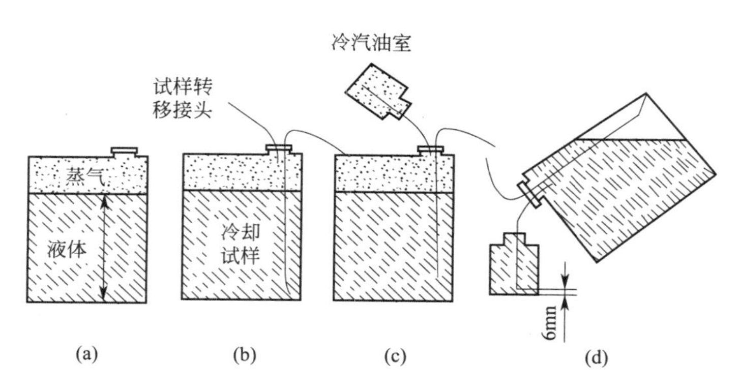

图2-5　开口式取样器

（a）转移试样前的容器；（b）用试样转移接头代替密封盖；

（c）汽油室置于移液管上方；（d）试样转移时的装置位置

注意：试样的转移管应延伸到离汽油室底部6mm处，试样充满汽油室直至溢出，提起试样容器，轻轻叩击实验台，使汽油室不含气泡。

（2）安装仪器　向汽油室补充试样直至溢出，将空气室从37.8℃的水浴中取出，并在10s之内使两者连接完毕。

（3）测定器放入水浴　将装好的蒸气压测定器倒置，使试样从汽油室进入空气室，在与测定器长轴平行的方向剧烈摇动。然后将测定器浸入温度为（37.8±0.1）℃的水浴中，仔细检查连接处是否漏气和漏油，若无异常现象，则把测定器浸入水浴中，使液面高出空气室顶部至少25mm。

（4）蒸气压的测定　蒸气压测定器浸入水浴5min后，轻轻地敲击压力表，观察读数。将测定器取出，倒置并剧烈摇动，然后重新放入水浴中。重复操作至少5次，每次间隔时间至少2min，直至相继两个读数相等时为止。读出最后恒定的表压。

记录此压力为试样的未修正蒸气压，须用水银压差计对读数进行校正。

（5）试验仪器的清洗　做完试验后，要及时清洗仪器，为下次试验做好准备。

2.3.4.5　报告

将压力表读数与水银压差计之间的差值校正后的蒸气压作为雷德蒸气压，单位为Pa或kPa。

2.3.4.6　精密度

用下述规定判断试验结果的可靠性（置信水平为95%）。

（1）重复性　同一操作者用同一仪器，在恒定的条件下对同一被测物质连续试验两次，其结果差值不应超过表 2-8 中的数值。

（2）再现性　不同试验室的不同操作者，对同一被测物质的两个独立试验结果之差不应超过表 2-8 中的数值。

表 2-8　雷德蒸气压测定结果重复性及再现性要求

雷德蒸气压/kPa	重复性	再现性	雷德蒸气压/kPa	重复性	再现性
0～35	0.7	2.4	110～180	2.1	2.8
35～110(压力表范围 0～100)	1.7	3.8	180	2.8	4.9
(压力表范围 0～200 或 0～300)	3.4	5.5	航空汽油(约 50)	0.7	1.0

2.4 汽油的溶剂洗胶质和诱导期（学习任务三）

某些汽油在储存、运输及使用过程中，容易发生氧化反应，生成胶质，使其颜色加深，甚至会产生沉淀等现象。这是由于这些汽油的安定性能不好，通过溶剂洗胶质和诱导期测定可以评价汽油安定性能的好坏。油品安定性是指其在储存、运输及使用过程中，保持质量不发生永久变化的能力。

汽油安定性与其化学组成有关，汽油中的不安定组分包括活泼的烃类组分和非烃类组分。汽油中最活泼的烃类是共轭二烯烃和带芳烃的烯烃，其次是单烯烃，烷烃的安定性最好。不安定的非烃类主要是元素硫、硫化氢、硫醇系化合物和苯硫酚、吡咯及其同系物。如果汽油中含有大量的不饱和烃，特别是二烯烃以及非烃类化合物，在运输、储存及使用过程中极易发生氧化反应，生成酸性物质、胶状物质和不溶沉渣，使油品颜色变深，辛烷值下降，并腐蚀设备。

2.4.1 溶剂洗胶质测定

2.4.1.1 有关术语

（1）胶质　汽油在储存和使用过程中形成黏稠、不易挥发的褐色胶状物质称为胶质。它主要是由油品中的烯烃，特别是二烯烃、烯基苯、硫酚、吡咯等不安定组分缩合而成的。根据其溶解度的差别，可分为三种类型：第一种是不可溶胶质（或沉渣）在汽油中形成的沉淀，可以过滤出来；第二种是溶解在汽油中的可溶性胶质，只有通过蒸发的方法使胶质作为不挥发物质残留下来，达到分离（测定溶剂洗胶质就是用这种方法）；第三种是黏附胶质，是指不溶于汽油中并黏附在器壁上的那部分胶质，它与不可溶胶质共存，但不溶于有机溶剂。以上三种胶质合称为总胶质。

（2）实际胶质　航空燃料的蒸发残渣，未做进一步处理。

（3）溶剂洗胶质　是指在试验条件下测得的车用汽油蒸发残留物中不溶于正庚烷的部分，以 mg/100mL 表示。

（4）未洗胶质含量　试验条件下，非航空燃料的蒸发残渣量，未经进一步处理。

2.4.1.2 测定意义

① 溶剂洗胶质是液体燃料在储存过程中的重要质量控制指标之一。液体燃料在储存过程中，液体表面和空气中的氧接触，在常温下一些不安定的烃类自动氧化，首先生成过氧化物，经过分解、缩合等反应而生成大分子的胶质。

② 溶剂洗胶质一般用来说明燃料在使用过程中在进气管道及进气阀上可能生成沉淀物的倾向。溶剂洗胶质小的燃料在进气系统中很少产生沉淀，能保证发动机的顺利工作。溶剂洗胶质过多，沉积在发动机的油箱、滤网、汽油导管、汽化器（或称化油器）喷嘴和进气门等部位，会堵塞油路，影响供油；沉积在汽缸盖、汽缸壁上的胶质形成积炭，导致散热不良，易引起爆震燃烧；沉积在火花塞上的胶质在高温下形成积炭，使点火不良，甚至造成短路，不能产生电火花。

2.4.1.3 测定仪器及操作

（1）测定仪器　汽油溶剂洗胶质的测定方法为 GB/T 8019—2008《燃料胶质含量的测定（喷射蒸发法）》，车用汽油产品标准规定车用汽油溶剂洗胶质含量测定按 GB/T 8019 方法进行，该标准修改采用 ASTM D381：2004《燃料胶质测定法（喷射蒸发法）》。

图 2-6 为 DSY-011D 型实际胶质测定器，它是按照 GB/T 8019—2008 标准设计制造的，能够严格按照标准的描述准确进行航空燃料的实际胶质和车用汽油以及其他挥发性馏分（包括含有醇类、醚类含氧化合物以及沉积物抑制添加剂的产品）在试验时胶质含量的测定。

图 2-6　DSY-011D 型实际胶质测定器

（2）仪器操作　DSY-011D 型燃料胶质含量测定器（喷射蒸发法）采用数字智能温控表进行过热器温度及金属蒸发浴温度的控制，其使用方法如下。

① 按 GB/T 8019—2008 标准所规定的要求，准备好试验用的各种器具、材料等。

② 正确连接仪器，接通空气压缩机，引进空气源并正确调节空气流速，以满足试验要求。

③ 开启仪器电源，并将控温仪设定为试验温度，以温度计读数为准。

④ 按 GB/T 8019—2008 标准所规定的要求进行试验操作。

⑤ 本仪器为高温仪器，使用时应注意安全，防止烫伤。

2.4.1.4 测定注意事项

（1）加热温度的控制　通常，测定条件下溶剂洗胶质生成倾向随温度升高而增大。因此，蒸发浴温度超过规定温度时，结果偏高；温度过低时，试样无法蒸干则反应不充分，致使测定结果偏低。

（2）空气流速的控制　引入空气时，应小心，避免油滴飞溅，否则测定结果偏低；若空气流速始终都较小，则氧气供应不足，反应不充分，测定结果偏低。

（3）盛试样容器的选择　采样器和试样瓶都应使用玻璃容器，而不使用金属容器。

因为金属材质，特别是铜质材料对试样胶质生成具有明显的催化作用，使测定结果偏高。

（4）空气流的净化　采用钢瓶供应空气效果较为理想，而用空气压缩机供应空气时，设备中润滑油容易夹带在供气流中，若净化效果不佳，难挥发的油污会使测定结果偏大。用工业风管供气时，也要注意净化，以免水分、油分、铁锈等杂质带入试样烧杯中。

（5）仪器清洁　盛装胶质烧杯的浴槽要洗净，并且所有与胶质烧杯接触的仪器（如干燥器、坩埚钳等）都必须清洁。测定前，应先用过滤空气清洁供气管道，以防空气管道中的灰尘带入胶质杯中。

（6）称量时应严格按要求操作　盛有残渣的烧杯干燥结束后，要放进冷却容器中在天平附近冷却近2h，再按规定的方法称量。

2.4.2　溶剂洗胶质检验操作规程（GB/T 8019—2008）

2.4.2.1　范围

本标准规定了航空燃料的实际胶质以及车用汽油和其他挥发性馏分（包括含有醇类、醚类含氧化合物以及沉积物抑制添加剂产品）在试验时胶质含量的测定方法。

2.4.2.2　方法概要

已知量的试样在控制的温度、空气或蒸汽流的条件下蒸发。若试样为航空燃料，则将所得残渣称量并以“mg/100mL”报告。若为车用汽油，则将正庚烷称量前和抽提后的残渣分别称量，所得结果以“mg/100mL”报告。

2.4.2.3　仪器与试剂

（1）仪器　DSY-011D型实际胶质测定器（见图2-6）；天平（感量为0.1mg）；烧杯（100mL）；干燥器（不含干燥剂）；流量计；温度计（符合GB/T 514）；量筒（50±0.5）mL；不锈钢钳子。

（2）试剂与材料　空气（压力不大于35kPa过滤空气）；正庚烷（分析纯）；胶质溶剂（等体积甲苯和丙酮的混合物）。

2.4.2.4　取样

取样方法按GB/T 4756规定进行，所取样品应具代表性。

2.4.2.5　准备工作

① 按标准中的规定组装空气喷射装置，在室温下调节试验装置出口的空气流速为（600±90）mL/s。

② 调节加热蒸发浴的温度到160～165℃，然后引入空气，保证空气流速符合标准要求。

③ 空气流量校正，确保常温常压下所有出口空气流量达到（600±90）mL/s。

2.4.2.6　试验步骤

① 用胶质溶剂洗涤烧杯（包括配衡烧杯）直至无胶质为止，用水彻底清洗，并把它们浸泡在碱性或中性的实验室去污清洗液中（6h），用不锈钢镊子取出并用蒸馏水彻底洗涤烧

杯，放在150℃的烘箱中至少干燥1h，然后放在天平附近的干燥器内冷却2h。

② 安装好空气喷射装置，在室温下调节试验装置出口的空气流速至（600±90)mL/s，根据操作条件将蒸发浴加热到规定的操作温度（160～165℃)，然后引入空气，并调节流速至（1000±150)mL/s。用温度计测量每个孔的温度，温度计的感温泡应插到孔中烧杯的底部。温度超出150～160℃范围的任何孔都不适合本方法。

③ 称量试验烧杯的质量至0.1mg（质量最小的作为配衡烧杯)，并记录空烧杯质量记为m_4，配衡烧杯的质量记为m_1。

④ 用刻度量筒称取（50±0.5)mL的试样，倒入试杯中，将装有试样的烧杯放入蒸发浴中（放进第一个和最后一个烧杯的时间尽可能短)，然后用不锈钢镊子或钳子，放上锥形转接器（要放在蒸气浴顶端的中央)，开始通入空气，保证规定的温度和流速，使试样蒸发(30±0.5)min。

⑤ 加热结束后，用不锈钢镊子移走锥形转接器，将烧杯从浴中转移至冷却器中，并放到天平附近冷却2h，然后称量各烧杯并记录其质量记为m_5，配衡烧杯质量记为m_2。

⑥ 对配衡烧杯和盛有车用汽油残渣的烧杯，用25mL正庚烷润洗30s，并静置10min，然后小心倒掉正庚烷，防止任何固体残渣损失。

⑦ 用第二份25mL正庚烷重新进行抽提，如果抽提液带色，则应重新进行第三次抽提，不能超过三次。

⑧ 抽提结束后将烧杯放进保持在160～165℃的蒸发浴中干燥5min，干燥结束后取出并放到冷却器中冷却2h，然后对其进行称量并记录其质量m_6，配衡烧杯的质量记为m_3。

2.4.2.7 计算

对车用汽油的试验目的是测定试样在试验以前和试验条件下形成的氧化物。由于车用汽油生产中常有意加入非挥发性油品或添加剂，因此，只有用正庚烷抽提使之从蒸发残渣中除去后，所测结果才为溶剂洗胶质，否则称其为未洗胶质。

$$A=2000(m_6-m_4-m_3+m_1) \tag{2-12}$$

$$U=2000(m_5-m_4-m_2+m_1) \tag{2-13}$$

式中 A——车用汽油的实际胶质，mg/100mL；

U——车用汽油的未洗胶质，mg/100mL；

m_1——空配衡烧杯的质量，g；

m_2——未抽提前配衡烧杯的质量，g；

m_3——抽提后配衡烧杯的质量，g；

m_4——空烧杯的质量，g；

m_5——未抽提前烧杯和残渣的质量，g；

m_6——抽提后烧杯和残渣的质量，g。

2.4.3 诱导期测定

2.4.3.1 定义

诱导期是指在规定的加速氧化条件下，油品处于稳定状态所经历的时间，以min表示。

2.4.3.2 测定意义

诱导期是评定汽油在长期储存中，氧化生成胶质倾向的指标。通常，诱导期越长，油品形成胶质的倾向越小，抗氧化安定性越好，油品越稳定，可以储存的时间也越长。如直馏汽油的诱导期较长，化学安定性好，不易被空气氧化而变质。但热裂化汽油，由于含大量的不饱和烃，尤其是二烯烃的抗氧化安定性差，测得的诱导期短，易被氧化，储存时很容易形成胶质。我国车用汽油要求诱导期不少于 480min。

值得说明的是，一些汽油的胶质形成过程以缩合反应、聚合反应为主，而不是以吸氧为特征的氧化过程作为优势反应，因此，这类汽油的压力-时间曲线上没有明显的拐点，虽然氧气消耗不多，但胶质增长很快，诱导期虽长，安定性却不好。例如，某含芳烃较多的催化裂化汽油其诱导期长达 720min，但在 360min 时其实际胶质已达 93mg/100mL，显然，其安定性很差。实验证明：储存安定性良好的汽油，不但诱导期应大于 480min，而且在氧弹中老化 6h 后的油样，含溶剂洗胶质应不大于 5mg/100mL。

2.4.3.3 测定仪器及操作

车用汽油诱导期的测定按 GB/T 8018—2015《汽油氧化安定性（诱导期法）》进行，该标准修改采用 ASTM D525—12《汽油氧化安定性（诱导期法）》，适用于测定在加速条件下汽油的氧化安定性。

图 2-7 DSY-323A 型汽油氧化安定性测定器（诱导期法）

图 2-7 为 DSY-323A 型汽油氧化安定性测定器。采用计算机控制，金属浴；充放氧气系统采用电磁阀；显示全过程氧化曲线，全程跟踪温度并根据温度自动计算诱导期，自动试漏，贮存测定结果。其使用方法如下。

① 按 GB/T 8018—2015 标准所规定的要求，准备好试验用的各种器具、材料等。

② 往氧化浴内注液体（可用甲基硅油或甘油），同时观察右侧水位表，可加水至第二道红色刻线处，将硅胶塞放进温度计插孔中，防止蒸气外泄。如果是金属浴，直接设置至 100℃。

③ 正确往氧弹内注入试样，并密封好，连接好快速插头，然后接好仪器、计算机的电源线，并连接好仪器与计算机之间的串口线，启动计算机。调整氧气瓶压力，并缓慢打开氧气瓶减压阀。

④ 打开仪器电源，运行测定软件，输入控制参数，严格按 GB/T 8019—2008 标准所规定的要求进行试验操作。

⑤ 试验结束后，关闭测定仪器，并排净残留气体与清洗试验用仪器，备下次试验使用。

2.4.3.4 测定注意事项

（1）测定器的安装对测定结果影响很大　仪器洗净及干燥与否也会对测定结果造成影响，因为如果残留有容易和氧起反应的物质，就会加速氧化而使压力提前下降。如有漏气，哪怕是难以发觉的渗漏，都会影响测定的准确性。为确保测定器严密不漏气，应正确使用拧紧弹盖的扭力扳手，平时要维护好，拧紧时应对称紧固，均匀用力，并用试漏液检查是否漏气。

（2）通入氧气的量要严格符合方法的规定　第一次通入氧气直至表压到689～703kPa，要慢慢通入，时间不少于3min，其目的是吹出弹体内的空气，注意要慢慢放掉氧弹内的压力，每次释放时间不少于15s。第二次通入氧气，并在15～20℃的水浴中反复试漏，之后调整弹内氧气压力直至表压达689～703kPa，以备试验。

（3）水浴温度的控制　温度是诱导期测定的主要条件之一，它直接影响测定精密度。油浴温度应控制在98～102℃范围内。

2.4.4　诱导期检验操作规程（GB/T 8018—2015）

2.4.4.1　适用范围

本方法适用于测定在加速氧化条件下汽油的氧化安定性。可用诱导期来表示车用汽油在贮存时生成胶质的倾向。但是在不同的贮存条件和对不同的汽油，其诱导期和在贮存时生成胶质相互关系可能有显著差别。

2.4.4.2　方法概要

试样在氧弹中氧化（此氧弹先在15～25℃缓慢充氧至690～705kPa），然后加热至98～102℃之间。按规定的时间间隔读取压力，或连续记录压力，直至到达转折点。试样到达转折点所需要的时间即为试验温度下的实测诱导期。由此实测诱导期计算100℃时的诱导期。

2.4.4.3　仪器与试剂

（1）仪器　氧弹和温度计（规格详见标准附录）；量筒（50mL）。

（2）试剂　甲苯和丙酮（化学纯）；胶质溶剂（等体积甲苯和丙酮的混合物）。

2.4.4.4　准备工作

① 用胶质溶剂洗净样品瓶中的胶质，再用水充分冲洗，并把样品瓶和盖子浸泡在热的去垢剂清洗液中。用不锈钢镊子从清洗液中取出样品瓶和盖子，而且以后只能用镊子持取。先用自来水，再用蒸馏水充分洗涤，最后在100～150℃的烘箱中至少干燥1h。

② 倒净氧弹内的汽油，先用一块干净的、被胶质溶剂润湿的布，再用一块清洁的干布把氧弹和盖子的内部擦净。用胶质溶剂洗去填杆和弹柄之间环状空间里的胶质或汽油。每次试验开始前，氧弹和所有连接管线都应进行充分干燥。

2.4.4.5　试验步骤

① 使氧弹和待试验的汽油温度达到15～25℃，把玻璃样品瓶放入氧弹内，并加入(50±1)mL试样，盖上样品瓶，关紧氧弹，并通入氧气直至表压达到690～705kPa为止。让氧弹里的气体慢慢放出以冲走氧弹内原有的空气，再通入氧气直至表压达690～705kPa，并观察泄漏情况，对于开始时由于氧气在试样中的溶解而可能观察到的迅速的压力降（一般不大于40kPa）可不予考虑。如果在以后的10min内压力降不超过7kPa，就假定无泄漏，可进行试验而不必重新升压。

注意：要慢慢而匀速地放掉氧弹内的压力，每次释放时间不应少于15s。

② 把装有试样的氧弹放入剧烈沸腾的水浴中，应小心避免摇动，并记录浸入水浴的时间作为试验的开始时间。维持水浴的温度在 98～102℃之间。试验过程中，按时观察温度，读至 0.1℃，并计算其平均温度，取至 0.1℃，作为试验温度。连续记录氧弹内的压力，如果用一个指示压力表，则间隔 15min 或更短的时间记录一次压力读数。如果在试验开始的 30min 内，泄漏增加（15min 内稳定压力降大大超过 14kPa 来判断），则试验作废。继续试验，直至到达转折点，即先出现 15min 压力降达到 14kPa，而在下一个 15min 内压力降不小于 14kPa 的一点。

③ 记录从氧弹放入水浴直至到达转折点的时间（以 min 计）作为试验温度下的实测诱导期。

④ 先冷却氧弹，然后慢慢地放掉氧弹内的压力，清洗氧弹和样品瓶，为下次试验做好准备。

2.4.4.6 计算

从氧弹放入浴中直至到转折点所需要的时间（min）即为实验温度下的实测诱导期。

如果试验温度高于 100℃，则试样 100℃时的诱导期 t（min）按式(2-14）计算：

$$t=t_1[1+0.101(t_a-100)] \tag{2-14}$$

如果试验温度低于 100℃，则试样 100℃时的诱导期 t（min）按式(2-15）计算：

$$t=\frac{t_1}{1+0.101(100-t_b)} \tag{2-15}$$

式中 t——试样 100℃时的诱导期，min；

t_1——试验温度下的诱导期，min；

t_a——试验温度高于 100℃时，用 t_a 表示温度，℃；

t_b——试验温度低于 100℃时，用 t_b 表示温度，℃；

0.101——常数。

2.5 汽油的水溶性酸碱（学习任务四）

2.5.1 水溶性酸碱测定

2.5.1.1 定义

石油产品中的水溶性酸、碱是指在加工、储存及运输过程中从外界混入的可溶于水的无机酸和碱。通常原油及其馏分油中几乎不含有水溶性酸和碱，油品中的水溶性酸、碱多为在酸碱精制过程中因脱除不净而残留的酸和碱。

水溶性酸主要是矿物酸，即硫酸及其衍生物，包括磺酸和酸性硫酸酯；水溶性碱主要是矿物碱，即苛性钠（即氢氧化钠）和碳酸钠。

2.5.1.2 测定意义

① 测定石油产品的水溶性酸碱，能够反映出酸碱精制处理后，酸是否被完全中和或碱洗后用水冲洗是否完全，有利于进一步优化工艺条件。

② 测定油品中的水溶性酸、碱可大致预测油品的腐蚀性能。油品中存在的水溶性酸、碱会在加工、使用或储存时腐蚀与其接触的金属设备和机件。水溶性酸几乎对所有金属都有强烈的腐蚀作用，而碱只对铝、锌等金属腐蚀。当油品中有水存在时，其腐蚀性更加严重。汽油中若有水溶性碱时，汽化器的铝制零件易生成氢氧化铝胶体，堵塞油路、滤清器及油嘴。因此，车用汽油中不允许有水溶性酸、碱存在。

③ 油品中水溶性酸、碱会促使油品老化。因为油品中的水溶性酸、碱遇到大气中水分、氧气的相互作用及受光照或受热，会引起油品氧化、胶化和分解，降低油品的安定性。油品中即使有微量的水溶性酸或碱，均应判定为不合格产品。

2.5.1.3 测定仪器及操作

油品水溶性酸、碱的测定，属于定性试验的限量分析法，按 GB/T 259—88《石油产品水溶性酸及碱测定法》标准试验方法进行（该标准修改采用 ГОСТ 6307—75），主要适用于测定液体石油产品、添加剂、润滑脂、石蜡、地蜡及含蜡组分的水溶性酸、碱。

图 2-8 为 JS28-JSR4401 型石油产品水溶性酸、碱测定器，其使用方法如下。

① 检查仪器的工作状态，使其控温精度达到(100±0.5)℃。

② 打开电源开关，接通工作电源。

③ 设定水浴加热温度 50～60℃；试验时，水浴的温度应以水银温度计为准。

④ 当试验温度等条件达到要求后，严格按照 GB/T 259—88 标准的要求进行操作。

图 2-8　JS28-JSR4401 型石油产品水溶性酸、碱测定器

2.5.1.4 测定注意事项

（1）取样的均匀程度　轻质油品中的水溶性酸、碱有时会沉积在盛样容器的底部，因此在取样前应将试样充分摇匀；而测定石蜡、地蜡等本身含蜡成分的固态石油产品的水溶性酸、碱时，则必须事先将试样加热熔化后再取样，以防止构造凝固中的网结构对酸、碱性物质分布的影响。

（2）试剂、器皿的清洁性　水溶性酸、碱的测定，所用的抽提溶剂（蒸馏水、乙醇水溶液）以及汽油等稀释溶剂必须事先中和为中性。仪器必须确保清洁、无水溶性酸、碱等物质存在。否则会影响测定结果的准确性。

（3）油品的乳化　试样发生乳化现象，通常是油品中残留的皂化物水解的缘故，这种试样一般情况下呈碱性。当试样与蒸馏水混合形成难以分离的乳浊液时，需用 50～60℃呈中性的 95%乙醇水溶液（1∶1）作抽提溶剂来分离试样中的酸、碱。

2.5.2 水溶性酸碱检验操作规程（GB/T 259—88）

2.5.2.1 方法概要

用中性蒸馏水或乙醇水溶液抽提试样中的水溶性酸、碱，然后分别用甲基橙或酚酞指示剂检查抽出溶液颜色的变化情况，或用酸度计测定抽提物的 pH 值，以判断油品中有无水溶性酸、碱的存在。

2.5.2.2 仪器与试剂

（1）仪器　分液漏斗（250mL 或 500mL）；试管（直径 15～20mm、高度 140～150mm，用无色玻璃制成）；玻璃漏斗；量筒（25 mL、50mL、100mL）；锥形瓶（100mL、250mL）；瓷蒸发皿；水浴或电热板；酸度计（玻璃-甘汞或氯化银电极，精度为 pH≤0.01）。

（2）试剂　甲基橙（0.02％水溶液）；酚酞（1％乙醇溶液）；95％乙醇（分析纯）；滤纸；溶剂油或车用汽油。

2.5.2.3 准备工作

（1）取样　将试样置入玻璃瓶中，不超过其容积的 3/4，摇动 5min。黏稠的或石蜡试样应预先加热至 50～60℃再摇动。当试样为润滑脂时，用刮刀将试样的表层（3～5mm）刮掉，然后至少在不靠近容器壁的三处，取约等量的试样置入瓷蒸发皿，并小心地用玻璃棒搅匀。

（2）95％乙醇溶液的准备　95％乙醇溶液必须用甲基橙或酚酞指示剂，或酸度计检验呈中性后，方可使用。

2.5.2.4 实验步骤

（1）试验液体石油产品　将 50mL 试样和 50mL 蒸馏水放入分液漏斗，加热至 50～60℃。对 50℃运动黏度大于 75mm^2/s 的石油产品，应预先在室温下与 50mL 汽油混合，然后加入 50mL 加热至 50～60℃的蒸馏水。

注意：轻质石油产品，如汽油和溶剂油等均不加热。

将分液漏斗中的试验溶液，轻轻地摇动 5min，不允许乳化。澄清后，放出下部水层，经常压过滤后，收集到锥形瓶中。

（2）试验润滑脂、石蜡、地蜡和含蜡组分石油产品　取 50g 预先熔化好的试样（称准至 0.01g）。将其置于瓷蒸发皿或锥形瓶中，然后注入 50mL 蒸馏水，并煮沸至完全熔化。冷却至室温后，小心地将下部水层倒入有滤纸的漏斗中，滤入锥形瓶。对已凝固的产品（如石蜡和地蜡等），则事先用玻璃棒刺破蜡层。

（3）试验有添加剂产品　向分液漏斗中注入 10mL 试样和 40mL 溶剂油，再加入 50mL 加热至 50～60℃的蒸馏水。将分液漏斗摇动 5min，澄清后分出下部水层，经有滤纸的漏斗，滤入锥形瓶中。

（4）产生乳化现象的处理　若当石油产品与水混合，即用水抽提水溶性酸、碱产生乳化时，则用 50～60℃的 95％乙醇水溶液（1∶1）代替蒸馏水处理，后续操作步骤按上述步骤

(1) 或 (3) 进行。

注意：试验柴油、碱洗润滑油、含添加剂润滑油和粗制的残留石油产品时，遇到试样的水抽出液对酚酞呈现碱性反应（可能由于皂化物发生水解作用引起）时，也可按本步骤进行试验。

(5) 用指示剂测定水溶性酸、碱　向两个试管中分别放入 1～2mL 抽提物：在第一支试管中，加入 2 滴甲基橙溶液，并将它与装有相同体积蒸馏水和 2 滴甲基橙溶液的另一支试管相比较；如果抽提物呈玫瑰色，则表示所测石油产品中有水溶性酸存在。在第二支试管中加入 3 滴酚酞溶液，并将它与装有相同体积的蒸馏水和 3 滴酚酞溶液的另一支试管相比较；如果溶液呈玫瑰色或红色，则表示有水溶性碱存在。

注意：当抽提物用甲基橙（或酚酞）为指示剂，没有呈现玫瑰色（或红色）时，则认为没有水溶性酸、碱。

(6) 用酸度计测定水溶性酸、碱　向烧杯中注入 30～50mL 抽提物，电极浸入深度为 10～12mm，按酸度计使用要求测定 pH 值。根据表 2-9，确定试样抽提物水溶液或乙醇水溶液中有无水溶性酸、碱。

表 2-9　用酸度计测定水溶性酸、碱结论判据

水(或乙醇水溶液)抽提物特性	pH 值	水(或乙醇水溶液)抽提物特性	pH 值
酸性	<4.5	弱碱性	>9.0～10.0
弱酸性	4.5～5.0	碱性	>10.0
无水溶性酸或碱	>5.0～9.0		

2.5.2.5　精密度

① 本标准精密度规定仅适用于酸度计法。

② 同一操作者所提出的两个结果，pH 值之差不应超过 0.05。

2.5.2.6　报告

取重复测定两个 pH 值的算术平均值，作为试验结果。

本章小结

本章以汽油产品检验整个工作过程为主线，将汽油几个主要指标的检测作为典型工作内容，要求学生对汽油产品有个整体的认识，主要包括汽油来源、分类、牌号、技术指标、指标检测方法和操作、检测记录与过程评价等内容。

通过以上工作内容的学习，学生应该掌握汽油使用要求，理解各指标的基本概念，掌握各指标测定意义、分析方法和结果计算方法，熟练掌握指标检验的操作技能。

【阅读材料】

清洁汽油

为了适应保护环境的要求，解决汽车尾气带来的污染问题，世界各国对发动机燃料的质量提出了更高的标准。汽油中的烯烃和硫等作为有害物质而受到越来越严格的限制，同时采取了各种措施，如安装汽车尾气催化转化器，改进提高汽车发动机的设计等，但从治本的角度来看，还需改进清洁汽油的生产技术，为汽车提供清洁汽油。

车用汽油生产经历了从常规汽油到清洁汽油、直至2005年的超清洁汽油的发展过程。常规汽油向清洁汽油逐渐过渡已经是不可逆转的趋势。清洁汽油是汽油的一个新品种，与普通汽油相比，高清洁汽油在质量上更胜一筹。它除了能够满足市场上销售的普通汽油的各项质量指标要求外，还加入了多效复合添加剂，增强了清除各种沉积物的能力，提高了燃油经济性，降低了汽车尾气排放污染。

1. 清洁汽油的主要质量指标

目前世界上发达国家的清洁汽油质量标准能够代表清洁汽油的发展趋势，为此将欧洲和我国清洁汽油的质量指标列于表2-10。

表2-10 清洁汽油标准的主要质量指标

项目		欧洲			中国		
		2002年	2005年	2009年	2002年	2009年	2017年
		欧Ⅲ	欧Ⅳ	欧Ⅴ	国Ⅱ	国Ⅲ	国Ⅴ
硫含量/(mg/kg)	不大于	150	50	10	500	150	10
苯含量 φ/%	不大于	1	1	1	2.5	1	1
芳烃含量 φ/%	不大于	42	35	35	40	40	40
烯烃含量 φ/%	不大于	18	18	18	35	30	24

2. 清洁汽油的开发

我国汽油组分构成主要是催化裂化汽油，约80%的汽油来自催化裂化过程，所以催化裂化汽油的性质决定了我国汽油的质量和水平。同时由于汽油中85%～95%的硫化物来自催化裂化汽油，使得我国汽油中的硫含量比国外汽油多得多。同时我国原油种类也决定了我国催化裂化汽油中烯烃的含量高，故清洁汽油的生产势在必行，以降低汽油中硫和烯烃及其他有害物质的含量。

目前存在降烯烃和硫含量的技术，主要包括以下几种方式。

(1) 降低催化裂化汽油烯烃技术

成品汽油中的烯烃主要来自催化裂化汽油。降低催化裂化汽油烯烃含量是首要解决的问题，国内外技术主要有两个方向。

① 降低催化裂化汽油烯烃的催化剂和助剂　采用新型催化剂配方，增加氢转移反应，使烯烃饱和；添加ZSM-5沸石，使汽油中的烯烃有选择性地裂化成碳三烯烃和碳四烯烃；采用高硅铝比沸石，增加异构化反应，提高饱和烃和烯烃的异构化程度，降低辛烷值损失。这种技术目前一般可降低催化汽油烯烃含量8%～10%。

② 催化裂化汽油醚化技术　通过对汽油中的正构烯烃进行骨架异构化，然后再与醇进行醚化反应，使部分烯烃饱和，采用这种技术可使催化汽油烯烃含量降低30%左右，同时增加3%左右的氧含量。

(2) 降低催化裂化汽油硫含量技术

根据有关技术统计，汽油中90%的硫来自催化汽油，所以目前降硫技术主要集中在催化汽油脱硫方面。成熟的工艺技术有4种，分别为催化裂化原料加氢处理技术、催化重汽油加氢脱硫技术、选择性吸附脱硫技术和生物脱硫技术。目前广泛应用的主要是以法国Axens公司的Prime-G$^+$技术和美国GDTech公司的催化蒸馏技术未代表的选择性加氢脱硫技术，以及以美国Phillips石油公司的S Zorb技术为代表的吸附脱硫技术。

(3) 高辛烷值汽油组分生产技术

目前成熟技术有烷基化技术、烷烃异构化技术、重整技术、MTBE生产技术和乙醇汽油生产技术。

(4) 脱苯技术

根据测算，汽油中的苯80%来自重整汽油。目前工业应用较多的降苯措施有3种，分别为减少苯的生成，通过调整石脑油的切割点，减少重整生成油中的苯含量；提高重整装置的加工量，降低操作苛刻度，抑制苯的生成；重整油脱苯，如环丁砜溶剂抽提法、*N*-甲基吗啉抽提蒸馏法、催化蒸馏加氢法等。

(5) 加氢脱硫技术

降低催化裂化汽油硫含量最好的方法是催化裂化原料油加氢预处理。日本大多数催化裂化装置都有原料油加氢预处理装置，因此它们的汽油硫含量在 $(50\sim100)\times10^{-6}$ 之间。但是，催化裂化原料油加氢预处理装置投资大，要消耗氢气，操作费用也高。

降低催化裂化汽油硫含量的另一种方法是催化裂化汽油加氢脱硫。常规的加氢脱硫方法在脱硫的同时烯烃被饱和，即在硫含量降低的同时，*RON* 至少下降5～6个单位，*MON* 至少下降2～3个单位。目前，国内选择性加氢脱硫、降低辛烷值的加氢技术至少有以下三种，分别为FCC加氢脱硫DSO技术、催化裂化汽油加氢改质GARDES技术和FCC汽油选择性加氢脱硫OCT-M技术。

习 题

1. 术语解释

(1) 车用汽油 (2) 水溶性酸、碱 (3) 馏程 (4) 初馏点

(5) 蒸发温度 (6) 溶剂洗胶质 (7) 未洗胶质 (8) 诱导期

(9) 辛烷值 (10) 汽油抗爆性 (11) 汽油敏感性 (12) 车用乙醇汽油

2. 判断题

(1) 车用汽油10%蒸发温度反映其低温启动性和形成气阻的倾向。( )

(2) 50%馏出温度反映车用汽油的平均蒸发性，它影响发动机启动后的升温时间和加速性能。( )

(3) 测定汽油馏程时，量筒的口部要用吸水纸或脱脂棉塞住。( )

(4) 测定汽油馏程时，如果加热速率过快，会使测定结果偏高。( )

(5) 在汽油的诱导期试验中，当出现15min压力降达到14kPa时，即可判断为转折点。( )

(6) 碳原子数相同时，烷烃和烯烃易被氧化，不易引起爆震。( )

(7) 储存汽油时，为了安全起见，油桶上方的无油空间越大越好。( )

(8) 油品中即使有微量的水溶性酸碱，均应判断为不合格。( )

(9) 测定胶质时，若蒸发浴温度超过规定，则结果偏高。( )

(10) 测定胶质时，空气流速超过规定限制，会使测定结果偏低。( )

3. 填充题

(1) 车用汽油的馏程常用________、________、________蒸发温度和________等来评价，其中________蒸发温度和________反映车用汽油在汽缸中的蒸发完全程度。

(2) 测定汽油馏程时，应控制从初馏点到5%回收体积的时间是________s；从5%回收体积到蒸馏烧瓶中5mL残留物的冷凝平均速率是________mL/min。

(3) 蒸馏结束后，以装入试样量为100%减去馏出液体和残留物的体积分数，所得之差值称为________。

(4) 安装蒸馏装置时，冷凝管出口插入量筒深度应不小于________mm，并不应低于________；在初馏后，冷凝管出口要________。

(5) 车用汽油的蒸气压用________表示。它是评价汽油的________性能、________性能、________倾向

及储存时________倾向的重要指标。

(6) 异构烷烃是汽油中理想的高辛烷值组分，因为其具有辛烷值高，________性能好，________性低，发动机运行稳定的特点。

(7) 测定汽油较多项目时，雷德蒸气压应是试样检验的第一个试验，这样可以防止________。

(8) 汽油的牌号按（　　　　）划分，分为（　　）（　　）（　　）（　　　）四个牌号。

(9) 人为约定，抗爆性极好的异辛烷的辛烷值为（　　），抗爆性极差正庚烷的辛烷值为（　　）。

(10) 车用汽油的诱导期指标要求不少于（　　　　）。

4. 单选题

(1) 在国家标准化管理委员会批准的对GB 17930—2011《车用汽油》技术要求修改单中，规定不得人为加入的物质是（　　）。

A. 甲酸　　B. 甲醇　　C. 甲醛　　D. 甲基叔丁基醚

(2) 水溶性酸、碱测定时，若试样与蒸馏水混合形成难以分离的乳浊液，则需用（　　）溶剂来抽提试样中酸、碱。

A. 异丙醇　　B. 正庚烷

C. 95%乙醇水溶液　　D. 乙醇

(3) 测定汽油馏程时，量取试样、馏出物和残留液体积的温度均要保持在（　　）℃。

A. 13～18　　B. 0～1　　C. 1～4　　D. 0～10

(4) 测定汽油馏程时，为保证油气全部冷凝，减少蒸馏损失，必须控制冷浴温度为（　　）。

A. 0～10℃　　B. 13～18℃　　C. 0～1℃　　D. 不高于室温

(5) 测定汽油雷德蒸气压时，要确保空气室恒定在（　　）℃。

A. 0～1　　B. 37.8　　C. 13～18　　D. 37.8±0.1

5. 思考题

(1) 试比较汽油馏程和柴油馏程实验的异同点。

(2) 对比汽油的国Ⅴ和国ⅣA指标，有哪些指标发生了调整？国家为什么会做出这样的调整？

6. 计算题

(1) 已知在大气压力为98.6kPa时观察的手动蒸馏数据。试求修正到101.3kPa后的：①85%回收温度；②90%回收温度；③损失体积分数；④最大回收体积分数；⑤90%蒸发温度（t_{90E}）。要求根据所使用的仪器对回收温度进行修约，并将蒸发温度修约至整数。

项目	在98.6kPa时的观察数据	项目	在98.6kPa时的观察数据
回收85%/℃	180.5	最大回收体积分数/%	94.2
回收90%/℃	200.0	残留/%	1.1
终馏点/℃	215.5	损失/%	4.7

(2) 某92号车用汽油溶剂洗胶质实验数据记录如下：

	烧杯1	烧杯2	配衡烧杯
空杯质量/g	64.3523	70.3459	62.4446
未洗/g	64.3587	70.3505	62.4452
抽提后/g	64.3551	70.3483	62.4449

计算溶剂洗胶质和未洗胶质含量，并判断。

第3章 柴油质量检验

学习指南

【知识目标】

1. 了解柴油的组成、分类、规格、牌号和用途等相关知识；
2. 熟悉柴油产品技术指标要求和指标作用；
3. 熟悉柴油分析常用仪器的性能、使用方法和测定注意事项；
4. 掌握柴油典型指标的检验方法，熟悉指标测定的影响因素。

【能力目标】

1. 能正确选择和使用常见柴油分析仪器；
2. 能针对柴油产品的质量检验，查阅和调用相应的产品质量标准和试验方法标准（包括其规范性引用的标准文件）；
3. 会依据特定油品的试验方法标准，初步制定该油品待测项目（指标）分析和检验的具体实施方案（包括仪器准备、步骤确定、影响因素分析等）；
4. 会对试验步骤或测定方法中的操作规程（尤其是影响试验结果的重要条件、因素），应具有充分的理解和必要的解释能力。

3.1 信息导读

3.1.1 种类与牌号

3.1.1.1 种类

压燃式发动机（柴油机）中作为能源的石油燃料称为柴油。柴油分为轻柴油（沸点范围180～370℃）和重柴油（沸点范围350～410℃）两大类。轻柴油一般使用在1000r/min以上转速、压缩比较高的发动机。重柴油一般使用在1000r/min以下的发动机，如农业机械和工程机械。与汽油相比，柴油能量密度高，燃油消耗率低。柴油具有低能耗，所以一些小型汽车甚至高性能汽车也改用柴油。

3.1.1.2 牌号

普通柴油和车用柴油均属于轻柴油，按凝点不同划分为六个牌号，即5号、0号、－10

号、－20 号、－35 号和－50 号。－10 号，表示其凝点不高于－10℃；其他牌号亦然。普通柴油和车用柴油产品标记由国家标准号、产品牌号和产品名称三部分组成，如：－10 号普通柴油标记为 GB 252 －10 号普通柴油；－10 号车用柴油的标记为 GB 19147－10 号车用柴油。不同牌号的普通柴油、车用柴油，适用于不同的地区和季节。

重柴油是密度较大的一类柴油。与轻柴油相比，质量要求较宽，十六烷值较低，黏度较大、凝固点较高。为黄色、易燃液体，黏度适宜，喷油雾化优良，燃烧完全，含硫量低，不腐蚀设备，残炭较低。重柴油是中、低速（1000r/min 以下）柴油机的燃料，按凝点划分为 10、20 和 30 三个牌号。

3.1.2 储存、选用的注意事项

① 柴油的存储和汽油一样，应该避光、防水、温差小、不能与金属接触，同时防火和防氧化。

② 根据使用的环境温度按照凝点选牌号，环境最低温度应高于凝点 5～7℃，这样使用起来才会比较安全。

③ 柴油中不能掺入汽油，否则着火性能将明显变差，导致启动困难，甚至不能启动。这是由于汽油的自燃点（约 516℃）远高于车用柴油（约 335℃）的缘故。作为改善柴油机低温启动性的启动燃料不能直接加注于柴油箱中，以免引起气阻甚至火灾。

④ 使用轻柴油的发动机不可以使用重柴油，应该使用轻柴油却使用了重柴油会发生发动机转速提升无力，冒黑烟，燃油系统堵塞，喷油嘴和高压泵使用寿命缩短等现象。

⑤ 柴油加入油箱前，必须经过 72h 以上的静止沉降，并要仔细过滤，以避免杂质进入油箱，确保燃料供给系统精密零件不出故障，延长其使用寿命。

⑥ 冬季使用桶装高凝点柴油时，不得用明火加热，以免爆炸。

3.1.3 产品质量标准

普通柴油质量标准为 GB 252—2015《普通柴油》。车用柴油质量标准是 GB 19147—2016《车用柴油》。

普通柴油、车用柴油的技术要求，如表 3-1、表 3-2 所示。

表 3-1 普通柴油技术要求

项目		质量指标(GB 252—2015)						试验方法
		5 号	0 号	－10 号	－20 号	－35 号	－50 号	
色度/号	不大于	3.5						GB/T 6540
氧化安定性,总不溶物/(mg/100mL)	不大于	2.5						SH/T 0175
硫含量[①]/(mg/kg)	不大于	350(2017 年 6 月 30 日之前) 50(2017 年 7 月 1 日开始) 10(2018 年 1 月 1 日开始)						SH /T 0689
酸度(以 KOH 计)/(mg/100mL)	不大于	7						GB/T 258
10%蒸余物残炭[②]质量分数/%	不大于	0.3						GB/T 268
灰分(质量分数)/%	不大于	0.01						GB/T 508
铜片腐蚀(50℃,3h)/级	不大于	1						GB/T 5096
水分[③]体积分数/%	不大于	痕迹						GB/T 260
机械杂质[③]		无						GB/T 511
运动黏度(20℃)/(mm^2/s)		3.0～8.0			2.5～8.0	1.8～7.0		GB/T 265
凝点/℃	不高于	5	0	－10	－20	－35	－50	GB/T 510
冷滤点/℃	不高于	8	4	－5	－14	－29	－44	SH/T 0248
闪点(闭口)/℃	不低于	55				45		GB/T 261

续表

项目		质量指标(GB 252—2015)						试验方法
		5号	0号	-10号	-20号	-35号	-50号	
着火性④(需满足下列要求之一)								
十六烷值	不小于	45						GB/T 386
或十六烷指数	不小于	43						SH/T 0694
馏程								GB/T 6536
50%回收温度/℃	不高于	300						
90%回收温度/℃	不高于	355						
95%回收温度/℃	不高于	365						
润滑性								
磨痕直径(60℃)/μm	不大于	460						SH/T 0765
密度⑤(20℃)/(kg/m³)		报告						GB/T 1884 GB/T 1885
脂肪酸甲酯⑥(体积分数)/%	不大于	1.0						GB/T 23801

① 可采用 GB/T 11140 和 ASTM D7039 进行测定，结果有异议时，以 SH/T 0689 方法为准。

② 当普通柴油中含有硝酸酯型十六烷值改进剂，10%蒸余物残碳的测定使用不加硝酸酯的基础燃料进行。可采用 GB/T 17144G 进行测定，有异议时，以 GB/T 268 方法为准。

③ 可用目测法，即将试样注入 100 mL 玻璃量筒中，在室温（20℃±5℃）观察，应当透明，没有悬浮和沉降的水分和机械杂质。结果有异议时，以 GB/T 260 或 GB/T 511 方法为准。

④ 由中间基或环烷基原油生产的各号普通柴油的十六烷值或十六烷值指数允许不小于 40（有特殊要求者以供需双方确定），十六烷值的计算也可采用 GB/T 11139，结果有异议时，以 GB/T 386 方法为准。

⑤ 也可采用 SH/T 0604 进行测定，结果有异议时，以 GB/T 1884 和 GB/T 1885 方法为准。

⑥ 脂肪酸甲酯应满足 GB/T 20828 要求。

表 3-2 车用柴油（Ⅴ）和（Ⅵ）技术要求

项目		质量指标(GB 19147—2016)						试验方法
		5号	0号	-10号	-20号	-35号	-50号	
氧化安定性(以总不溶物计)/(mg/100mL)	不大于	2.5						SH/T 0175
硫含量①/(mg/kg)	不大于	10						SH /T 0689
酸度(以 KOH 计)/(mg/100mL)	不大于	7						GB/T 258
10%蒸余物残炭②质量分数/%	不大于	0.3						GB/T 17144
灰分质量分数/%	不大于	0.01						GB/T 508
铜片腐蚀(50℃,3h)/级	不大于	1						GB/T 5096
水分③(体积分数)/%	不大于	痕迹						GB/T 260
机械杂质④		无						GB/T 511
润滑性								
校正磨痕直径(60℃)⑤/μm	不大于	460						SH/T 0765
多环芳烃含量(质量分数)/%	不大于	11(Ⅴ),7(Ⅵ)						SH/T 0806
总污染物含量/(mg/kg)	不大于	24(Ⅵ)						GB/T 33400
运动黏度⑥(20℃)/(mm²/s)		3.0～8.0		2.5～8.0		1.8～7.0		GB/T 265
凝点/℃	不高于	5	0	-10	-20	-35	-50	GB/T 510
冷滤点/℃	不高于	8	4	-5	-14	-29	-44	SH/T 0248
闪点(闭口)/℃	不低于	60			50	45		GB/T 261
十六烷值	不小于	51			49	47		GB/T 386
十六烷指数⑦	不小于	46			46	43		SH/T 0694

续表

项目	质量指标(GB 19147—2016)						试验方法
	5号	0号	−10号	−20号	−35号	−50号	
馏程							
50%回收温度/℃ 不高于	300						GB/T 6536
90%回收温度/℃ 不高于	355						
95%回收温度/℃ 不高于	365						
密度⑧(20℃)/(kg/m³)	810～850 810～845(Ⅵ)			790～840			GB/T 1884 GB/T 1885
脂肪酸甲酯⑨(体积分数)/% 不大于	1.0						NB/SH/T 0916

① 也可采用GB/T 11140和ASTM D7039进行测定，结果有异议时以SH/T 0689方法为准。

② 也可采用GB/T 268进行测定，有异议时，以GB/T 17144方法为准。若车用柴油中含有硝酸酯型十六烷值改进剂，10%蒸余物残炭的测定使用不加硝酸酯的基础燃料进行。

③ 可用目测法，即将试样注入100mL玻璃量筒中，在室温（20℃±5℃）观察，应当透明，没有悬浮和沉降的水分。也可采用GB/T 11133和SH/T 0246测定，结果有异议时，以GB/T 260方法为准。

④ 可用目测法，即将试样注入100mL玻璃量筒中，在室温（20℃±5℃）观察，应当透明，没有悬浮和沉降的杂质。结果有异议时，以GB/T 511方法为准。

⑤ 也可采用SH/T 0606进行测定，结果有异议时，以SH/T 0806方法为准。

⑥ 也可采用GB/T 30515进行测定，结果有异议时，以GB/T 265方法为准。

⑦ 十六烷值的计算也可采用GB/T 11139，结果有异议时，以SH/T 0694方法为准。

⑧ 也可采用SH/T 0604进行测定，结果有异议时，以GB/T 1884和GB/T 1885方法为准。

⑨ 脂肪酸甲酯应满足GB/T 20828要求，也可采用GB/T 23801进行测定，结果有异议时，以NB/SH/T 0916方法为准。

3.2 柴油的凝点和冷滤点（学习任务一）

3.2.1 凝点测定

3.2.1.1 凝点定义及有关术语

（1）低温流动性　油品的低温流动性能是指油品在低温下能否维持正常流动和顺利输送的能力。低温性能差的油品在低温时会析出结晶，黏度增加以致失去流动性，影响油品的运输和使用。例如，我国“三北”地区冬季气候寒冷，室外发动机或机器的启动温度与环境温度基本相同，流动性差的柴油，往往造成不能可靠供油，严重时甚至使发动机无法工作。

（2）凝固现象　油品失去流动性的原因与油品组成有关，一般认为有两种情况：对含蜡很少或不含蜡的油品，当温度降低时，黏度迅速增大，当黏度增大到一定程度时，就会变成无定形的黏稠玻璃状物质而失去流动性，这种现象称为黏温凝固，影响黏温凝固的是油品中的胶状物质以及多环短侧链的环状烃。对含蜡较多的油品，随温度逐渐下降，油中高熔点烃类的溶解度降低，当达到其饱和度时，就会以结晶状态析出。最初析出的是细微的结晶颗粒，使透明的油品变浑浊，继续冷却则蜡结晶增大，当析出的蜡形成网状骨架时，就会将液态的油包在其中而失去流动性，这种现象称为构造凝固。影响构造凝固的是油品中高熔点的正构烷烃、异构烷烃及带长烷基侧链的环状烃。

黏温凝固和构造凝固，都是指油品刚刚失去流动性的状态。事实上，油品并未凝成坚硬的固体，仍是一种黏稠的膏状物，所以“凝固”一词并不十分确切。

（3）凝点　由于油品的凝固过程是一个渐变过程，所以凝点的高低与测定条件有关。油品的凝点是指油品在规定的条件下，冷却至液面不移动时的最高温度，以℃表示。

油品凝点的高低与其化学组成密切相关。当碳原子数相同时，正构烷烃熔点最高，带长侧链的芳烃、环烷烃次之，异构烷烃则较小。因此，石蜡基原油直馏柴油的凝点要比环烷基原油直馏柴油高得多（见表3-3），油品含水量超标，凝点会明显增高；胶质、沥青质、表面活性剂等能吸附在石蜡结晶中心的表面上，阻止石蜡结晶的生长，防止、延缓石蜡形成网状结构，致使油品凝点下降，因此加入某些表面活性物质（降凝添加剂），可以降低油品的凝点，使油品的低温流动性能得到改善，这是降低柴油凝点最为经济、简便的措施，广泛应用于柴油生产的调合过程中。此外，凝点较高的柴油中掺入裂化柴油也可以明显降低其凝点。

表3-3　不同类型原油的直馏柴油馏分（200～300℃）的凝点比较

原油类型	大庆原油(石蜡基)柴油馏分	孤岛原油(环烷基)柴油馏分
凝点/℃	－21.5	－48.0

3.2.1.2　测定仪器及操作

柴油凝点的测定按GB/T 510—2018《石油产品凝点测定法》进行，适用于测定深色石油产品及润滑油的凝点。

图3-1为BF-15A型倾点、凝点测定器，其使用方法如下。

① 按GB/T 510—2018标准要求，准备好试验用的各种器具、材料等。

② 开机前请向冷浴槽内注入无水乙醇，注入量应符合要求。

③ 仪器运输或搬动后，必须将仪器静止30min后方能通电。

④ 打开电源，正确设置冷浴温度并调整控制参数，使冷浴温度达到试验要求。

⑤ 按照GB/T 510—2018进行操作。

图3-1　BF-15A型倾点、凝点测定器

3.2.1.3　测定意义

① 对于含蜡油品来说，油品中含蜡量越多，越易凝固，凝点、倾点越高。因此，凝点在某种程度上可作为估计油品中含蜡量的指标。

② 车用柴油和普通柴油的牌号是以凝点来划分的，可根据环境温度选用合适牌号的柴油。

③ 凝点是石油产品低温性能的重要指标。由于石油产品的凝点和使用时实际失去流动性的温度有所不同，因此在输送和使用时的温度要比油品的凝点高5～7℃，以保证油品处于流动状态。

3.2.1.4　测定注意事项

① 试验所用的圆底试管和圆底玻璃套管应符合GB/T 510方法规定，所用温度计应定

期检定。

② 必须除去水分和杂质。油品中含有水分和杂质对测定会有影响。水在0℃时开始结晶，形成晶核，加速结晶过程，会使测定结果偏高；杂质将阻碍油品中的蜡形成结晶网，会使测定结果偏低。

③ 试管中的试样一定要在水浴中预热到（50±1)℃（处于垂直状态），再到室温中冷却到（35±5)℃。每观察一次液面后，试样必须重新预热、冷却。目的是将试样的石蜡晶体完全溶解，破坏原有的石蜡结晶网络，使其重新结晶，以保证准确的测定结果。

④ 测定凝点时，温度计必须固定好，插入深度符合要求。若固定不好，温度计在试管中活动，或搅动试样，破坏结晶网的正常形成，使测定结果偏低。温度计插入位置应使其水银球距离底部8～10mm，这时温度计读数准确。如果插歪或离底部太近，会使测定结果低。

⑤ 要控制好冷却速率，注意控制冷却剂的温度比试样的预期凝点低7～8℃。如果冷却剂温度过低，冷却速率太快，有些油品的凝点偏低。因为当冷却速率快时，随着油品黏度的增大，晶体增长很慢，在晶体尚未形成坚固的石蜡结晶网络前温度就降低很多，使测定结果偏低。

⑥ 要严格控制观察结果的时间并正确判断测定结果。每次测定结果的读数，均指仪器开始倾斜时的温度，而不是倾斜1min后温度计所示温度。

3.2.2 凝点检验操作规程（GB/T 510—2018）

3.2.2.1 方法概要

将装在规定试管中的试样冷却到预期温度时，倾斜试管45°，保持1min，观察液面是否移动。

3.2.2.2 仪器与试剂

（1）仪器 圆底试管［1支，高度（160±10)mm，内径（20±1)mm，在距管底30mm的外壁处有一环形标线］；圆底玻璃套管［高度（130±10)mm，内径（40±2)mm］；盛放冷却剂用的广口保温瓶或筒形容器（高度不少于160mm，内径不少于120mm）；温度计（符合GB/T 514—2015规定的GB-30号、GB-31号或GB-32号）；支架（用于固定套管和温度计）；水浴。

（2）试剂及材料 无水乙醇（化学纯）。

3.2.2.3 实验步骤

① 根据所测试样的牌号设置冷浴温度，首次冷浴温度应设置低于试样预期凝点7～8℃；准备水浴并将水浴温度调整至（50±1)℃。

② 试样脱水 若试样含水量大于柴油标准允许范围，必须先行脱水。对含水多的试样应先静置，取其澄清部分进行脱水。对柴油试样，脱水时可加入新煅烧的粉状硫酸钠或小粒氯化钠，并定期振摇10～15min，静置，用干燥的滤纸滤取澄清部分。

③ 取样安装仪器 在干燥、清洁的试管中注入试样至环形刻线处，用软木塞将温度计固定在试管中央，水银球距管底8～10mm。

④ 预热试样 将装有试样和温度计的试管垂直浸在准备好的水浴中，使试样温度达到（50±1)℃。

⑤ 冷却试样 从水浴中取出试管，擦干外壁，将试管安装在套管中央，垂直固定在支架

上，在室温条件下静置，使试样冷却到（35±5)℃。然后将试管放入冷浴中降温。冷却剂温度要比试样预期凝点低7～8℃。外套管浸入冷却剂的深度不应少于70mm。

注意：冷却试样时，冷浴温度的控制必须准确到±1℃。试样凝点低于0℃时，应事先在套管底部注入1～2mm无水乙醇。

⑥ 测定试样凝点　当试样冷却到预期凝点时，将浸在冷浴中的试管倾斜45°，保持1min，然后小心取出仪器，迅速地用工业乙醇擦拭套管外壁，垂直放置仪器，透过套管观察试样液面是否有移动。

当液面有移动时，从套管中取出试管，重新预热到（50±1)℃，然后用比前次低4℃的温度重新测定，直至某试验温度能使试样液面停止移动为止。

注意：试验温度低于－20℃时，应先除去套管，将盛有试样和温度计的试管在室温条件下升温到－20℃，再水浴加热。

当液面没有移动时，从套管中取出试管，重新预热到（50±1)℃，然后用比前次高4℃的温度重新测定，直至某试验温度能使试样液面出现移动为止。

⑦ 确定试样凝点　找出凝点的温度范围（液面位置从移动到不移动或从不移动到移动的温度范围）之后，采用比移动的温度低2℃或比不移动的温度高2℃的温度，重新进行试验。如此反复试验，直至能使液面位置静止不动而提高2℃又能使液面移动时，取液面不动的温度作为试样的凝点。

⑧ 重复测定　试样的凝点必须进行重复测定，第二次测定时的开始试验温度要比第一次测出的凝点高2℃。

3.2.2.4 精密度

用以下数值来判断测定结果的可靠性（置信水平为95%）。

(1) 重复性　同一操作者重复测定两次，结果之差不应超过2℃。

(2) 再现性　由不同实验室作出的两个结果之差不应超过4℃。

3.2.2.5 报告

取重复测定两个结果的算术平均值，作为试样的凝点。

注意：如果需要检查试样的凝点是否符合技术标准，应采用比技术标准规定的凝点高1℃进行试验，此时液面的位置如能移动，就认为凝点合格。

3.2.3 冷滤点测定

3.2.3.1 冷滤点的定义

将试油在规定条件下冷却，在一定真空压力下进行抽吸，当试样不能通过过滤器或20mL流过过滤器的时间大于60s或试样不能完全流回试杯时的最高温度，称为冷滤点，以℃（按1℃整数）表示。

3.2.3.2 测定意义

对柴油而言，并不是在失去流动性时才不能使用，大量的行车及冷启动试验表明，其最低极限使用温度是冷滤点。冷滤点测定器是模拟车用柴油在低温下通过滤清器的工作状况而设计的，因此冷滤点比凝点更能反映车用柴油的低温使用性能，它是保证车用柴油输送和过滤性的指标，并且能正确判断添加低温流动改进剂（降凝剂）后的车用柴油质量，一般冷滤点比凝点高2～6℃，而添加降凝剂的柴油其冷滤点可比凝点高10～15℃，最高者可达30℃。

为保证柴油发动机正常工作，规定普通柴油和车用柴油要在高于其冷滤点2～6℃的环境温度下使用。

3.2.3.3 测定仪器及操作

柴油冷滤点的测定按SH/T 0248—2006《柴油和民用取暖油冷滤点测定法》进行，该标准修改采用IP 309/99《柴油和民用取暖油冷滤点测定法》。图3-2为BF-14A型冷滤点测定器，其使用方法如下。

① 按SH/T 0248标准要求，准备好试验用的各种器具、材料等。

② 开机前向冷浴槽内注入无水乙醇，注入量应符合要求。

③ 仪器运输或搬动后，必须将仪器静止30min后方能通电。

④ 打开电源，正确设置冷浴温度并调整控制参数，使冷浴温度达到试验要求。

⑤ 按照SH/T 0248进行试验操作。

图3-2 BF-14A型冷滤点测定器

3.2.3.4 测定注意事项

① 由于该试验方法为条件性试验，故过滤系统、减压系统要按标准规定组装。试验所用的试杯、套管、过滤器等必须符合方法标准要求。

② 为防止堵塞过滤器，必须除去水分杂质。试样中如有杂质，须将试样加热到15℃以上，用不起毛的滤纸过滤以除去杂质。如果试样含水，试验前须脱水。

③ 正确选择和安装温度计。

④ 要注意按方法要求将温度计、过滤器安装在试杯中规定位置。

⑤ 测定前，要保持U形管压差，使其稳定在（200±1)mm水位压差。

⑥ 转动和关闭三通阀时，要同时启动和停止秒表，保证计时准确。并注意转动三通阀时，不能使过滤系统振荡，以防止破坏蜡结晶网。

⑦ 由于过滤器滤网的孔径大小直接影响试样过滤的结果，因此，过滤器的不锈钢丝网一般在经过20次测定后要重新更换，以保证滤网有目数。通常，滤网目数增多，冷滤点升高；反之，滤网数目减少，冷滤点偏低。

⑧ 按试样冷滤点范围，按规定控制降低冷浴的温度。

3.2.4 冷滤点检验操作规程（SH/T 0248—2006）

3.2.4.1 方法概要

在规定条件下冷却试样到一定温度时，用（200±1)mm水位压差抽吸，让试样通过一个标准滤网过滤器吸入吸量管，试样每低于前次温度1℃，重复此步骤，直至试样中蜡状结晶析出量足够使流动停止或流速降低，记录试样充满吸量管的时间超过 60s 或不能完全返回试杯时的最高温度，即为冷滤点。

3.2.4.2　仪器与试剂

（1）仪器及材料　试杯（玻璃制，平底筒形，杯上 45mL 处有一刻线）；套管（黄铜制，平底筒形，内径 45mm、壁厚 1.5mm、管高 113mm）；温度计（冷滤点等于或高于－30℃时，用－38～50℃的温度计；冷滤点小于－30℃时，用－80～20℃温度计）；过滤器［各部件均为黄铜制，内有黄铜镶嵌不锈钢丝网（一般测定 20 次后，不锈钢丝滤片要重新更换），用带有外螺纹和支脚的圈环自下端旋入，紧固］；吸量管（玻璃制，20mL 处有一刻线）；三通阀（玻璃制，分别与吸量管上部、抽空系统和大气相通）；橡胶塞；聚四氟乙烯隔环和垫圈；冷浴（如果冷浴中放入多个套管，各套管之间距离至少为 50mm）；抽真空系统（由 U 形管压差计、稳压水槽和水流泵组成）；秒表（分度为 0.1～0.2s）；电吹风机。

（2）试剂　溶剂油（符合 GB 1922 规定）；无水乙醇（化学纯）；苯（化学纯）；车用柴油。

3.2.4.3　准备工作

（1）试样除杂　试样中如有杂质，必须将试样加热到 15℃以上，用不起毛的滤纸过滤。

（2）试样脱水　若试样含水，应加入煅烧并冷却的食盐、硫酸钠或无水氯化钙处理，脱水后才能进行测定。

（3）安装套管　将套管用支持环固定在冷浴盖孔中，套管口用塞子塞紧。

（4）准备冷浴　按估计的冷滤点，准备不同温度和数目的冷浴。在整个操作过程中，冷浴要搅拌均匀。

3.2.4.4　试验步骤

（1）安装装置　将装有温度计、吸量管（已预先与过滤器接好）的橡胶塞塞入盛有 45mL 试样的试杯中，使温度计垂直，温度计距试杯底部应保持 1.3～1.7mm，过滤器垂直放于试杯底部，然后置于热水浴中，使油温达到（30±5）℃。打开套管口塞子，将准备好的试杯垂直放置于预先冷却到预定温度冷浴中的套管内。

（2）连接抽真空系统　将抽真空系统与吸量管上的三通阀连接好。在进行测定前，不要让吸量管与抽空系统接通。启动水流泵进行抽空。U 形管压差计应稳定在（200±1）mm 水位压差。

（3）测定冷滤点　当试样冷却到预期温度（一般比冷滤点高 5～6℃）时，开始第一次测定。转动三通阀，使抽空系统与吸量管接通，同时用秒表计时。由于真空作用，试样开始通过过滤器，当试样上升到吸量管 20mL 刻线处，关闭三通阀，停止计时，转动三通阀，使吸量管与大气相通，试样自然流回试杯。

（4）确定冷滤点　每降低 1℃，重复测定操作，直至通过过滤器的试样不足 20mL 为止。记下此时的温度，即为试样冷滤点。

注意：不同冷滤点测定时，冷浴温度应严格按照方法标准进行，具体冷浴的选择见表 3-4。

表 3-4　冷浴温度控制

预期冷滤点/℃	冷浴所需的温度/℃
高于－20	（－34±0.5）
－20～－35	（－34±0.5），（－51±1）
低于－35	（－34±0.5），（－51±1），（－67±2）

(5) 试验仪器的洗涤与整理　试验结束时，将试杯从套管中取出，加热熔化，倒出试样，洗涤仪器。往试杯内倒入30～40mL溶剂油，用吸耳球由三通阀反复抽吸溶剂油4～5次。试验时设备内有试样流过的地方都要用溶剂油洗到。倒出洗涤过的溶剂油，再用干净的溶剂油重复洗涤1次。最后将试杯、吸量管和过滤器用吹风机分别吹干。

3.2.4.5　精密度

用下述规定判断试验结果的可靠性（95%置信水平）。

(1) 重复性　同一操作者重复测定两个结果之差，不应超过1℃。

(2) 再现性　由两个实验室各自提出的结果之差，不应超过由式(3-1) 计算的数值。

$$R=0.103(25-\bar{x}) \tag{3-1}$$

式中　$\bar{x}$——用于比较的两个实验结果的平均值，℃。

3.2.4.6　报告

取两次重复试验结果的算术平均值，作为本次试验结果。

3.3　柴油的铜片腐蚀和十六烷值（学习任务二）

3.3.1　铜片腐蚀测定

3.3.1.1　定义

铜片腐蚀试验法的实质是把一块一定规格的铜片磨光，用溶剂洗涤晾干后，浸入试油中，加热到一定温度并保持一定时间后，取出铜片，根据其颜色变化，来定性检查试油中是否含有腐蚀金属的活性硫化物。

铜按照色泽分为四类，即紫铜、黄铜、青铜和白铜。紫铜就是单质铜，因其颜色为紫红色而得名，实验室常用的T_1、T_2、T_3和T_4铜片就属于紫铜，在GB 5096—2017实验中，如果没有特殊标注，一般都使用的是T_2铜。黄铜是由铜和锌组成的合金。青铜是历史上使用最早的一种合金，原指铜锡合金，因颜色呈青灰色，故称青铜，有部分润滑脂和润滑油需要用青铜材质的试片做铜片腐蚀实验。白铜是以镍为主要添加元素的铜基合金，呈银白色，有金属光泽。

3.3.1.2　测定意义

通过铜片腐蚀试验可判断燃料中是否含有能腐蚀金属的活性硫化物。含硫化合物对发动机的工作寿命影响很大，其中的活性硫化物对金属有直接的腐蚀作用。所有的含硫化合物在汽缸内燃烧后生成SO_2和SO_3，这些硫氧化物不仅会严重腐蚀高温区的零部件，而且还会与汽缸壁上的润滑油起反应，加速漆膜和积炭的形成。

通过铜片腐蚀试验还可以预知燃料在使用时对金属腐蚀的可能性。燃料在运输、贮运和使用过程中，都面临同金属材料接触的问题。燃料所接触的金属中，除钢铁之外，尚有铜和铅合金、铝合金等。尤其与内燃机气化系统和供油系统中的金属接触更为密切，故要求油品铜片腐蚀试验必须合格。

3.3.1.3 测定仪器与操作

铜片腐蚀试验按 GB/T 5096—2017《石油产品铜片腐蚀试验法》进行。该标准修改采用 ASTM D 130—83，主要适用于测定航空汽油、喷气燃料、车用汽油、天然汽油或具有雷德蒸气压不大于 124kPa 的其他烃类、溶剂油、煤油、柴油、馏分燃料油、润滑油和其他油品对铜的腐蚀性程度。

3.3.1.4 测定注意事项

（1）试验条件的控制　铜片腐蚀试验为条件性试验，试样受热温度的高低和浸渍试片时间的长短都会影响测定结果。一般情况下，温度越高、时间越长，铜片就越容易被腐蚀。

（2）试片洁净程度　所用铜片一经磨光、擦净，绝不能用手直接触摸，应当使用镊子夹持，以免汗渍及污物等加速铜片的腐蚀。

（3）试剂与环境　试验中所用的试剂会对测定结果有较大的影响，因此应保证试剂对铜片无腐蚀作用；同时还要确保试验环境，没有含硫气体存在。

（4）取样　在整个试验进行前、试验中或试验结束后，铜片与水接触会引起变色，使铜片评定造成困难，因此如果看到试样中有悬浮水（浑浊），则用一张中速定性滤纸把足够体积的试样过滤到一个清洁、干燥的试管中，但试验样品不允许预先用滤纸过滤，以防止具有腐蚀活性的物质损失。

（5）腐蚀级别的确定　当一块铜片的腐蚀程度恰好处于两个相邻的标准色板之间时，则按变色或失去光泽较为严重的腐蚀级别给出测定结果。

3.3.2 铜片腐蚀检验操作规程（GB/T 5096—2017）

3.3.2.1 适用范围

本方法适用于测定航空汽油、喷气燃料、车用汽油、溶剂油、柴油、馏分燃料油、润滑油和天然汽油或在 37.8℃时蒸气压不大于 124kPa 的其他烃类对铜的腐蚀程度。

3.3.2.2 仪器与试剂

（1）仪器　试验弹（用不锈钢制作，并能承受 700kPa 试验表压）；硼硅玻璃试管（长 150mm、外径 25mm、壁厚 1～2mm，30mL 试样液体及浸入其中的铜片置于试管时，试样的液体表面应至少高于铜片上端面 5mm）；水浴或其他液体浴（或铝块浴）[能维持在试验所需的温度（40±1)℃、(50±1)℃、(100±1)℃或其他所需的温度]，磨片夹钳或夹具（磨片时牢固地夹住铜片而不损坏边缘，并使铜片表面高出夹具表面）；观察试管（扁平形，在试验结束时，供检验用或在储存期间供盛放腐蚀的铜片用）；温度计（GB/T 514—2005 中 GB-48 号全浸温度计、最小分度 1℃或小于 1℃）；镊子（尖端为不锈钢或聚四氟乙烯材质）。

（2）试剂与材料　洗涤溶剂（只要在 50℃，试验 3h 不使铜片变色的任何易挥发、硫含量小于 5mg/kg 的烃类溶剂均可使用。也可选用 90～120℃的分析纯石油醚。纯度不低于 99.75%的 2,2,4-三甲基戊烷可作为仲裁试验用的洗涤溶剂）；铜片 [纯度大于 99.9%的电解铜，宽为（12.5±2)mm、厚为 1.5～3.0mm、长为（75±5)mm，铜片可以重复使用，但当铜片表面出现点蚀或深的划痕，而又无法采用规定的打磨程序去除，或当铜片表面发生变形时，应丢弃此铜片]；磨光材料 [65μm 的碳化硅或氧化铝（刚玉）砂纸（或砂布），105μm 的碳化硅或氧化铝（刚玉）砂粒]；药用脱脂棉；车用汽油；车用柴油。

（3）腐蚀标准色板　本方法用的腐蚀标准色板是由全色加工复制而成的。它是在一块铝薄板上印刷四色加工而成的，腐蚀标准色板是由代表失去光泽表面和腐蚀增加程度的典型试验铜片组成。腐蚀标准色板嵌在塑料板中，在每块标准色板的反面给出了腐蚀标准色板的使用说明。

为避免褪色，腐蚀标准色板应避光存放。试验用的腐蚀标准色板要用另一块在避光下仔细地保护的（新的）腐蚀标准色板与它进行比较来检查其褪色情况。在散射日光（或之相当的光线）下，对色板进行观察，先从上方直接看，然后再从 45°看。如果观察到有褪色迹象，特别是在腐蚀标准色板最左边的色板有这种迹象时，则废弃这块色板。

检查褪色的另一种方法是：当购进新色板时，把一条 20mm 宽的不透明片（遮光片）放在这块腐蚀标准色板带颜色部分的顶部。把不透明片经常拿开，以检查暴露部分是否有褪色的迹象。如果发现有任何褪色，则应该更换这块腐蚀标准色板。

如果塑料板表面显示出有过多的划痕，则也应该更换这块腐蚀标准色板。

3.3.2.3　方法概要

把一块已磨光好的铜片浸没在一定量的试样中，并按方法标准要求加热到指定温度，保持一定的时间。待试验周期结束后，取出铜片，经洗涤后与腐蚀标准色板进行比较，确定腐蚀级别。

3.3.2.4　准备工作

（1）试片的制备　先用砂纸把铜片六个面上的瑕疵去掉。再用 65μm 砂纸处理。用定量滤纸擦去铜片上的金属屑，把铜片浸没在洗涤溶剂中。然后取出，可直接进行最后磨光，或储存在洗涤溶剂中备用。

表面准备的操作步骤：把一张砂纸放在平坦的表面上，用煤油或洗涤溶剂湿润砂纸，以旋转动作将铜片对着砂纸摩擦，用无灰滤纸或夹钳夹持，以防止铜片与手指接触。另一种方法是用粒度合适的干砂纸（或砂布）装在电机上，通过驱动电机来加工铜片表面。

最后磨光：从洗涤溶剂中取出铜片，用无灰滤纸保护手指夹持铜片。取一些 105μm 的碳化硅或氧化铝（刚玉）砂粒放在玻璃板上，用 1 滴洗涤溶剂湿润，并用一块脱脂棉，蘸取砂粒。用不锈钢镊子夹持铜片，千万不能接触手指。先摩擦铜片各端边，然后将铜片夹在夹钳上，用沾在脱脂棉上的碳化硅或氧化铝（刚玉）砂粒磨光主要表面，要沿铜片的长轴方向磨。再用一块干净的脱脂棉使劲地摩擦铜片，以除去所有金属屑，直到新脱脂棉不留污斑为止。铜片擦净后，立即浸入已准备好的试样中。

> 注意：为了得到一个均匀的腐蚀色彩铜片，均匀地磨光铜片的各个表面是很重要的。如果边缘已出现磨损（表面呈椭圆形），其腐蚀多较中心强烈。使用夹钳有助于铜片表面磨光。

（2）取样　按照 GB/T 4756 或 GB/T 27867 方法进行取样。对会使铜片造成轻度变暗的各种试样，应该储放在干净的深色玻璃瓶、塑料瓶或其他不致影响到试样腐蚀性的合适的容器中。

容器要尽可能装满试样，取样后立即盖上。取样时要小心，防止试样暴露于日光下。实验室收到试样后，在打开容器后应尽快进行实验。

如果在试样中看到有悬浮水（浑浊），则用一张中速定性滤纸把足够体积的试样过滤到一个清洁、干燥的试管中。此操作尽可能在暗室或避光的屏风下进行。

注意：镀锡容器会影响试样的腐蚀程度，因此，不能使用镀锡铁皮容器来储存试样。铜片与水接触会引起变色，给铜片评定造成困难。

3.3.2.5　试验步骤

（1）试验条件　不同的石油产品采用不同的试验条件。

① 航空汽油、喷气燃料　把完全清澈、无任何悬浮水的试样倒入清洁、干燥试管的30mL刻线处，并将经过最后磨光、干净的铜片在1min内浸入试样中。将试管小心滑入试验弹中，旋紧弹盖。再将试验弹完全浸入（100±1)℃的水浴中。在浴中放置（120±5)min后，取出试验弹，并在自来水中冲几分钟。打开试验弹盖，取出试管，按下述步骤（2）检查铜片。

② 柴油、燃料油、车用汽油　把完全清澈、无悬浮水的试样倒入清洁、干燥试管的30mL刻线处，并将经过最后磨光干净的铜片在1min内浸入试样中。用一个有排气孔（打一个直径为2～3mm小孔）的软木塞塞住试管。将该试管放到（50±1)℃的水浴中。在浴中放置（180±5）min后，按步骤（2）检查铜片。

说明：溶剂油、煤油和润滑油。按上述步骤②进行试验，但温度控制为（100±1)℃。

（2）铜片的检查　试验到规定时间后，从水浴中取出试管，将试管的内容物倒入等量的接受容器中。如果采用玻璃接受容器，如150mL的高型烧杯，倾倒时应让铜片轻轻滑入，以避免碰破玻璃烧杯。用不锈钢镊子立即取出铜片，浸入洗涤溶剂中，洗去试样。然后，立即取出铜片，进行干燥，可采用定量滤纸吸干，空气吹干或其他合适的方法干燥铜片。比较铜片与腐蚀标准色板，检查变色或腐蚀情况。比较时，将铜片及腐蚀标准色板对光线成45°角折射的方式拿持，进行观察。

说明：也可以将铜片放在扁平试管中，以避免夹持的铜片在检查和比较过程中留下斑迹和弄脏，但试管口要用脱脂棉塞住。

3.3.2.6　结果表示与判断

（1）结果表示　按表3-5所示，腐蚀分为4级：1级为轻度变色；2级为中度变色；3级为深度变色；4级为腐蚀。

表3-5　铜片腐蚀的标准色板分级

级　别	名　称	说　　明
1	轻度变色	a　淡橙色,几乎与新磨光的铜片一样 b　深橙色
2	中度变色	a　紫红色 b　淡紫色 c　带有淡紫蓝色或银色,或两种都有,并分别覆盖在紫红色上的多彩色 d　银色 e　黄铜色或金黄色
3	深度变色	a　洋红色覆盖在黄铜色上的多彩色 b　有红和绿显示的多彩色(孔雀绿),但不带灰色
4	腐蚀	a　透明的黑色、深灰色或仅带有孔雀绿的棕色 b　石墨黑色或无光泽的黑色 c　有光泽的黑色或乌黑发亮的黑色

当铜片是介于两种相邻的标准色阶之间的腐蚀级别时，则按其变色严重的腐蚀级判断试样。当铜片出现有比标准色板中 1b 还深的橙色时，则认为铜片仍属 1 级；但是，如果观察到有红颜色时，则所观察的铜片判断为 2 级。

2a 中紫红色铜片可能被误认为黄铜色完全被洋红色的色彩所覆盖的 3a 级别铜片。为了区别这两个级别，可以把铜片浸没在洗涤溶剂中。2a 级铜片会出现 1b 的深橙色，而 3a 级铜片不变色。

为了区别 2c 级铜片和 3a 级铜片，可将试片放入试管中，并把这支试管平放在（340±30)℃的电热板上 4～6min。另外用一支试管，放入一支高温蒸馏用温度计，观察这支温度计的温度来调节电炉的温度。如果铜片呈现银色，然后再呈现为金黄色，则认为铜片属 2 级。如果铜片出现如 4 级所述透明的黑色及其他各色，则认为铜片属 3 级。

说明：①在加热浸提过程中，如果发现手指印或任何颗粒或水滴而弄脏了铜片，则需重新进行试验；②如果沿铜片的平面的边缘棱角出现一个比铜片大部分表面腐蚀级还要高的腐蚀级别的话，则需重新进行试验。这种情况大多是在磨片时磨损了边缘而引起的。

（2）结果的判断　如果重复测定的两个结果不相同，应重做试验。当重新试验的两个结果仍不相同时，则按变色严重的腐蚀级来判断。

3.3.2.7　精密度

① 对于通过或不通过的试验结果，除采用 3.3.2.5 步骤中的试验步骤测试汽油试样之外，尚没有可接受的试验方法以确定其精密度。

② 根据在 18 个实验室对 12 个汽油样品进行的实验室间协作试验研究结果，确定了采用商品预打磨铜片和手工打磨铜片得到的试验结果在统计意义“相当”，即采用商品预打磨铜片与手工打磨铜片的试验结果，其可预见的不一致程度无统计意义的显著差别。此外，本次研究还确定得到下述的精密度。

③ 根据采用的统计学方法，对于 1 级、2 级和 3 级，在重复性和再现性条件下所得的结果之间，其不一致程度无统计意义的显著差别。但是对于 4 级，试验结果呈现出更多的同级别内差别。据此，确定了此方法对汽油样品的精密度，在 95% 的置信水平下，对任何两个评级之间的差异，不应超过表 3-6 中所规定的评判准则。

表 3-6　汽油样品铜片腐蚀试管步骤精密度（重复性和再现性）

分级	两个结果的级别差(重复性和再现性)	
	处于同一分级的两个级别	一个级别处于分级边界的两个级别(例如 1b 和 2a)
1、2、3	同级内的一个字母差别	同级内的一个字母差别或相邻分级中最接近的一个字母级别
4	同级内的两个字母差别	同级内的一个字母差别或相邻分级中最接近的一个字母级别

3.3.2.8　报告

按表 3-5 级别中的一个腐蚀级报告试样的腐蚀性，并报告试验时间和试验温度。

腐蚀铜片（X h/Y ℃），级别 Z p

式中　X——试验时间，h；

Y——试验温度，℃；

Z——分级（例如 1、2、3 或 4）；

p——对应 Z 分级的具体级别说明（例如：a、b）。

3.3.3 十六烷值测定

3.3.3.1 爆震现象

(1) 柴油机的爆震　柴油机工作过程与汽油机既相似又有本质区别。其工作过程也分为吸气、压缩、膨胀做功和排气四个行程；不同的是柴油机吸入与压缩的是空气，而不是空气与燃料的混合气体，由于压缩终了温度可达500～700℃，压力达3500～4500kPa，已超过柴油的自燃点，所以喷入汽缸的燃料靠自燃而膨胀做功，故柴油机又称为压燃式发动机。

从理论上讲，柴油喷入燃烧室，便已具备了着火燃烧的基本条件。但实际上从柴油喷入至自燃，往往还有一定的时间间隔，这是由于柴油需完成与空气充分混合、先期氧化及形成局部着火点等物理化学准备的缘故。从喷油器开始喷油到柴油开始着火这段时间，称为着火滞后期或称为滞燃期。着火滞后期很短，通常为百分之几秒到千分之几秒，但它对柴油机工作状况的影响却很大。

正常情况下，柴油的自燃点较低，着火滞后期短，燃料着火后，边喷油、边燃烧，发动机工作平稳，热功效率高。但如果柴油的自燃点过高，则着火滞后期延长，以致在开始自燃时，汽缸内积累较多的柴油同时自燃，温度和压力剧烈增高，冲击活塞头剧烈运动而发出金属敲击声，这就是柴油机的爆震。柴油机的爆震同样会使燃料燃烧不完全，形成黑烟，油耗增大，功率降低，并使机件磨损加剧，甚至损坏。

柴油机的爆震与汽油机有着本质的不同。汽油机是点火燃烧的，其爆震是由于火焰前沿还没传播到的那部分混合气生成的过氧化物自行燃烧而致，一般发生在燃烧末期；而柴油机是压燃的，其爆震是由于柴油着火性差，滞燃期过长而致，一般发生在燃烧的初期。

(2) 影响柴油机爆震的因素　影响柴油机爆震的因素较多，其中柴油的着火性（或称发火性）是主要因素之一。柴油着火性是指柴油的自燃能力，着火性好的柴油，滞燃期短，燃烧后缸内压力上升平缓，柴油机工作稳定。柴油着火性的好坏与其化学组成及馏分组成密切相关。

实验表明，相同碳原子数的不同烃类，正构烷烃的滞燃期最短，无侧链稠环芳烃的滞燃期最长，正构烯烃、环烷烃、异构烷烃居中；烃类异构化程度越高，环数越多，其滞燃期越长；芳烃和环烷烃随侧链长度的增加，其滞燃期缩短，而随侧链分支的增多，滞燃期显著加长；对相同的烃类来说，分子量越大，热稳定性越差，自燃点越低，其滞燃期越短。

由相同类型原油生产的柴油，直馏柴油的滞燃期要比催化裂化、热裂化及焦化生产的柴油短，其原因就在于化学组成发生了变化，催化裂化柴油含有较多芳烃，热裂化和焦化柴油含有较多烯烃，因此滞燃期有所加大。经过加氢精制的柴油，由于其中的烯烃转变为烷烃，芳烃转变为环烷烃，故滞燃期明显缩短。为提高柴油的抗爆性能，可将滞燃期长的热裂化、焦化柴油和部分滞燃期较短的直馏柴油掺合使用，此即柴油的调合。此外还可采用加入添加剂的手段，改善柴油的着火性，常用的添加剂是硝酸烷基酯。

影响柴油机爆震的因素与汽油机有着根本的不同。汽油机提高压缩比或增高汽缸温度会促发爆震，而柴油机提高压缩比或增高汽缸温度却能减轻爆震。原因在于柴油机压缩的是空气，而不是空气与燃料的混合气体，不受燃料性质的影响，因此压缩比可以尽可能地增大(可高达16～24)，使燃料转化为功的效率显著提高，实际上柴油机燃料的单位消耗率比汽油机低30%～70%，非常经济。

(3) 质量要求　要求普通柴油和车用柴油有良好的燃烧性，十六烷值适宜，自燃点低，燃烧完全，发动机工作稳定性好，不发生爆震现象，能发挥应有的功率。

3.3.3.2 测定意义

普通柴油和车用柴油的着火性是评价柴油燃烧性能（抗爆性）的重要指标，具体用十六烷值和十六烷指数来评定。

（1）十六烷值　十六烷值是表示柴油在发动机内着火性能的一个约定量值。它是在规定操作条件的标准发动机试验中，将柴油试样与标准燃料进行比较测定，当两者具有相同的着火滞后期时，标准燃料中的正十六烷值即为试样的十六烷值。

标准燃料是用抗爆性能好的正十六烷和抗爆性能较差的七甲基壬烷按不同体积比配制成的混合物。规定正十六烷的十六烷值为100，七甲基壬烷的十六烷值为15。则试样的十六烷值按式(3-2)计算：

$$CN=\varphi_1+0.15\varphi_2 \tag{3-2}$$

式中　CN——标准燃料的十六烷值；

φ_1——标准燃料中正十六烷的体积分数，%；

φ_2——标准燃料中七甲基壬烷的体积分数，%。

计算结果，取两位小数。

通常，十六烷值高的柴油，自燃点低，着火性好，燃烧均匀，易于启动，不易发生爆震现象，发动机热功率高，使用寿命长。但柴油十六烷值也并非越高越好，使用十六烷值过高（如十六烷值大于65）的柴油，同样会冒黑烟，燃料消耗量反而增加，其原因是燃料的着火滞后期太短，自燃时还未与空气形成均匀混合气，致使燃烧不完全，部分烃类热分解而形成黑烟；另外，柴油的十六烷值过高，还会减少燃料的来源。因此，从使用性和经济性两方面考虑，使用十六烷值适当的柴油才合理，通常柴油机的转速越大，要求燃料的十六烷值越高。

不同转速的柴油机对柴油十六烷值要求不同。GB/T 19147—2016中规定，5号、0号、－10号车用柴油的十六烷值不小于51，－20号车用柴油的十六烷值不小于49，—35号、—50号车用柴油的十六烷值不小于47；而GB 252—2015中规定普通柴油的十六烷值一律要求不小于45。

（2）十六烷指数　十六烷指数是表示柴油抗爆性能的一个计算值，它是用来预测馏分燃料十六烷值的一种辅助手段。其计算按GB/T 11139—89《馏分燃料十六烷指数计算法》进行，该标准非等效采用ASTM D 976—80，适用于计算直馏馏分、催化裂化馏分以及两者的混合燃料的十六烷指数，特别是当试样量很少或不具备发动机试验条件时，计算十六烷指数是估计十六烷值的有效方法。当原料和生产工艺不变时，可用十六烷指数检验柴油馏分的十六烷值，进行生产过程的质量控制。试样的十六烷指数，按式(3-3) 计算。

$$CI=431.29-1586.88\rho_{20}+730.97(\rho_{20})^2+12.392(\rho_{20})^3+0.0515(\rho_{20})^4-0.554B+97.803(\lg B)^2 \tag{3-3}$$

式中　CI——试样的十六烷指数；

ρ_{20}——试样在20℃时的密度，g/mL；

B——按GB/T 6536《石油产品蒸馏测定法》测得的试样中沸点，℃。

计算结果修约至整数。

式(3-3) 的应用有一定局限性，它不适用于计算纯烃、合成燃料、烷基化产品、焦化产品以及从页岩油和油砂中提炼燃料的十六烷指数；也不适用于计算加有十六烷改进剂的馏分燃料的十六烷指数。

3.3.3.3 测定方法

柴油十六烷值按 GB/T 386—2010《柴油十六烷值测定法》进行，该标准修改采用 ASTM D613—2008。

测定十六烷值的基本原理是：在标准操作条件下，将试样的着火性质与已知十六烷值的两个标准燃料相比较，其中两个标准燃料的十六烷值分别比试样略高或略低，在着火滞后期相同的情况下，测定它们的压缩比（用手轮读数表示），据此用内插法计算试样的十六烷值。其具体测定步骤如下。

（1）喷油量的测量　稳定发动机操作条件，并按规定调整喷射量为（13.0±0.2)mL/min。燃料喷油量用测微计调节。

（2）喷油提前角的调整　旋转测微计，按规定调整并固定喷油提前角为上止点前13°。

（3）试样着火滞后期的测量　将着火滞后期表上的选择开关转到着火滞后位置，然后用手轮调节发动机压缩比，准确锁紧在上述要求的喷油提前角（上止点前13°）位置上，记录手轮读数。以同样的方法，至少重复三遍，计算平均值。

（4）标准燃料的选择　选择两个相差不大于5个十六烷值的标准燃料进行试验，调节发动机压缩比，使试样在仪表指示13°的手轮读数处于两个标准燃料之间，否则另选标准燃料。根据标准燃料的十六烷值和压缩比数值，用内插法按式(3-4) 即可计算试样的十六烷值。

$$CN = CN_1 + (CN_2 - CN_1)\frac{a - a_1}{a_2 - a_1} \tag{3-4}$$

式中　CN——试样的十六烷值；

CN_1——低十六烷值标准燃料的十六烷值；

CN_2——高十六烷值标准燃料的十六烷值；

a——试样三次测定手轮读数的平均值；

a_1——低十六烷值标准燃料三次测定手轮读数的平均值；

a_2——高十六烷值标准燃料三次测定手轮读数的平均值。

计算结果准确至小数点后一位，作为十六烷值测定结果。报告时，用符号××.×/CN 表示，例如，47.8/CN。

3.4 柴油的水分和机械杂质（学习任务三）

3.4.1 水分测定

3.4.1.1 水分来源

油品中水分的来源主要有：石油产品在运输、储存、加注和使用过程中，由于各种原因而混入的水；石油产品有一定程度的吸水性，能从大气中或与水接触时，吸收和溶解一部分水。汽油、煤油几乎不与水混合，但仍可溶解0.01%以下的水。轻质油品密度小，油水容易分离，而重质油品则相反，不易分离。通常烷烃、环烷烃及烯烃溶解水的能力较弱，芳香烃溶解水的能力较强。温度越高、接触油品表面的空气湿度越大，溶解于油品中的水量越多。

3.4.1.2 水在油中的危害

燃料油中含有水分会产生一系列危害：在油品的加工过程中，水分的存在会引起冲塔和催化剂的老化，存储和使用过程中，水分能引起容器和机械的腐蚀；低温时，水分凝结成冰粒会堵塞油路、油滤，影响供油，造成停机或增加磨损；燃料油中的水分会促进胶质生成。因此，水分是各种石油产品标准中限制的重要质量指标之一。

3.4.1.3 水在油中的存在形式

（1）游离水　水以较大液滴形态存在于油中，呈油水分离状态。

（2）悬浮水　水以较小液滴形态存在于油中，呈乳化状态。

（3）溶解水　水以分子形式存在于油中，呈油水互溶状态。

3.4.1.4 测定意义

① 操作中，水含量的测定可用来调整操作，防止事故的发生。

② 油品出厂的一项重要指标。

3.4.1.5 测定仪器与操作

柴油水分的检验可用目测法，即将试样注入100mL的玻璃量筒中，在室温（20±5)℃下静置后观察，应当透明，没有悬浮和沉降的水分。如有争议，可按GB/T 260—2016《石油产品水含量的测定　蒸馏法》进行测定。

图3-3为BF-11A型水分测定器，主要由可调温电控箱、玻璃仪器等组成，各部分设计、制造均符合GB/T 260标准中仪器技术要求。其使用方法如下。

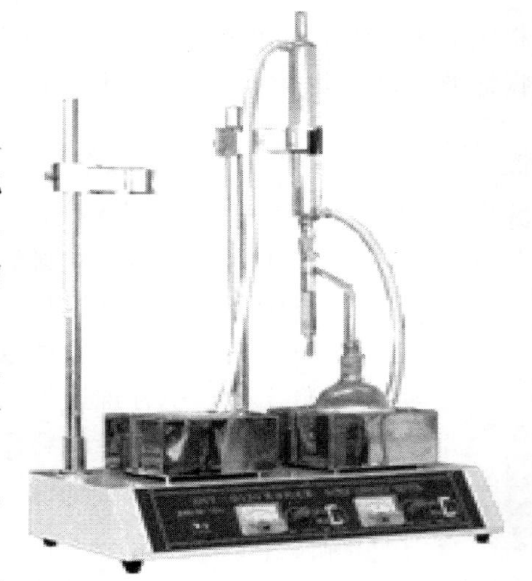

图3-3　BF-11A型水分测定器

① 按GB/T 260标准要求，准备好试验用的各种器具、材料等。

② 按标准要求称取一定量的试样，并如图3-1所示组装好仪器，准备进行试验操作。

③ 打开循环水与电源开关，按GB/T 260标准进行试验。

3.4.1.6 测定注意事项

① 所有稀释剂必须严格脱水，以免因稀释剂带水而影响测定结果的准确性。所有仪器必须清洁干燥，水分接收器在试验过程中不应有挂水现象。

② 试样必须具有代表性。称取试样时，必须充分摇匀并迅速倒取，否则试样结果不能代表整个试样的含水量。

③ 根据试油水分含量不同，具体考虑所取试样量的多少。

④ 试验仪器必须完好无损，装置连接处严密，防止水蒸气漏出，影响测定结果。应严格控制蒸馏速率，使从冷凝管斜口每秒滴下2～9滴蒸馏液。如果蒸馏速率过慢不仅测定时

间延长，还会因稀释剂气化量少，从而降低了对油中水分的携带能力，使测定结果偏低；蒸馏太快易产生爆沸，可能把试油、溶剂油和水一起带出，影响水与稀释剂在接收器中的分层，甚至造成冲油，引起火灾。

⑤ 测定时，蒸馏瓶中应加入沸石或素瓷片，以形成沸腾中心，使稀释剂能更好地将水分携带出来。同时在冷凝管的上端用干净的棉花塞住，防止空气中的水分在冷凝管内凝结，使测定结果偏高。如果空气湿度较大，可在冷凝管上端外接一个干燥管。

⑥ 停止加热后，如果冷凝管内壁仍沾有水滴，应用规定溶剂把水滴冲进接收器。如果溶剂冲洗无效，可用金属丝或细玻璃棒带有橡胶头的一端，把冷凝器内壁的水滴刮进接收器中。

⑦ 试验结束后，如果接收器中的溶剂层呈现浑浊，而且收集的水量不足0.3mL时，应将接收器浸入热水中20～30min，使其澄清，再将接收器冷却至室温，待稳定后读取水的体积。

3.4.2　水分检验操作规程（GB/T 260—2016）

3.4.2.1　适用范围

本方法规定了采用蒸馏法测定石油产品中水含量的方法，适用于测定石油产品、焦油及其衍生产品的水分含量，水含量测定范围不大于25%。

3.4.2.2　仪器与材料

（1）仪器　水分测定器［包括：圆底烧瓶（容量为500mL）、水分接收器、直管式冷凝管（长度为400mm）］。

说明：水分测定器的各部分连接处，可以用磨口塞或软木塞连接，但仲裁试验时，必须用磨口塞连接，接收器的刻度在0.3mL以下设有10等份的刻线，0.3～1.0mL之间设有七等份的刻线；1.0～10mL之间每分度为0.2mL。

（2）试剂与材料　溶剂（采用芳烃溶剂、石油馏分溶剂或石蜡基溶剂，溶剂在使用前必须脱水和过滤）；无釉瓷片（素瓷片）、沸石或一端封闭的玻璃毛细管（必须干燥）；试样（车用柴油或汽油机润滑油、柴油机润滑油）。

3.4.2.3　方法概要

将被测试样和水不相容的溶剂共同加热回流，溶剂可将试样中的水携带出来。不断冷凝下来的溶剂和水在接收器中分离开，水沉积在带刻度的接收器中，溶剂流回蒸馏器中，蒸馏结束后测定其水分含量并以百分数表示。

3.4.2.4　实验步骤

（1）预热试样　将试样预热到40～50℃，摇动5min混合均匀。

（2）称量试样　向洗净并烘干的圆底烧瓶中加入试样100g（称准至0.1g）。

（3）加入溶剂油、沸石　用量筒量取100mL溶剂油，注入圆底烧瓶中，将其与试样混合均匀，并投放3～4片无釉瓷片（素瓷片）或沸石等。

注意：①黏度小的试样可先用量筒量取100mL，注入圆底烧瓶中，再用该未经洗涤的量筒量出100mL溶剂。圆底烧瓶中的试样质量，等于试样的密度乘100mL所得之积。②当水分超过10%时，试样的质量应酌量减少，要求蒸出水不超过10mL。

(4) 安装装置　将洗净、干燥的接收器通过支管紧密地安装在圆底烧瓶上，使支管的斜口进入烧瓶颈部 15～20mm。然后在接收器上连接直管冷凝管。冷凝管的内壁要预先用棉花擦干。用胶管连接好冷凝管上、下水出入口。

注意：安装时，冷凝管与接收器的轴心线要重合，冷凝管下端的斜口切面要与接收器的支管管口相对。为避免蒸气逸出，应在塞子缝隙上口用脱脂棉塞住或外接一个干燥管，以免空气中的水蒸气进入冷凝管凝结。

(5) 加热　用电炉或酒精灯加热圆底烧瓶，并控制回流速度，使冷凝管斜口每秒滴下2～9 滴液体。

(6) 剧烈沸腾　蒸馏将近完毕时，如果冷凝管内壁有水滴，应使烧瓶中的混合物在短时间内剧烈沸腾，利用冷凝的溶剂将水滴尽量洗入接收器中。

(7) 停止加热　蒸馏至蒸馏装置不再有水，接收器中收集的水体积 5min 保持不变。

注意：停止加热后，如果冷凝管内壁仍沾有水滴，可用无水溶剂油冲洗，或用金属丝带有橡皮或塑料头的一端小心地将水滴推刮进接收器中。

(8) 读数　圆底烧瓶冷却后，将仪器拆卸，读出接收器收集的水体积，计算测定结果。

说明：当接收器中的溶剂呈现浑浊，而且管底收集的水不超过 0.3mL 时，将接收器放入热水中浸20～30min，使溶剂澄清，再将接收器冷却至室温后，读出水的体积。

3.4.2.5　计算

根据试样的量取方式，按式(3-5)、式(3-6) 或式(3-7) 计算试样中的体积分数 φ（%）或质量分数 w（%）。

$$\varphi=\frac{V_1}{V_0}\times 100\% \tag{3-5}$$

$$\varphi=\frac{V_1}{m/\rho}\times 100\% \tag{3-6}$$

$$w=\frac{V_1\rho_{水}}{m}\times 100\% \tag{3-7}$$

式中　V_0——试样的体积，mL；

V_1——测定试样时接收器中水的体积，mL；

m——试样的质量，g；

ρ——试样 20℃的密度，g/cm^3；

$\rho_{水}$——水的密度，取值为 $1.00g/cm^3$。

3.4.2.6　精密度

同一操作者，使用同一仪器，对同一试样两次重复测定结果之差不应超过表 3-7 的规定。使用 10mL 精密锥形接收器时，接收水量在 0.3mL（含）以下时，所得两个结果之差不应超过接收器的一个刻度。

表 3-7　同一操作者连续两次测定结果的允许误差

接收的水量/mL	允许体积差数/mL
0～1.0	0.1
1.1～25	0.1mL 或接收水量平均值的 2%，取两者之中的较大者

3.4.2.7 报告

① 报告水含量结果以体积分数或质量分数表示。

② 对100mL或100g的试样，若使用2mL或5mL的接收器，报告水含量的测定结果精确至0.05%；若使用10mL或25mL的接收器，则报告结果精确至0.1%。

③ 使用10mL精密锥形接收器时，水含量小于（含等于）0.3%时，报告水含量的测定结果精确至0.03%；水含量大于0.3%时，则报告结果精确至0.1%。试样的水含量小于0.03%时，结果报告为“痕迹”。在仪器拆卸后接收器中没有水存在，结果报告为“无”。

3.4.3 机械杂质测定

3.4.3.1 机械杂质的来源

① 精制油品中的大部分机械杂质源自经过过滤、沉降等手段加工，但未完全除去的盐类、铁锈及一些白土等。

② 油品在储运和使用过程中，由于储存条件的不完善，使尘埃落入，或由于设备的腐蚀混入铁锈等，这些物质均不溶于规定的溶剂而呈沉淀或以悬浮状态存在于油料中。使用时由于机械磨损掺入的金属颗粒也是导致油料含有杂质的一个原因。

③ 油品含有各种添加剂时也会增加机械杂质的含量。

3.4.3.2 机械杂质的定义

机械杂质是指存在于油品中所有不溶于规定溶剂的杂质。即指存在于油品中不溶于汽油、苯或乙醇-乙醚（4∶1混合）、乙醚-苯（1∶4混合）等溶剂的沉淀物或悬浮状物质。这些杂质主要由砂粒、尘土、纤维、铁锈、铁屑以及不溶于溶剂的有机成分等组成。

3.4.3.3 测定意义

柴油机的燃料供给系统中有许多精密配合的零件，例如，喷油泵的柱塞和柱塞套的间隙只有0.0015～0.0025mm，喷油器的喷针和喷阀座的配合精度也很高，机械杂质不但会使高压油泵和喷油器磨损加重，而且还会堵塞喷油器及喷油孔，造成供油系统故障。因此，柴油中不允许有机械杂质存在。润滑油中的机械杂质会加剧摩擦表面的磨损和堵塞滤网；润滑脂中的机械杂质也会增加机械的摩擦和磨损，破坏润滑性而且难以除去，所以，润滑脂中含有机械杂质的危害性更大。

3.4.3.4 测定仪器及操作

柴油机械杂质的检验可用目测法，方法与水分检验类同，要求没有悬浮和沉降的机械杂质存在。在有争议时，可按GB/T 511—2010《石油和石油产品及添加剂机械杂质测定法》进行测定。

图3-4为BF-42型石油产品机械杂质测定器，它是按照GB/T 511设计制造的，适用于该标准下对石油产品机械杂质的测定。

图3-4 BF-42型石油产品机械杂质测定器

仪器主要由恒温水浴、真空抽滤装置及抽滤瓶等组成。真空抽滤装置选用大功率、低噪声真空泵，并配有压力调节及指示装置等，具有低噪声、高真空度等特点；抽滤漏斗采用电加热套加热，固态调节器调节油样加热功率，方便操作。其使用方法如下。

① 按 GB/T 511 标准要求，准备好试验用的各种器具、材料等。

② 向水浴箱中加入清水，水量应符合说明书要求。

③ 检查仪器工作状态，并设定水浴温度，然后进行加热操作。

④ 按 GB/T 511 标准进行试验。

3.4.3.5 测定注意事项

① 在称取试样之前，必须将试样充分摇匀，对于石蜡或黏稠的油料试样应经加热后充分摇匀。

② 所有溶剂使用前均应过滤。

③ 平行试验所选用的滤纸疏密程度、厚薄以及溶剂种类、用量应保持相同。

④ 干净滤纸和带沉淀的滤纸不应放在同一干燥箱中干燥，以免干净滤纸吸附溶剂及油蒸气。

⑤ 冲洗沉淀所用的溶剂，应按照技术标准中有关规定去选择，不能乱用。否则，所得结果无法比较。

⑥ 使用滤纸时可进行溶剂的空白补正。因为各种溶剂冲洗滤纸后，对于滤纸质量的增减情况不完全相同。用苯、石油醚或蒸馏水冲洗滤纸后，滤纸质量减少。而用乙醇或汽油冲洗滤纸后，滤纸质量增大，特别是乙醇对滤纸质量增大更明显。

⑦ 过滤及恒重的操作必须严格遵守称量分析的有关规定。

3.4.4 机械杂质检验操作规程（GB/T 511—2010）

3.4.4.1 适用范围

本方法适用于石油产品和添加剂中机械杂质含量测定。

3.4.4.2 仪器与材料

（1）仪器　烧杯或宽颈的锥形瓶；称量瓶；玻璃漏斗；干燥器；水浴或电热板；定量滤纸（中速，直径 11cm）。

（2）试剂及材料　试样（汽油机油、柴油机油）；溶剂油［符合 SH 0004—90（1998）《橡胶工业用溶剂油》］或航空汽油［符合 GB 1787—2008《航空活塞式发动机燃料》标准］；95%乙醇（化学纯）；乙醚（化学纯）；苯（化学纯）；乙醇-苯混合液（用 95%乙醚和苯按体积比 1∶4 配成）；乙醇-乙醚混合液（用 95%乙醇和乙醚按体积比 4∶1 配成）。

注意：所用试剂在使用前均应过滤，用玻璃棒搅拌原油时不要摩擦玻璃瓶。然后作溶剂用。

3.4.4.3 方法概要

称量一定量的试样，溶于所用的溶剂中，用已恒定质量的滤器过滤，被留在滤器上的杂质即为机械杂质。

注意：本实验应特别注意防火，应在通风条件良好的实验室中进行，滤纸及洗涤液应倒入指定的容器中，并加以回收。

3.4.4.4　准备工作

（1）试样的准备　将盛在玻璃瓶中的试样（不超过瓶容积的3/4）摇动5min，使之混合均匀。

（2）滤纸的准备　将定量滤纸放在敞盖的称量瓶中，在（105±2)℃的烘箱中干燥不少于45min。然后盖上盖子放在干燥器中冷却30min后，进行称量，称准至0.0002g。重复干燥（第二次干燥只需30min）及称量，直至连续两次称量之差不超过0.0004g。

3.4.4.5　实验步骤

（1）称量试样　称取摇匀并搅拌过的试样100g（准确至0.05g)。

（2）溶解试样　往盛有试样的烧杯中，加入温热的溶剂油200～400g，并用玻璃棒小心搅拌至试样完全溶解，再放到水浴上预热。在预热时不要使溶剂沸腾。

（3）过滤　将质量恒定的滤纸放在固定于漏斗架上的玻璃漏斗中，趁热过滤试样溶液，并用温热溶剂油将烧杯中沉淀物冲洗到滤纸上。

注意：过滤时漏斗中溶液高度不得超过滤纸高度的3/4。

（4）洗涤　过滤结束时，将带有沉淀的滤纸用溶剂油冲洗至滤纸上没有残留试样的痕迹，且滤出的溶剂完全透明和无色为止。

说明：①在测定难以过滤的试样时，试样溶液的过滤和冲洗滤纸，允许用减压吸滤和保温漏斗，或红外线灯泡保温等措施。②减压过滤时，可用滤纸或微孔玻璃滤器安装在吸滤瓶上，然后将吸滤瓶与真空泵连接，定量滤纸用溶剂润湿，放在漏斗中，使其与漏斗紧贴。抽滤速度应控制在使滤液成滴状，不允许形成线状。③微孔玻璃滤器的干燥和恒定质量与定量滤纸处理过程相同，热过滤时不要使所过滤的溶液沸腾。当试验采用微孔玻璃过滤器与滤纸所测结果发生争议时，以用滤纸过滤的测定结果为准。

（5）烘干　冲洗完毕，将带有机械杂质的滤纸放入已恒定质量的称量瓶中，敞开盖子，放在（105±2)℃烘箱中不少于1h，然后盖上盖子，放在干燥器中冷却30min后进行称量，称准至0.0002g。重复操作，直至连续两次称量之差不大于0.0004g为止。

注意：①如果机械杂质的含量没超过石油产品或添加剂技术标准的要求范围，则第二次干燥及称量处理可以省略；②使用滤纸时，必须进行溶剂的空白实验补正。

3.4.4.6　计算

试样的机械杂质含量w（质量分数）按式(3-8）计算：

$$w=\frac{(m_2-m_1)-(m_4-m_3)}{m}\times 100\% \tag{3-8}$$

式中　m_1——滤纸和称量瓶的质量（或微孔玻璃过滤器的质量），g；

m_2——带有机械杂质的滤纸和称量瓶的质量（或微孔玻璃过滤器的质量），g；

m_3——空白试验过滤前滤纸和称量瓶的质量（或微孔玻璃过滤器的质量），g；

m_4——空白试验过滤后滤纸和称量瓶的质量（或微孔玻璃过滤器的质量），g；

m——试样的质量，g。

3.4.4.7 精密度

试样的机械杂质，重复测定连续两次结果之差，不应超过表3-8中的数值。

表3-8 同一实验者连续两次测定结果的允许误差

机械杂质 w/%	允许差值/%	机械杂质 w/%	允许差值/%
<0.01	0.0025	0.1~<1.0	0.01
0.01~<0.1	0.005	≥1.0	0.10

3.4.4.8 报告

① 取重复测定两个结果的算术平均值作为实验结果。

② 机械杂质的含量在0.005%（质量分数）以下时，认为该油无机械杂质。

3.5 柴油的灰分和残炭（学习任务四）

3.5.1 灰分测定

3.5.1.1 灰分

灰分是指在规定条件下，试样被灼烧炭化后，所剩残留物经煅烧所得的无机物，以质量分数表示。

油品中灰分的主要成分为硫、硅、钙、镁、铁、钠、铝、锰、钒、铜、磷、镍等的氧化物。这些氧化物是由盐类在高温下分解或氧化而生成的。油品灰分的颜色由组成灰分的化合物决定。通常为白色、淡黄色或赤红色。

3.5.1.2 灰分来源

① 油品酸碱精制脱渣不完全，对设备腐蚀而生成的金属盐类，或白土精制过程中未滤净的白土等；

② 油品在运输、储存和使用过程中混入的铁锈、金属氧化物和金属盐类；

③ 油品添加剂本身含有的有机金属盐，致使加入添加剂后油品的灰分含量增加。

3.5.1.3 测定意义

① 对于柴油、喷气燃料及不含添加剂的润滑油等，灰分可作为衡量油品洗涤与精制是否完全的指标。如果精制过程脱渣不完全，则残余盐类和皂类会使灰分增大。

② 在油品使用中，如果柴油灰分超标，燃烧后会生成坚硬的积炭，使气缸套和活塞环的磨损增大；重质油灰分过高，会在喷嘴形成积炭，造成喷油不畅甚至阻塞，或沉积于锅炉管壁，降低传热效率；润滑油中灰分过量，可能在摩擦面形成硬质沉积物，

加剧磨损。

3.5.1.4　测定仪器与操作

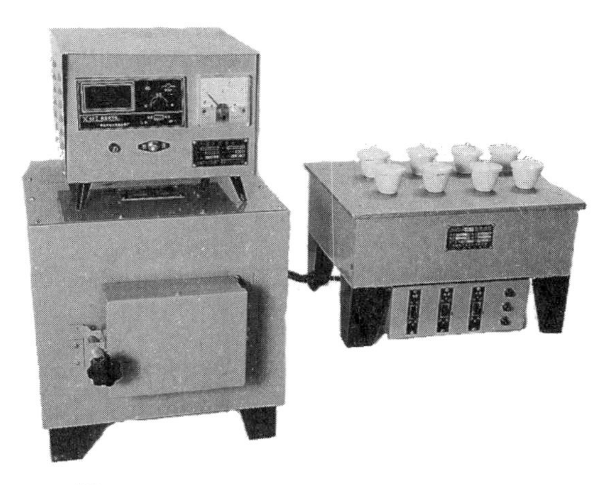
图 3-5　SYD-508 型石油产品灰分测定器

普通柴油和车用柴油中要求灰分不大于0.01%。其测定方法按 GB/T 508—85（91）《石油产品灰分测定法》进行，该标准非等效采用 ISO 6245—82。图 3-5 为 SYD-508 型石油产品灰分测定器，其使用方法如下。

① 按 GB/T 508 标准要求，准备好试验用的各种器具、材料等。

② 检查加热器的外壳，必须处于良好的接地状态；接入加热器的电源线应有良好的接地端。

③ 打开高温炉电源，设置加热温度，使其稳定在（775±25)℃。

④ 按 GB/T 508 标准方法进行试验。

3.5.1.5　测定注意事项

① 含有添加剂的油品试样在分析前应充分摇匀。对黏稠或含蜡的试样须预热到 50～60℃再摇匀，以保证测定结果的准确性。

② 滤纸叠成两折，卷成圆锥形，用剪刀把距尖端 5～10mm 部剪掉，放入坩埚内，使油全部浸湿滤纸，以防滤纸烧完而油尚未烧完而起不到灯芯的作用。

③ 遇到残渣难烧成灰时，可在坩埚冷却后滴入几滴硝酸铵，促使难燃物质氧化，使残渣易于氧化完全。

④ 测定含有添加剂的石油产品的灰分时，必须严格掌握其燃烧速度，维持火焰高度至10mm 左右，以免火焰高而将某些金属盐类的灰分颗粒携带出去。

⑤ 坩埚放入高温炉之前应仔细观察挥发成分是否全部挥发完毕（无烟），不能认为熄火就可以将其放入高温炉中，否则会在放入时未挥发干净的物质急剧燃烧，将灰分从坩埚中带出去。

⑥ 从高温炉内取出坩埚放置时，应注意空气流动及风吹，最好放入真空干燥器中，平衡气压时应轻轻启开旋塞，以免外空气急剧进入，冲飞坩埚内灰分。

⑦ 煅烧、冷却及恒重操作应严格遵守标准方法中的有关规定。

3.5.2　灰分检验操作规程［GB/T 508—85（91）］

3.5.2.1　方法概要

用无灰滤纸灯芯，放入试样中点燃，燃烧到只剩下灰分和炭质残留物，再在（775±25)℃高温炉中加热转化成灰分，冷却后称量。

3.5.2.2　仪器与材料

（1）仪器　瓷坩埚或瓷蒸发皿（50mL)；电炉或电热板；高温炉［能加热到恒定于

(775±25)℃的温控系统]；干燥器（不装干燥剂）。

(2) 试剂与材料　柴油或润滑油；盐酸（化学纯，配成1∶4的水溶液）；定量滤纸（直径9cm）；硝酸铵（分析纯，配成10%的水溶液）；试样（车用柴油）。

3.5.2.3　准备工作

(1) 瓷坩埚的准备　将稀盐酸（1∶4）注入瓷坩埚（或瓷蒸发皿）内煮沸几分钟，用蒸馏水洗涤。烘干后再放入高温炉中，在（775±25)℃温度下煅烧至少10min，取出在空气中至少冷却3min，移入干燥器中。冷却30min后，称量，准确至0.0002g。

说明：重复煅烧、冷却及称量，直至连续两次称量之差不大于0.0004g为止。每次放入干燥器中冷却的时间应相同。

(2) 试样的准备　将瓶中柴油试样（其量不得多于该瓶容积的3/4)，剧烈摇动至均匀。对黏稠的润滑油试样可预先加热至50～60℃，摇匀后取样。

3.5.2.4　试验步骤

(1) 准确称量坩埚、试样　将已恒重的坩埚称准至0.0002g，并以同样的准确度称取25g试样，装入50mL坩埚内。

(2) 安放引火芯　用一张定量滤纸叠两折，卷成圆锥形，从尖端剪去5～10mm后，平稳地插放在坩埚内油中，作为引火芯，要将大部分试油表面盖住。

(3) 加热含水试样　测定含水的试样时，将装有试样和引火芯的坩埚放置在电热板上，开始缓慢加热，使其不溅出，让水慢慢蒸发，直到浸透试样的滤纸可以燃着为止。

(4) 点燃试样　引火芯浸透试样后，点火燃烧。试样的燃烧应进行到获得干性炭化残渣时为止，燃烧时，火焰高度维持在10cm左右。

注意：对黏稠的或含蜡的试样，一边燃烧一边在电炉上加热。燃烧开始时，调整加热强度，使试样不溅出也不从坩埚边缘溢出。

(5) 高温炉煅烧　试样燃烧后，将盛残渣的坩埚移入已预先加热到（775±25)℃的高温炉中，在此温度下保持1.5～2h，直到残渣完全成为灰烬。

注意：如果残渣难烧成灰时，则在坩埚冷却后滴入几滴硝酸铵溶液，浸湿残渣，然后仔细将它蒸发并继续煅烧。

(6) 重复煅烧　残渣成灰后，将坩埚在空气中冷却3min，然后在干燥器内冷却约30min，进行称量，称准至0.0002g，再移入高温炉中煅烧15min。重复进行煅烧、冷却及称量，直至连续称量之差不大于0.0004g。

注意：滤纸灰分质量须做空白试验校正。

3.5.2.5　计算

试样的灰分X（质量分数）按式(3-9)计算：

$$X=\frac{m_1}{m}\times 100\% \tag{3-9}$$

式中　m_1——灰分的质量，g；

m——试样的质量，g。

3.5.2.6 精密度

重复测定两次结果间的差值，不应超过下列数值，见表3-9。

表3-9 同一实验者连续两次测定结果的允许误差

灰分 w/%	允许差值/%	灰分 w/%	允许差值/%
0.001以下	0.002	0.080～0.180	0.007
0.001～0.079	0.003	0.180以上	0.01

3.5.2.7 报告

取重复测定两次结果的算术平均值，作为试样的灰分。

3.5.3 残炭测定

3.5.3.1 残炭

残炭是指将油品放入残炭测定器中，在隔绝空气条件下加热，使其蒸发、裂解和缩合，排出燃烧气体后，所剩余的焦黑色残留物。它是评价油品在高温条件下生成焦炭倾向的指标。

3.5.3.2 残炭来源

残炭主要是由油品中的胶质、沥青质及多环芳烃的叠合物及灰分形成的。胶质是燃料中的烃类在储存、使用过程中经氧化、聚合、缩合所生成的黏稠的、不挥发的胶状物质，而沥青质是一种由多种复杂高分子碳氢化合物及其金属衍生物组成的复杂混合物。

燃料的化学组成对残炭的生成有不同的贡献，如烷烃只起分解反应，不参与聚合反应，故不形成残炭，不饱和烃和芳香烃对残炭的形成过程起很大的作用，但不是所有芳香烃的残炭值都很高，而是因结构不同而异，以多环芳烃的残炭值最高，环烷烃居中。

3.5.3.3 测定意义

影响柴油安定性的主要原因同样是油品中的不饱和烃（如烯烃、二烯烃）以及含硫、氮化合物等不安定组分。安定性差的柴油，长期储存，颜色会变深，易在油罐或油箱底部、油库管线内及发动机燃油系统生成胶质和沉渣。在使用过程中，油箱温度可达60～80℃，由于剧烈振荡，油品中的溶解氧可达到饱和程度。进入燃油系统后，温度继续升高，在金属的催化作用下，不安定组分会急剧氧化生成胶质。这些胶质堵塞滤清器，会影响供油；沉积在喷嘴上，会影响雾化质量，导致不完全燃烧，甚至中断供油；沉积在燃烧室壁，会形成积炭，加剧设备磨损。车用柴油要求安定性好，在储存时生成胶质及燃烧后形成积炭倾向要小。

（1）总不溶物　总不溶物是表示车用柴油热氧化安定性的指标，它反映了柴油在受热和有溶解氧的作用下发生氧化变质的倾向。

总不溶物包括黏附性不溶物和可过滤不溶物两部分。其中，黏附性不溶物是试验条件下，试样在氧化过程中产生，黏附在氧化管壁上，且不溶于异辛烷的物质。可过滤不溶物是试验条件下，试样在氧化过程中产生的能过滤分离出来的物质，它包括氧化后在试样中悬浮的物质和在管壁上易于用异辛烷洗涤下来的物质。通过测定总不溶物来说明柴油的安定性和在发动机进油系统中生成沉积物的倾向。

我国普通柴油和车用柴油均要求总不溶物含量不大于2.5mg/100mL。

(2) 10%蒸余物残炭　是把测定柴油馏分中馏出90%以后的残留物作为试样，然后在规定的仪器中隔绝空气加热，使其蒸发、裂解及缩合所测得的残留物。

由于车用柴油馏分轻，直接测定残炭值很低，误差较大，故规定测定10%蒸余物残炭。车用柴油10%蒸余物残炭反映油品的精制深度或油质的好坏。10%蒸余物残炭值大的柴油在使用中会在汽缸内形成积炭，导致散热不良，机件磨损加剧，缩短发动机使用寿命。

普通柴油和车用柴油均要求10%蒸余物残炭值不大于0.3%。

3.5.3.4 测定方法

(1) 总不溶物　总不溶物的测定按SH/T 0175－2004《馏分燃料油氧化安定性测定法(加速法)》进行。该标准试验方法适用于评定初馏点不低于175℃，90%蒸发点温度不高于370℃的中间馏分燃料油的固有安定性。但不适用于含渣油的燃料油以及主要组分为非石油成分的合成燃料油；也不能准确预测中间馏分燃料油在储存一定时间后生成的总不溶物量。

测定时，将已过滤的350mL试样注入氧化管中，通入氧气，速度为50mL/min。在95℃的温度条件下氧化16h；然后将氧化后的试样冷却到室温，过滤，得到可过滤的不溶物；用三合剂（等体积混合的分析纯丙酮、甲醇和甲苯液体）把黏附性不溶物从氧化管上洗下来，蒸发除去三合剂后，即得黏附性不溶物。可过滤的不溶物与黏附性不溶物之和即为总不溶物量，以mg/100mL表示。

(2) 10%蒸余物残炭　车用柴油10%蒸余物残炭的测定前先按GB/T 6536—2010对200mL试样进行蒸馏，收集10%残余物作为试样；也可用GB/T 255—77 (88)《石油产品蒸馏测定法》获取10%残余物，由于该法采用100mL蒸馏烧瓶，因此需进行不少于两次的蒸馏，收集10%蒸余物作为试样，再按康氏法测定残炭。

(3) 康氏法残炭　按GB/T 268—87《石油产品残炭测定法（康氏法）》进行，该方法非等效采用ISO 6615—1983，是国际普遍应用的一种标准试验方法。康氏法残炭一般用于常压蒸馏时易分解、相对易挥发的石油产品。

(4) 微量法残炭　按GB/T 17144—1997《石油产品残炭测定法（微量法）》进行，该方法等同采用ISO 10370—1993，本方法适用于石油产品，其测定残炭范围0.1%～30%(质量分数)，对残炭超过0.1%的实验结果与康氏法等效，也适用于残炭值低于0.1%（质量分数）的由馏分油组成的石油产品。

3.5.3.5 测定注意事项

(1) 总不溶物

① 试样的储存与保管　试样的储存与保管条件应不致引起总不溶物增多，按要求试样应装在金属桶或棕色瓶中，避光保存，不得用塑料容器或软质玻璃材料容器存放。如果不能立即试验，应用氮气加以保护，储存温度不应高于10℃，储存时间不得超过

1周。

② 试验条件的保证 试验必须在没有水、活性金属表面及污物存在的规定条件下进行，同时避免光照，否则可导致测定结果偏高。

③ 试剂中杂质带入的干扰 配制三合剂应选用分析纯或纯度更高的试剂，不然会造成黏附性不溶物含量的增加。

④ 金属催化作用的干扰 氧化是导致生成不溶物的主要化学过程，而金属对氧化反应起催化作用，故应排除金属离子的影响。

(2) 10%蒸余物残炭

① 量取温度 为了得到较准确的10%蒸余物，蒸馏时应设法使馏出物温度与装样温度一致。

② 仪器的安装 全套坩埚放在镍铬丝三脚架上，必须将外铁坩埚放在遮焰体的正中心，不能倾斜。全套坩埚用圆铁罩罩上，必须受热均匀，否则将影响测定结果。

③ 加热强度控制 预热期的加热应自始至终保持均匀，如果加热强度过大，试样会溅出瓷坩埚外，使测定结果偏低；如果加热强度小，会使燃烧期延长，溅出残炭的可能性加大，同样使测定结果偏低。燃烧期要控制火焰不超过火桥，否则测定结果偏低。强热期必须保证7min，若加热强度不够，会影响到残炭的形成，使其无光泽，并不呈鱼鳞片状，造成结果偏大。

④ 坩埚冷却和称量 按规定，强热期过后，移开喷灯，使仪器冷却到不见烟（约15min），再移去圆铁罩和外、内铁坩埚盖，用热坩埚钳将瓷坩埚移入干燥器内，冷却40min，称量。如果取出坩埚过早，新鲜空气进入瓷坩埚，在高温下残炭发生燃烧，会使测定结果偏小；反之，超时未取出，由于温度降低，可能引起瓷坩埚吸收空气中的水分，使测定结果偏高。

康氏法残炭测定注意事项，可详见下列检验操作规程（二）。

3.5.4 残炭检验操作规程

3.5.4.1 康氏法（GB/T 268—87）

(1) 适用范围 本方法用于测定石油产品经蒸发和热解后留下的残炭量，以提供石油产品相对生焦倾向的指标。

(2) 方法提要 将已称重的试样置于坩埚内进行分解蒸馏。残余物经强烈加热一定时间即进行裂化和焦化反应。在规定的加热时间结束后，将盛有炭质残余物的坩埚置于干燥器内冷却并称重，计算残炭值（以原试样的质量分数表示）。

(3) 仪器与材料

① 仪器 康氏法残炭测定仪；高温炉；干燥器；瓷坩埚；内铁坩埚；外铁坩埚；镍铬丝三脚架；圆铁罩（专用）；遮焰体；喷灯。

② 材料 直径约2.5mm的玻璃珠，清洗烘干备用。

(4) 实验步骤

① 取样处理 将瓶中的试样（不要超过瓶内容积的3/4）摇匀5min。

② 取样 向盛有2个玻璃珠并称量过的瓷坩埚内称入(10±0.5)g无水、无悬浮物的试样。试样量需根据预计残炭生成量按表3-10进行，精确至0.005g。

表 3-10　试样称取量

预计残炭/%	称取量/g
<5	10±0.5
5～15	5±0.5
>15	3±0.1

③ 试样煅烧　将盛有试样的瓷坩埚放入内铁坩埚中央。在外坩埚内铺平沙子，将内坩埚放到外铁坩埚的正中。盖好内、外铁坩埚的盖子，将准备好的全套坩埚置于镍铬三脚架上，外坩埚要处于遮焰体中心，然后将全套坩埚用圆铁罩罩上，以使反应过程受热均匀。

置灯头于外坩埚底下约 50mm，进行强火加热，但不冒烟，使预点火阶段控制在（10±1.5)min 内，当罩顶出现黑烟时，立即移动或倾斜喷灯，令火焰触及坩埚边缘，使油蒸气着火。然后移开喷灯，调整火焰，再将灯放回原处。要使灯调到着火的油蒸气均匀燃烧，火焰高出烟囱，但不超过火桥。油蒸气燃烧阶段控制在（13±1)min 内完成。

当试样蒸气停止燃烧，罩上看不见蓝烟时，立即重新加强煤气喷灯的火焰，使之恢复到开始状态，使外坩埚的底部和下部呈樱桃红色，并准确保持 7min。总加热时间（包括预点火和燃烧阶段在内）应控制在（30±2)min 内。

④ 称量恒重　当残留物的煅烧结束时，打开外、内坩埚盖，并用热坩埚钳取出瓷坩埚，移入干燥器中冷却约 40min 后，称量瓷坩埚和残留物的质量，精确至 0.0001g。

（5）数据处理和报告

① 计算　试样的残炭质量分数 w 按式(3-10) 计算。

② 报告　残炭的计算结果，精确到 0.1%。取重复测定两个结果的算术平均值作为试样的残炭。

$$w=\frac{m_1}{m}\times 100\% \tag{3-10}$$

3.5.4.2　微量法（GB/T 17144—1997）

1. 适用范围

本方法用于测定石油产品经蒸发和热解后留下的残炭量，以提供石油产品相对生焦倾向的指标。

2. 方法提要

将已称重的试样放入一个样品管中，在惰性气体（氮气）气氛中，按规定的温度程序升温，将其加热到 500℃，在反应过程中生成的易挥发性物质由氮气带走，留下的炭质型残渣以其占原样品的百分数报告微量残炭值。

3. 仪器与材料

（1）仪器　微量残炭测定仪；样品管；成焦箱；样品管支架；热电偶；分析天平；冷却器。

（2）材料　氮气（普通氮气纯度 98.5%以上）。

4. 实验步骤

（1）样品准备　按 GB/T 6536 制备 10%（体积分数）蒸馏残余物，或充分搅拌待测试样。

（2）样品称量

① 称量洁净的样品管，并记录其质量，称至 0.1mg。

② 将适量的样品（见表 3-11）滴入或装入到已称重的样品管底部，避免样品碰壁，再称量至 0.1mg 并记录。

表 3-11　试样称取量

样品种类	预计残炭/%(质量分数)	试样量/g
黑色黏稠液体或固体	>5.0	0.15±0.05
褐色或黑色不透明液体	>1.0～5.0	0.50±0.10
透明或半透明液体	0.2～1.0 <0.2	1.50±0.50 1.50±0.50 或 3.0±0.50

(3) 试样煅烧　在炉温低于 100℃时，把装满试样的样品管安装到仪器中，盖好盖子，再以流速为 600mL/min 的氮气吹扫 10min，然后把氮气流速降到 150mL/min，并以 10～15℃/min 的加热速率升温至 500℃。

(4) 冷却　加热炉在 (500±2)℃恒温 15min，然后自动关闭炉子电源，在氮气流 (600mL/min) 吹扫下自然冷却，当炉温降到 250℃时，把样品管支架取出，并放入干燥器中冷却。

用镊子取出样品管放入另一个冷却器中冷却至室温，称重至 0.1mg。

5. 数据处理和报告

(1) 计算　原始试样或 10% (V/V) 蒸馏残余物的残炭 X (质量分数/%) 按式(3-11)计算。

(2) 报告　残炭的计算结果，精确到 0.1%。取重复测定两个结果的算术平均值作为试样的残炭。

$$X=\frac{m_3-m_1}{m_2-m_1}\times 100\% \tag{3-11}$$

式中　m_1——空样品管的质量，g；

m_2——空样品管的质量加试样的质量，g；

m_3——空样品管的质量加残炭的质量，g；

本　章　小　结

本章介绍了柴油性质、牌号、制备等基础知识和柴油质量标准，然后选择柴油的水分、机械杂质、灰分、残炭、铜片腐蚀、十六烷值、凝点、冷滤点等指标作为工作内容，旨在通过这些任务的学习，使学生形成柴油指标检验的具体工作思路，熟悉从资料准备、试验准备、试验条件控制、数据采集校正、报告结果等过程，并且能够对试验过程有关问题进行分析和处理。熟悉和理解各指标的基本概念，掌握各指标的意义、分析方法和结果计算方法，熟练掌握各指标检验的操作技能。

通过以上工作内容的学习和训练，学生应该举一反三，能够对柴油的其他技术指标进行检验。

【阅读材料】

船用燃料油的分类、标准与牌号

一、燃料油分类

燃料油作为炼油工艺过程中的重质石油产品，产品质量控制有着较强的特殊性。最终燃料油产品分类受到原油品种、加工工艺、加工深度等多种因素的制约。根据不同的标准，燃料油可进行以下分类。

1. 根据出厂时是否形成商品，燃料油可以分为商品燃料油和自用燃料油。商品燃料油指在出厂环节形成商品的燃料油；自用燃料油指用于炼厂生产的原料或燃料而未在出厂环节形成商品的燃料油。

2. 根据加工工艺流程，燃料油可以分为常压重油、减压重油、催化重油和混合重油。常压重油指炼厂常压装置分馏出来的重油；减压重油指炼厂减压装置分馏出来的重油；催化重油指炼厂催化、裂化装置分馏出来的重油（俗称油浆）；混合重油一般指减压重油和催化重油的混合。

3. 根据用途，燃料油可分为船用燃料油和炉用燃料油（重油）及其他燃料油。前者是由直馏重油和一定比例的柴油混合而成，用于大型低速船用柴油机（转速小于150r/min）；后者又称为重油，主要是减压渣油、或裂化残油或二者的混合物，或调入适量裂化轻油制成的重质石油燃料油，供各种工业炉或锅炉作为燃料。

船用内燃机燃料油是大型低速柴油机的燃料油，其主要使用性能是要求燃料能够喷油雾化良好，以便燃烧完全，降低耗油量，减少积炭和发动机的磨损，因而要求燃料油具有一定的黏度，以保证在预热温度下能达到高压油泵和喷油嘴所需要的黏度，通常使用较多的是38℃。雷氏1号黏度为1000s和1500s的两种。由于燃料油在使用时必须预热以降低黏度，为了确保使用安全，预热温度必须比燃料油的闪点低约20℃，燃料油的闪点一般在70～150℃之间。

重油主要作为各种锅炉和工业用炉的燃料油。各种工业炉燃料系统的工作过程大体相同，即抽油泵把重油从储油罐中抽出，经粗、细分离器除去机械杂质，再经预热器预热到70～120℃，预热后的重油黏度降低，再经过调节阀在8～20atm下，由喷油嘴喷入炉膛，雾状的重油与空气混合后燃烧，燃烧废气通过烟囱排入大气。

二、我国现行燃料油标准

中国石油化工总公司于1996年参照美国材料试验协会（ASTM）标准ASTM D396—92燃料油标准，制定了我国的行业标准SH/T 0356—1996。其中规定1号和2号是馏分燃料油，适用于家用或工业小型燃烧器使用。4号轻和4号燃料油是重质馏分燃料油或是馏分燃料油和残渣燃料油混合而成的燃料油。5号轻、5号重、6号和7号是黏度和馏程范围递增的残渣燃料油，为了装卸和正常雾化，在温度低时一般都需要预热。我国使用最多的是5号轻、5号重、6号和7号燃料油。新标准中5号～7号燃料油黏度的控制和分牌号是按100℃运动黏度来划分的，国外进口的燃料油基本是按50℃运动黏度分类，它们是50℃运动黏度≥180mm^2/s和50℃运动黏度≥380mm^2/s两大类。

三、燃料油牌号

国产燃料油种类：商用重油、200号重油、7号燃料油、工业燃料油。

进口燃料油种类：复炼乳化油、奥里乳化油、180号低硫燃料油、380号低硫燃料油、180号高硫燃料油。

习　题

1. 术语解释

（1）水分　（2）机械杂质　（3）残炭　（4）灰分　（5）十六烷值
（6）十六烷值指数　（7）凝点　（8）冷滤点　（9）滞燃期　（10）柴油着火性
（11）黏温凝固　（12）构造凝固

2. 判断题

(1) 普通柴油和车用柴油的 50%馏出温度反映其启动性。(　　)

(2) 测定油品灰分时，用一张定量滤纸叠两折，卷成圆锥形，从尖端剪去 5～10mm 后，平稳地插放在坩埚内油中，作为引火芯。(　　)

(3) 普通柴油和车用柴油均要求 10%蒸余物残炭值不大于 0.3%。(　　)

(4) 评价车用柴油安定性的指标有实际胶质、诱导期、总不溶物和 10%蒸余物残炭。(　　)

(5) 由于十六烷值高的柴油，自燃点低，着火性好，燃烧均匀，易于启动，柴油的十六烷值越高越好。(　　)

(6) 当铜片的腐蚀程度恰好处于两个相邻的标准色板之间时，按照变色较为严重的腐蚀级别给出测定结果。(　　)

(7) 为保证柴油发动机正常工作，规定车用柴油必须在高于其冷滤点环境温度下使用。(　　)

(8) 测定凝点时，冷却剂温度要比试样预期凝点低 7～8℃。(　　)

(9) 我国规定车用柴油和普通柴油的十六烷值一律不小于 45。(　　)

(10) 我国普通柴油和车用柴油按凝点划分牌号，如－20 号车用柴油，其凝点不高于－20℃。(　　)

3. 填充题

(1) 用于__________作能源的石油燃料称为柴油。我国柴油主要分为__________和__________两类。

(2) 我国普通柴油和车用柴油产品标记由__________、__________和__________三部分组成。例如，－10 号普通柴油标记为__________。

(3) 评价车用柴油腐蚀性的指标有__________和__________。

(4) 测定水分时，无水溶剂的作用是__________，避免含水试样沸腾时引起冲击和起泡现象，便于水分蒸出；蒸出的溶剂被不断冷凝回流到烧瓶内，可防止__________，便于将水全部携带出来。

(5) 测定油品灰分时，若为含水试样，需将装有试样和引水芯的坩埚放置于__________上，开始缓慢加热，使其不溅出，让水慢慢蒸发，直到浸透试样的滤纸__________为止。

(6) 表示车用柴油着火性的重要指标是__________和__________。

(7) 黏度是车用柴油__________、__________、__________的质量指标。

(8) 评定柴油低温流动性的指标有__________和__________。

(9) 测定凝点时，将试样装入规定的试管中，按规定条件预热到__________，在室温中冷却到__________，然后将试管放入装好冷却剂的容器中。当试样冷却到预期的凝点时，将浸在冷却剂中的试管倾斜__________，保持__________ min，观察液面是否移动。然后，从套管中取出试管重新将试样预热到__________，按液面有无移动的情况，用比上次试验温度低或高__________℃的温度重新测定，直至能使液面位置静止不动而提高__________℃，又能使液面移动时，则取液面不动的温度作为试样的凝点。

(10) 通过铜片腐蚀实验可以判断燃料中是否含有________ 和________ 。

4. 单选题

(1) 蒸馏法测定油品水分时，应控制回流速度使冷凝管斜口每秒滴下 (　　) 液体。

A. 1～2 滴　　B. 2～4 滴　　C. 1～3 滴　　D. 3～5 滴

(2) 试样水分小于 (　　) 时，认为是痕迹。

A. 0.03%　　B. 0.01%　　C. 0.05%　　D. 0.1%

(3) 柴油的冷滤点测定，抽气压力偏低，会使测定结果 (　　)。

A. 偏低　　B. 偏高　　C. 不受影响　　D. 根据油品而定

(4) (　　) 不是评价普通柴油和车用柴油腐蚀性的指标。

A. 硫含量　　B. 酸度　　C. 博士试验　　D. 铜片腐蚀

(5) 测定柴油硫含量，正确的方法是 (　　)。

A. 管式炉法　　B. 氧弹法　　C. 燃灯法　　D. 紫外荧光法

(6) 柴油着火性好坏与其化学组成及馏分组成密切相关。下列烃类滞燃期最长的为 (　　)。

A. 正构烷烃　　B. 正构烯烃　　C. 环烷烃　　D. 芳烃

(7) 某地区冬季最低气温为−15℃，柴油车应选用的柴油牌号是（　　）。

A. −35 号　　B. −50 号　　C. −20 号　　D. 0 号

(8) 我国普通柴油和车用柴油要求 50%蒸发温度不高于（　　）℃。

A. 100　　B. 200　　C. 300　　D. 400

(9) 石油中的正构烷烃（　　）低，（　　）短，是（　　）理想组分，是（　　）非理想组分。

A. 滞燃期　　B. 柴油　　C. 汽油　　D. 自燃点

(10) 测定柴油运动黏度要求严格控制黏度计在恒温浴中的恒温条件为（　　）。

A. 50℃、10min　　B. 20℃、10min　　C. 20℃、20min　　D. 50℃、30min

5. 计算题

(1) 某试样用规定试验方法比较测定，其着火滞后期与含正十六烷体积分数为 48%、七甲基壬烷体积分数为 52%的标准燃料相同，求试样的十六烷值。

(2) 已知某车用柴油试样在 20℃时的密度为 0.8400g/mL，按 GB/T 6536—2010《石油产品蒸馏测定法》测得的中沸点为 260℃，计算该试样的十六烷指数。

6. 扩展题

(1) 试比较汽油机和柴油机工作过程存在的差异，并指出两者爆震现象发生的差异点。

(2) 查阅有关试验方法标准，简述残炭测定方法种类并比较其中的不同点。

第 4 章　喷气燃料质量检验

学习指南

【知识目标】

1. 了解喷气燃料的组成、分类、规格、牌号和用途等相关知识；
2. 熟悉喷气燃料技术指标要求及指标作用；
3. 熟悉喷气燃料检验常用仪器的性能、使用方法和测定注意事项；
4. 掌握喷气燃料典型指标的检验方法，熟悉测定影响因素。

【能力目标】

1. 能够正确选择和使用常见的喷气燃料分析试验仪器；
2. 能够控制试验条件，对喷气燃料结晶点、冰点、密度、碘值、烟点、净热值、硫醇性硫等指标进行检测；
3. 能够依据喷气燃料的试验方法标准，制定其他项目试验实施方案；
4. 能够分析处理检验中的异常现象，排除试验常见故障；
5. 正确处理试验数据并且报告试验结果。

4.1　信息导读

4.1.1　种类与牌号

4.1.1.1　种类

（1）喷气式发动机　在民航飞机和军用飞机中使用的喷气式发动机主要有三种类型：涡轮喷气式发动机、活塞式航空发动机、冲压式发动机等。其中涡轮喷气式发动机因其重量轻、推力大、推进效率高、结构相对简单而应用最广泛，其结构如图 4-1 所示。涡轮喷气式发动机由进气道、压气机、燃烧室、涡轮机和尾喷口等部分组成。喷气燃料通过喷管在高速空气流（由压气机产生）中连续喷油燃烧，形成的高温、高压燃气在涡轮内膨胀，推动涡轮机旋转，并加速喷出产生持续推动力。

喷气式发动机产生推动力的大小决定于发动机喷出燃料的数量和速度。喷出的燃气量越多，速度越快，发动机产生的推力越大。

(2) 喷气式发动机对燃料的要求　喷气式发动机在高空、低温和低气压条件下将燃料热能转换为动能，其工作状况与燃料的质量密切相关。如高空氧气不足，发动机在变换工作状态时容易熄火，燃料也不易完全燃烧，易产生积炭，降低燃料的利用率；燃料在气温低时难以顺利从油箱供应到发动机，而当燃料系统温度升高时又容易发生变质等。因此，为保证发动机正常工作，对喷气燃料有以下性能要求：

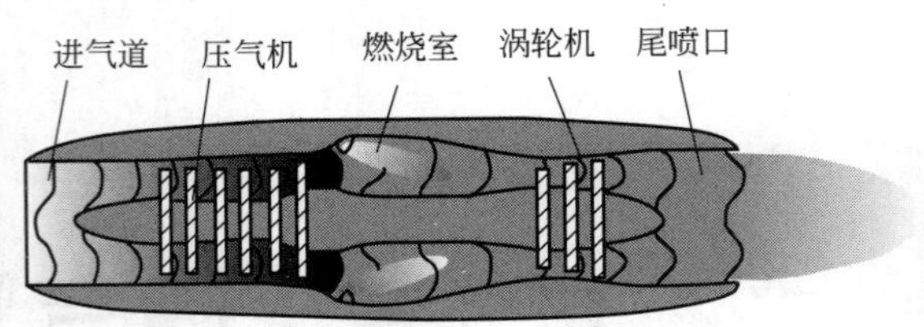

图 4-1　涡轮喷气式发动机示意图

① 良好的燃烧性能，热值要高，燃烧要稳定和完全，生成积炭少，不冒烟，在冬季或高空熄火后容易启动；

② 适当的蒸发性，饱和蒸气压要适宜，馏程分布均匀，不产生气阻，蒸发损失小；

③ 低温流动性好，低温时不析出烃晶体和冰晶体；

④ 良好的洁净性、热安定性和储存安定性；

⑤ 良好的润滑性能，保证燃油系统零部件正常润滑，无磨损；

⑥ 腐蚀性要小，保证燃油系统零部件不发生液相腐蚀，燃气系统零部件不发生气相腐蚀；

⑦ 良好的抗静电，防着火性能。

(3) 喷气燃料制备过程　喷气燃料生产工艺大致分两种：直馏-精制工艺和加氢裂化工艺。

直馏-精制工艺有很多种，如直馏-酸洗碱洗精制工艺、直馏-碱洗-白土精制工艺、直馏-分子筛脱硫醇-活性炭脱色精制工艺等。但是上述工艺由于收率低、污染严重等原因，逐渐被直馏-加氢精制工艺所取代。加氢精制是在氢压和催化剂存在下，使油品中的硫、氮、氧等有害杂质转变为相应的硫化氢、氨、水而除去，并使烯烃和二烯烃加氢饱和、芳烃部分加氢饱和，以改善油品的质量。该工艺生产的喷气燃料，其总酸值、硫醇性硫，总硫及胶质都有明显的降低，热氧化安定性及颜色都有明显的改善；但由于存在于喷气燃料中的天然抗氧剂、抗磨剂在加氢过程中大部分被除去，产品出厂后极易被氧化，产生大量过氧化物，产品的储存安定性差，产生的过氧化物使喷气燃料的橡胶相容性变差，润滑性也显著降低。因此，经加氢精制工艺制得的喷气燃料，要求在炼制装置的馏出口加入抗氧剂，并在调合为成品时加入足够量的抗磨剂，以确保其使用性能，提高产品质量。

加氢裂化工艺是在较高的压力和温度（10～15MPa，400℃左右）下，氢气经催化剂作用使重质油发生加氢、裂化和异构化反应，转化为轻质油的加工过程，其喷气燃料收率可高达 25%，远远超过原油中喷气燃料 5%～8%的收率水平。用该工艺生产的喷气燃料具有烯烃含量低，动态热安定性较好以及低温性能好等特点。同样，由于在高压加氢过程中绝大部分的非烃组分被除去，其润滑性、储存安定性、橡胶相容性等性能变差，生产时必须在馏出口加入适量的抗氧剂，并在调合时加入足够量的抗磨剂。

添加剂在改进喷气燃料质量方面起着重要的作用。我国喷气燃料中使用的添加剂有抗氧、抗静电、防冰、抗磨、热安定性、抗烧蚀、防腐剂等种类。此外，有一些多功能添加剂广泛用于喷气燃料的生产。

(4) 喷气燃料的化学组成　喷气燃料主要是馏程范围在 130～280℃之间的石油馏分。燃料的使用性能与化学组成关系密切。我国喷气燃料的烃族组成如表 4-1 所示。

表 4-1 我国喷气燃料烃族组成

喷气燃料	饱和烃体积分数 φ	不饱和烃体积分数 φ	芳烃体积分数 φ
新疆 RP-1	93.1%	0.5%	6.4%
胜利 RP-1	84.3%	0.3	15.4%
大庆 RP-2	92.4%	0.3%	7.3%
大庆 RP-3	92.5%	0.5%	7.0%
大庆 RP-4	—	—	7.7%
管输 RP-5	78.5%	1.8%	19.7%
孤岛 RP-6	93.0%	0.5%	6.5%

环烷烃具有较好的燃烧性能、润滑性能、热氧化安定性，是喷气燃料较理想的成分，其次是烷烃、异构烷烃等；烯烃类组分因为热氧化安定性和燃烧性能较差，必须控制其含量（3号喷气燃料中烯烃体积分数不大于5.0%）；芳烃类特别是双环芳烃燃烧性能差，形成积炭的倾向大，因此喷气燃料要限制单环芳烃含量，尽可能除去双环芳烃；环状硫醚类及天然有机酸（如环烷酸）在喷气燃料中具有一定的抗磨性可以允许少量存在，其他非烃类都是有害成分。

4.1.1.2 牌号

喷气燃料按生产过程分为直馏喷气燃料和二次加工喷气燃料两类。按馏分的宽窄、轻重又可分为煤油型（140～280℃）、宽馏分型（60～280℃）、重煤油或大密度型（密度大于0.83g/cm^3）。我国喷气燃料类型及主要用途如表4-2所示。

表 4-2 我国喷气燃料类型及主要用途

牌　　号	代　　号	类　　型	产 品 标 准	主 要 用 途
1号喷气燃料	PR-1	煤油型	GB 438—88(已废止)	民航机、军用机通用，已停产
2号喷气燃料	PR-2	煤油型	GB 1788—79(88)(已废止)	民航机、军用机通用，已停产
3号喷气燃料	PR-3	煤油型	GB 6537—2006	民航机、军用机通用
宽馏分喷气燃料	PR-4	宽馏分型	GJB① 2376—1995	战略技术储备燃料
高闪点喷气燃料	PR-5	重煤油型	GJB 560—1997	舰载飞机用
大密度喷气燃料	PR-6	重煤油型	GJB 1063—1993	远程作战飞机燃料

① GJB—国家军用标准代号。

1号和2号喷气燃料馏分范围都是150～250℃，闪点是28℃，二者结晶点不同。1号喷气燃料结晶点不高于－60℃；2号喷气燃料结晶点不高于－50℃。目前，1号喷气燃料现已停产，2号喷气燃料因闪点偏低，不适应国际标准要求，已被3号喷气燃料所替代。

3号喷气燃料标准最主要的改变是闪点较高（不低于38℃），采用冰点代替结晶点作为低温性能指标（不高于－47℃），此外初馏点不控制，10%馏出温度不高于205℃，终馏点不高于300℃，这给生产厂家以较大的调整余地，可以根据不同原油组织生产喷气燃料和按不同的加工方案生产喷气燃料。因此，3号喷气燃料在产品结构中占有较高的比例（达95%以上），广泛用于国际通航，供出口和过境飞机加油。

4号喷气燃料仅作为特殊情况下的应急备用燃料，未正式生产使用。5号喷气燃料要求闪点高（不低于60℃），受其限制原料来源相对较少。6号喷气燃料只用于特殊用途，加工成本较高，产量不大。

4.1.2 储存、选用的注意事项

4.1.2.1 储存注意事项

喷气燃料储运管理必须非常严格，要保证燃料从生产到加入飞机油箱、甚至进入发动机燃烧室燃烧完毕的整个过程中，不受外来污染和不改变性质。否则，如果储运设备不洁净或管理不善混入杂油和水，都可能使燃料的洁净性和氧化安定性变差。

喷气燃料在加注和输送过程中，与储存及运输容器内壁摩擦易产生静电；燃料通过过滤器时与过滤介质（如亚麻布、铜丝网等）摩擦产生静电；加油时油流与空气或混合气互相摩擦，以及飞溅的液滴和油之间的摩擦都能产生静电。因此，在运输、泵送或加注喷气燃料时要特别注意防静电着火。

4.1.2.2 选用注意事项

① 根据各地区冬季地面气温合理地选用喷气燃料。有关试验表明，飞机燃料系统中燃料的最低温度主要取决于地面的温度，燃料系统中出现最低油温的部位是直接与冷空气接触的副油箱。各牌号喷气燃料低温性能指标不同，适应性不同。如 3 号喷气燃料的冰点不高于 −47℃，则需在冬季地面气温高于 −35℃ 的地区使用。

② 高速喷气飞机使用的喷气燃料，必须有良好的热安定性，以防止燃料氧化生成沉淀。

③ 海军舰载飞机必须使用高闪点、大密度的喷气燃料，以保证安全。

4.1.3 产品质量标准

2、3 号喷气燃料的技术要求和试验方法如表 4-3 所示。

表 4-3 喷气燃料的技术要求

项目		燃料代号及质量指标		试验方法
		2号 GB 1788—79(88)	3号 GB 6537—2006	
密度(20℃)/(kg/m^3)	不小于	775	775～830	GB/T 1884,GB/T 1885
组成				
总酸值/(mg KOH/g)	不大于	—[①]	0.015	GB/T 12574
酸度/(mg KOH/100mL)	不大于	1.0	—	GB/T 258
碘值/(g I/100g)	不大于	4.2	—	SH/T 0234
芳烃含量(体积分数)/%	不大于	20	20.0[②]	SH/T 0177,GB/T 11132
烯烃含量(体积分数)/%	不大于	—	5.0	GB/T 11132
总硫含量[③](质量分数)/%	不大于	0.2	0.20	GB/T 380,GB/T 11140,GB/T 17040,SH/T 0253,SH/T 0689
硫醇性硫(质量分数)/%	不大于	0.002	0.0020	GB/T 505,GB/T 1792
或博士试验[④]		—	通过	SH/T 0174
直馏组分(体积分数)/%		—	报告	
加氢精制组分(体积分数)/%		—	报告	
加氢裂化组分(体积分数)/%		—	报告	
铜含量[⑤]/(μg/kg)	不大于	—	150	SH/T 0182

续表

项　　目		燃料代号及质量指标		试验方法
		2号 GB 1788—79(88)	3号 GB 6537—2006	
挥发性				
馏程[6]				GB/T 255,GB/T 6536
初馏点/℃	不高于	150	报告	
10%回收温度/℃	不高于	165	205	
20%回收温度/℃		—	报告	
50%回收温度/℃	不高于	195	232	
90%回收温度/℃	不高于	230	报告	
98%回收温度/℃	不高于	250	—	
终馏点℃	不高于	—	300	
残留量 φ/%	不大于	—	1.5	
损失量 φ/%	不大于	—	1.5	
残留量及损失量 φ/%	不大于	2.0	—	
闪点(闭口)/℃	不低于	28	38	GB/T 261
流动性				
冰点[7]/℃	不高于	—	−47	GB/T 2430,SH/T0770
结晶点/℃	不高于	−50	—	SH/T 0179
运动黏度/(mm^2/s)				GB/T 265
20℃	不小于	1.25	1.25[8]	
−20℃	不大于	—	8.0	
−40℃	不大于	8.0	—	
燃烧性				
净热值[9]/(MJ/kg)	不小于	42.9	42.8	GB/T384,GB/T 2429
烟点/mm	不小于	25	25.0	GB/T 382
或烟点最小值为20mm时,萘系芳烃				
含量 φ/%	不大于	3	3.0	SH/T 0181
或辉光值	不小于	45	45	GB/T 11128
腐蚀性				
铜片腐蚀(100℃,2h)/级	不大于	1	1	GB/T 5096
银片腐蚀(50℃,4h)/级	不大于	1	1[10]	SH/T 0023
安定性				
热安定性(260℃,2.5h)			3.3	GB/T 9169
过滤器压力降/kPa	不大于	—	小于3,且无孔雀蓝	
管壁评级		—	色或异常沉淀物	
洁净性				
实际胶质[11]/(mg/100mL)	不大于	5.0	7	
水反应			—	GB/T 8019
体积变化/mL	不大于	1	1b	GB/T 1793
界面情况/级	不大于	1b	2	
分离程度/级	不大于	实测	1.0[12]	
固体颗粒污染物含量/(mg/L)		—	—	SH/T 0093
机械杂质及水分[13]		无	—	GB/T 511,GB/T 260
灰分(质量分数)/%	不大于	0.005	—	GB/T508
水溶性酸碱		无		GB/T259
导电性				
电导率(20℃)/(pS/m)		—	50～450[14]	GB/T 6539

续表

项目		燃料代号及质量指标		试验方法
		2号 GB 1788—79(88)	3号 GB 6537—2006	
水分离指数				SH/T 0616
未加抗静电剂	不小于	—	85	
加入抗静电剂	不小于	—	70	
润滑性				SH/T 0687
磨痕直径 WSD/mm	不大于		0.65	
外观		—	室温下清澈透明，无不溶解水及悬浮物	目测
颜色	不小于	—	+25[15]	GB/T 3555

① 表中“—”表示喷气燃料不要求该指标。

② 对于民用航空燃料的芳烃含量（体积分数）规定为不大于25.0%。

③ 如有争议时以GB/T 380为准。

④ 3号喷气燃料规定博士试验和硫醇硫可任做一项，当硫醇性硫和博士试验发生争议时，以硫醇硫为准。

⑤ 经过铜精制工艺加工的喷气燃料，试样应按SH/T 0182《轻质石油产品铜含量测定法（分光光度法）》标准方法测定铜离子含量，要求铜离子含量不大于150μg/kg。

⑥ 2号喷气燃料规定用GB/T 255测定馏程，3号喷气燃料以GB/T 6536为准。

⑦ 如有争议以GB/T 2430为准。

⑧ 对于民用航空燃料，20℃运动黏度不作要求。

⑨ 允许用GB/T 2429《航空燃料净热热值计算法》计算，有争议时，以GB/T 384测定结果为准。

⑩ 对于民用航空燃料，此指标可不要求。

⑪ 允许用GB/T 509测定实际胶质，如有争议则以GB/T 8019测定结果为准。

⑫ 对于民用航空燃料不要求报告分离程度。

⑬ 将试样注入100mL玻璃量筒中，于15～25℃下观察，应当透明，没有悬浮的机械杂质和水。如有争议，以GB/T 511和GB/T 260进行测定。

⑭ 如燃料不要求加抗静电剂，对此项指标不作要求，燃料离厂时一般要求电导率大于150pS/m。

⑮ 对民用航空燃料，在从炼厂输送到客户过程中颜色变化不超过以下要求：初始赛波特颜色不大于+25，变化不大于8；初始赛波特颜色在25～15之间，变化不大于5；初始赛波特颜色小于15时，变化不大于3。

4.2 喷气燃料的密度（学习任务一）

4.2.1 密度测定

4.2.1.1 油品的密度

单位体积内所含物质在真空中的质量称为密度，符号ρ，单位为g/cm^3或kg/m^3。密度是石油及其产品最常用的理化指标。

油品密度与温度密切相关，我国规定油品在101.325kPa、20℃时的密度为其标准密度，用ρ_{20}表示[1]。欧美一些国家和地区以15.6℃时的密度为其标准密度。在t℃时测得的密度

[1] 不注明温度时一般视为标准密度。

ρ_t 称为视密度。视密度换算成标准密度时可查GB/T 1885—1998《石油计量表》。当测量温度在（20±5）℃范围内时，油品密度随温度的变化可近似地看作直线关系，由式(4-1)换算。

$$\rho_{20}=\rho_t+\gamma(t-20) \tag{4-1}$$

式中　γ——油品密度的平均温度系数（见表4-4），g/(cm³·℃)；

t——测量密度时油品的温度，℃。

表4-4　油品密度的平均温度系数（节选）

ρ_{20}/(g/cm³)	γ/[g/(cm³·℃)]	ρ_{20}/(g/cm³)	γ/[g/(cm³·℃)]	ρ_{20}/(g/cm³)	γ/[g/(cm³·℃)]
0.700～0.710	0.000897	0.800～0.810	0.000765	0.900～0.910	0.000633
0.710～0.720	0.000884	0.810～0.820	0.000752	0.910～0.920	0.000620
0.720～0.730	0.000870	0.820～0.830	0.000738	0.920～0.930	0.000607
0.730～0.740	0.000857	0.830～0.840	0.000725	0.930～0.940	0.000594
0.740～0.750	0.000844	0.840～0.850	0.000712	0.940～0.950	0.000581
0.750～0.760	0.000831	0.850～0.860	0.000699	0.950～0.960	0.000568
0.760～0.770	0.000813	0.860～0.870	0.000686	0.960～0.970	0.000555
0.770～0.780	0.000805	0.870～0.880	0.000673	0.970～0.980	0.000542
0.780～0.790	0.000792	0.880～0.890	0.000660	0.980～0.990	0.000529
0.790～0.800	0.000778	0.890～0.900	0.000647	0.990～1.000	0.000518

物质在给定温度下的密度与标准温度下标准物质的密度的比值称为相对密度。我国常用20℃时油品的密度与4℃时纯水密度的比表示油品的相对密度，其符号用 d_4^{20} 表示。由于水在4℃时的密度[1]等于1g/cm³，因此液体石油产品的相对密度与密度在数值上相等，意义有所不同。欧美各国常用 $d_{15.6}^{15.6}$ 表示相对密度，两者的换算关系为 $d_{15.6}^{15.6}=d_4^{20}+\Delta d$，其中校正值 Δd 范围为0.0037～0.0051，具体数值可从有关图表中查得。

此外，美国石油协会还常用相对密度指数（$API°$）表示油品的相对密度，它与 $d_{15.6}^{15.6}$ 的关系可通过式(4-2)计算得到。

$$API°=\frac{141.5}{d_{15.6}^{15.6}}-131.5 \tag{4-2}$$

$API°$与 $d_{15.6}^{15.6}$、d_4^{20} 的换算可查有关手册。

分子量相近的不同烃类之间密度有明显差别，芳烃＞环烷烃＞烷烃；油品沸点增加，分子量增大，密度也增大；同一种油品，温度上升，相对密度则减小。烃类碳原子数相同时，密度依芳烃、环烷烃、烷烃的次序减小。油品含胶质和沥青质较多时其密度明显增大。

4.2.1.2　密度测定的意义

测定油品的密度在油品生产、储运中具有重要意义。

① 油品密度对喷气燃料的使用性能有显著影响　喷气式发动机功效和燃料消耗均与密度有关。喷气燃料密度的变化会引起发动机涡轮转速变化，还会影响燃料在发动机中的工作性能，如喷嘴喷油量、火焰筒积炭、涡轮叶片转速及其强度安全系数等。

密度的大小直接影响飞机的油料装载量、续航距离和时间。在飞机油箱容积相同的条件下，燃料密度越大，装入油品的质量越多，飞行续航时间越长。但燃料密度过大时，会影响其雾化性和燃烧性。因此，要对喷气燃料的密度范围加以限制，而且要求喷气燃料本身密度随温

[1] 纯水在4℃时的密度为0.999972g/cm³，近似为1g/cm³。

度、压力的变化要小。我国3号喷气燃料要求密度为0.775～0.830g/cm^3。

② 用于油品体积和质量的换算　通过测量罐装或管输油品的体积，可由密度换算出油品的质量。

③ 根据油品密度可以大致判断油品的种类，近似地评价油品的质量和化学组成。各种油品具有不同的密度范围：车用汽油为0.700～0.760g/cm^3；喷气燃料为0.775～0.840g/cm^{3}等。

④ 在油品储运和使用过程中，通过密度变化可以了解是否混入了其他轻质、重质油品，或轻馏分蒸发损失的程度。

4.2.1.3　测定仪器及操作

（1）测定仪器　喷气燃料密度按GB/T 1884—2000《原油和液体石油产品密度实验室测定法（密度计法）》测定，该方法修改采用ISO 3675：1998制定。适用于测定雷德蒸气压小于100kPa的液体原油、石油产品以及石油产品和非石油产品混合物在20℃时的密度，也可以在高于室温条件下测定黏稠液体的密度。

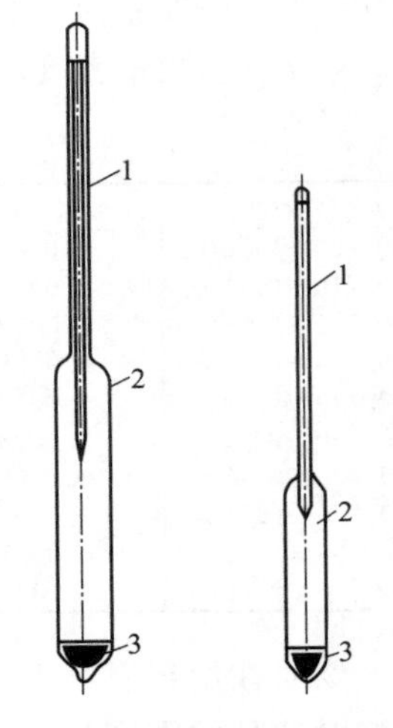

图4-2　密度计结构示意图

1—干管；2—躯体；3—压载室

密度测量使用的玻璃石油密度计，主要由干管、躯体和压载室组成（见图4-2）。测定时，将密度计垂直放入液体中，当密度计排开液体的质量等于其本身质量时，在液体中处于平衡状态，即可读数。密度小的液体浮力较小，密度计露出液面较少；相反，密度大的液体浮力也大，密度计露出液面部分较多。

玻璃石油密度计应符合SH/T 0316—1998《石油密度计技术条件》和表4-5中所给出的技术要求。

表4-5　密度计的技术要求

型　号	单　位	密度范围	每支单位	刻度间隔	最大刻度误差	弯月面修正值
SY-02	kg/m^3（20℃）	600～1100	20	0.2	±0.2	+0.3
SY-05		600～1100	50	0.5	±0.3	+0.7
SY-10		600～1100	50	1.0	±0.6	+1.4
SY-02	g/cm^3（20℃）	0.600～1.100	0.02	0.0002	±0.0002	+0.0003
SY-05		0.600～1.100	0.05	0.0005	±0.0003	+0.0007
SY-10		0.600～1.100	0.05	0.0010	±0.0006	+0.0014

表4-5中所列SY-02、SY-05和SY-10三个系列固定质量的玻璃石油液体密度计，均适用于低表面张力液体，具有较小的刻度误差。

按国际通行的方法：测定透明液体，以读取液体主液面（液体的水平面或称下弯月面）与密度计干管相切的刻度作为检定结果，如图4-3(a)所示；对不透明试样，要读取液体弯月面上缘（或称上弯月面）与密度计干管相切的刻度，如图4-3(b)所示，读数值加上弯月面修正值（由表4-5查得）即为结果。

密度测量也可使用SY-Ⅰ型或SY-Ⅱ型石油密度计，其测量范围如表4-6所示。由于这两种型号的石油密度计是按液体弯月面上缘（或称上弯月面）检定的，因此要求一律读取液体弯月面上缘（或称上弯月面）与密度计干管相切处的刻度，不做弯月面的修正。

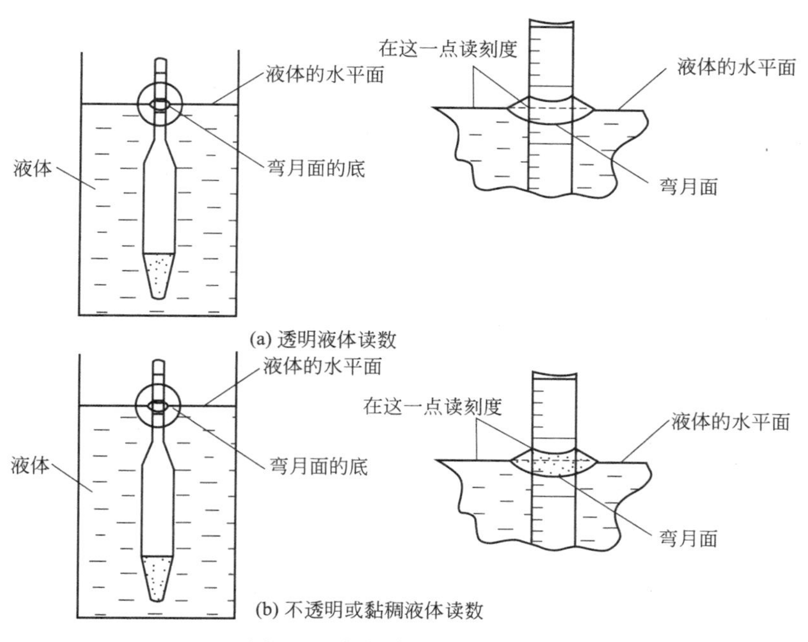

图4-3　密度计刻度读数方法

表4-6　两种类型石油密度计的测量范围

型号			SY-Ⅰ	SY-Ⅱ
最小分度值/(g/cm³)			0.0005	0.001
支号	1	测量范围/(g/cm³)	0.6500～0.6900	0.650～0.710
	2		0.6900～0.7300	0.710～0.770
	3		0.7300～0.7700	0.770～0.830
	4		0.7700～0.8100	0.830～0.890
	5		0.8100～0.8500	0.890～0.950
	6		0.8500～0.8900	0.950～1.010
	7		0.8900～0.9300	
	8		0.9300～0.9700	
	9		0.9700～1.0100	

密度计要用可溯源于国家标准的标准密度计或可溯源的标准物质密度作定期检定，至少每5年复检1次。

除密度计法外，原油和油品的密度也可以按GB/T 13377—2010《原油和液体或固体石油产品密度或相对密度的测定 毛细管塞比重瓶或带刻度双毛细管比重瓶法》测定，该标准修改采用国际标准ISO 3838：2004，其中所用仪器主要为毛细管塞比重瓶和带刻度双毛细管比重瓶。

此外，U形振动管法测定油品的密度具有很高的准确度和精密度，且只需要1mL左右的试样即可测量，只是设备成本略高。

(2) 仪器操作

① 根据测定温度确定恒温浴液体介质（一般使用水作介质），并注入恒温浴至适当的位置。

② 接通电源，打开电源开关、搅拌开关，设定恒温浴的温度。

③ 将试样转移至温度稳定、清洁的密度计量筒中，用滤纸除去表面的气泡，然后将量

筒放入恒温浴中。

④ 按照 GB/T 1884 试验方法标准进行操作。

图 4-4 为 SYD-1884 型石油产品密度试验器，符合 GB/T 1884 技术要求，控温范围为 −20～100℃，控温精度为±0.25℃。

图 4-4　SYD-1884 型石油密度试验器

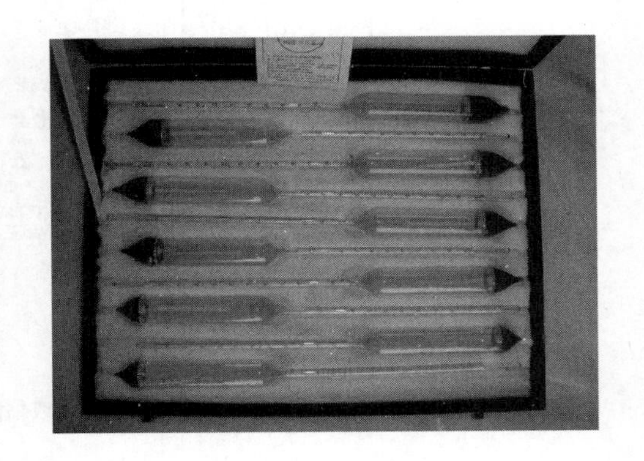

图 4-5　SY-05 型石油密度计

图 4-5 为 SY-05 型石油密度计，一套 10 支。

4.2.1.4　测定注意事项

（1）恒温浴温度的控制　当环境温度变化大于±2℃时，要使用恒温浴，以保证试验结束与开始的温度差不超过 0.5℃。当需要快速测定且环境温度稳定时可不使用恒温浴。测定温度前，必须搅拌试样，保证试样混合均匀，记录要准确到 0.1℃。如果密度只用于散装石油计量时，在散装石油温度下或接近散装石油温度±3℃以内时测定密度，可以减少体积修正误差。要使密度计量筒和密度计的温度接近试样温度。

（2）密度计操作　密度计放入溶液时应待其达到平衡位置时才放开，使其自由漂浮，要注意避免弄湿液面以上的干管。根据试样颜色和黏度选择合适的读数方式。

（3）量筒的处理　量筒体积必须足够大，以保证密度计和量筒内壁和底部之间的距离符合要求。塑料量筒易产生静电，妨碍密度计自由漂浮，使用时要用湿布擦拭量筒外壁，消除静电。

4.2.2　密度检验操作规程（GB/T 1884—2000）

本方法规定了使用玻璃石油密度计在实验室测定通常为液体的原油、石油产品以及石油产品和非石油产品混合物 20℃时密度的方法，这些液体的雷德蒸气压应小于 100kPa。该标准适用于测定易流动透明液体的密度；也可使用合适的恒温浴，在高于室温的情况下测定黏稠液体；还能用于不透明液体读取液体上弯月面与密度计干管相切处读数并用表加以修正。

4.2.2.1　方法概要

使试样处于规定的温度，将其倒入温度大致相同的密度计量筒中，放入合适的密度计，静止，当温度达到平衡后，读取密度计读数和试样温度。用 GB/T 1885《石油计量表》把观察到的密度计读数（视密度）换算成标准密度。必要时，可以将盛有试样的量筒放在恒温浴中，以避免测定温度变化过大。

4.2.2.2　仪器与试剂

（1）仪器　密度计（符合 SH/T 0316—1998　石油密度计技术条件和表 4-5 给出的技术要求）；量筒（500mL 或 1 000mL,）；温度计（－1～38℃，最小分度值为 0.1℃，最大误差范围±0.1℃）；温度计（－20～102℃，最小分度值为 0.2℃，最大误差范围±0.15℃）；恒温浴（能容纳量筒，使试样完全浸没在恒温浴液以下，可控制试验温度变化在±0.25℃以内）；玻璃或塑料搅拌棒（长约 450mm）。

（2）试剂　试样（喷气燃料、柴油、汽油、机油等）。

4.2.2.3　实验步骤

（1）试样的准备　试样必须混合、均化并保持其完整性。对黏稠或含蜡的试样，要先加热到能够充分流动的试验温度，保证既无蜡析出又不致引起轻组分损失。

将调好温度的试样小心地沿筒壁倾入温度稳定、清洁的量筒中，注入量为量筒容积的70%左右。若试样表面有气泡聚集时，要用清洁的滤纸除去气泡。将盛有试样的量筒放在没有空气流动并保持平稳的实验台上。

（2）测量试样温度　用合适的温度计垂直旋转搅拌试样，使量筒中试样的温度和密度均匀，记录温度（准确到 0.1℃）。

（3）测量密度范围　将干燥、清洁的密度计小心地放入搅拌均匀的试样中。密度计底部与量筒底部的间距至少保持 25mm，否则应向量筒注入试样或用移液管吸出适量试样。

（4）调试密度计　轻轻转动密度计后放开，使其离开量筒壁，自由漂浮至静止状态，注意不要弄湿密度计干管。把密度计按到平衡点以下 1～2mm，放开，待其回到平衡位置，观察弯月面形状，如果弯月面形状改变，应清洗密度计干管。重复此项操作，直到弯月面形状保持不变。

（5）读取试样密度　测定不透明的黏稠试样时，要等待密度计慢慢沉入液体中，使眼睛稍高于液面的位置观察，并按图 4-3(b) 所示方法读数；测定透明低黏度试样时，要将密度计压入液体中约两个刻度，再放开，待其稳定后，先使眼睛低于液面的位置，慢慢地升到表面，先看到一个不正的椭圆，然后变成一条与密度计相切的直线，再按图 4-3(a) 所示方法读数。记录读数，立即小心地取出密度计。

（6）再次测量试样温度 用温度计垂直搅拌试样，记录温度（准确到 0.1℃）。若与开始试验温度相差大于 0.5℃，应重新读取密度和温度，直到温度变化稳定在±0.5℃以内。否则，需将盛有试样的量筒放在恒温浴中，再按步骤（2）重新操作。

记录连续两次测定的温度和视密度。

注意：密度计是易损的玻璃制品，使用时要轻拿轻放，要用脱脂棉或其他质软的物质擦拭；放入和取出时，用手拿密度计的上部，清洗时应拿其下部，以防折断。

（7）数据记录与处理　对观察到的温度计读数作有关修正后，记录到接近 0.1℃。由于密度计读数是按读取液体下弯月面作为检定标准的，所以对不透明试样，需根据密度计型号查表4-6中弯月面修正值加以修正，记录到0.0001g/cm³。再根据不同的油品试样，用GB/T 1885《石油计量表》把修正后的密度计读数换算成20℃时的标准密度。

4.2.2.4 精密度

（1）重复性　在温度范围为－2～24.5℃时，同一操作者用同一仪器在恒定的操作条件下，对同一试样重复测定两次，结果之差为：透明或低黏度试样，不应超过0.0005g/cm³；不透明试样，不应超过0.0006g/cm³。

（2）再现性　在温度范围为－2～24.5℃时，由不同实验室提出的两个结果之差为：透明或低黏度试样，不应超过0.0012g/cm³；不透明试样，不应超过0.0015g/cm³。

4.2.2.5 报告

取重复测定两次结果的算术平均值，作为试样的标准密度，最终结果报告到0.0001g/cm³或0.1kg/m³。

4.3 喷气燃料的结晶点和冰点（学习任务二）

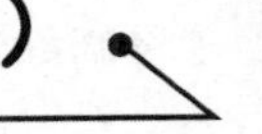

4.3.1 结晶点和冰点测定

4.3.1.1 结晶点和冰点

油品降温到一定程度时，某些烃会结晶，只要有少量的烃开始结晶，燃料便出现浑浊。当油品温度继续下降，结晶长大变多，形成肉眼明显可辨的晶体。低温下油品中的结晶会堵塞油路中的过滤器，中断油品的输送，影响发动机正常工作。浑浊和结晶等现象的出现受许多因素的影响，只有在一定条件下进行的测量结果才有意义。

试样在规定的条件下，由于开始出现烃类的微晶粒或水雾而使油品呈现浑浊时的最高温度称为浊点，以℃表示。

结晶点是指试样在规定的条件下继续冷却，出现肉眼可见结晶时的最高温度，以℃表示。

冰点是指试样在规定的条件下，先冷却到出现结晶后，再升温至结晶消失时的最低温度，以℃表示。

结晶点和冰点都是评价轻质燃料低温性能的指标，我国习惯采用结晶点，欧美一些国家则采用冰点。在我国新修订的航空汽油和3号喷气燃料等产品标准中都用冰点取代结晶点作为低温性能控制指标。浊点主要用来评价灯用煤油的低温性能。结晶点在其他油品低温性能评价中也有应用。

喷气燃料的低温性能反映的是在低温下燃料在飞机燃油系统中能否顺利泵送和通过油过滤器的能力。燃料在飞机燃油系统中使用时的最低温度要兼顾使用地区的地面最低气温和在高空中的低温情况。

我国2号喷气燃料要求结晶点不高于－50℃，3号喷气燃料则要求冰点不高于－47℃，航空活塞式发动机燃料（GB 1787）要求冰点不高于－58℃。

4.3.1.2　影响结晶点和冰点的因素

喷气燃料的低温性能主要与燃料中的烃结晶和燃料的溶水性有关，部分烃的结晶点如表 4-7 所示。

表 4-7　部分烃的结晶点

名　　称	分子式	结晶点/℃	名　　称	分子式	结晶点/℃
正己烷	C_6H_{14}	－94.3	间二乙苯	$C_{10}H_{14}$	－20.0
正辛烷	C_8H_{18}	－56.0	甲基环戊烷	C_6H_{12}	－140.5
正癸烷	$C_{10}H_{22}$	－32.0	丙基环戊烷	C_8H_{16}	－120.0
正十四烷	$C_{14}H_{30}$	－5.5	1-己烯	C_6H_{12}	－141.0
苯	C_6H_6	＋5.4	3-辛烯	C_8H_{16}	－110.0
间二甲苯	C_8H_{10}	－53.6			

由表可见，分子量较大的正构烷烃和某些芳香烃的结晶点较高，而环烷烃和烯烃的结晶点则较低。在同类烃中，结晶点随分子量的增大而升高。燃料是由不同烃类组成的混合物，当油品温度下降到一定程度时某些烃类会结晶，燃料便出现浑浊，随着温度继续下降，较多的烃结晶逐渐长大。

和其他油品相似，水分存在也会影响喷气燃料的低温性能。除了由于燃料保管不善、落入雨雪等情况外，喷气燃料会从空气中吸收溶解少量的水，当油品温度降低，原来在油中呈饱和状态的溶解水可能析出成水滴。此外，油罐外界温度降低时，潮湿空气在罐内壁凝结形成的水珠会落入油中，增加油品中的含水量。

燃料中含有的少量水分使低温过滤性能恶化，除了形成的冰晶直接堵塞过滤器外，更严重的是细小的冰晶可作为烃类结晶晶核，促进烃类结晶的生长，使高熔点烃类迅速形成大的结晶，加剧堵塞。燃料中的溶解水在低温下析出时，还会与燃料中的胶质作用，在过滤器上形成一层薄膜，使燃料不易过滤。因此喷气燃料生产及使用过程必须严格控制水分。

4.3.1.3　结晶点和冰点测定意义

结晶点和冰点是评价航空燃料低温流动性的重要指标，尤其冰点是保证燃料中不出现固态烃类结晶的最低温度。若在飞机燃料系统中存在此类晶体，将会阻碍燃料通过油过滤器，使燃料不能顺利泵送，供油不足，甚至中断，这是相当危险的。因飞机油箱中燃料的温度在飞行期间通常会降低，降低幅度取决于飞机飞行高度、速度和持续时间。所以燃料的冰点必须永远低于油箱所处环境的最低操作温度。

4.3.1.4　测定仪器及操作

（1）浊点和结晶点

① 结晶点和浊点测定仪器　喷气燃料结晶点按 NB/SH/T 0179—2013《轻质石油产品浊点和结晶点测定法》进行，适用于测定未脱水及脱水轻质油品的浊点和结晶点。

浊点和结晶点测定仪器（见图 4-6）由双壁玻璃试管、温度计、搅拌器和广口保温桶或冷槽等组成。双壁玻璃试管上端有两个支管，可以焊闭也可以敞开。使用支管敞开的仪器时，要在试管夹层内注入 0.5～1mL 无水乙醇，以防低温时夹层内凝结的水滴影响观察。搅拌器用铝或其他金属丝制成，可以手摇、机械或电磁搅拌。低温冷槽可以用机械制冷或半导体制冷装置，也可以在广口保温桶中加入工业乙醇和干冰来控制试验温度。

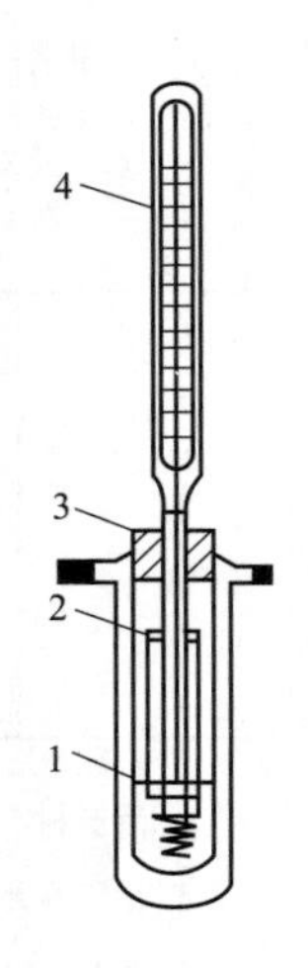

图 4-6　浊点和结晶点测定仪

1—环形标线；2—搅拌器；3—软木塞；4—温度计

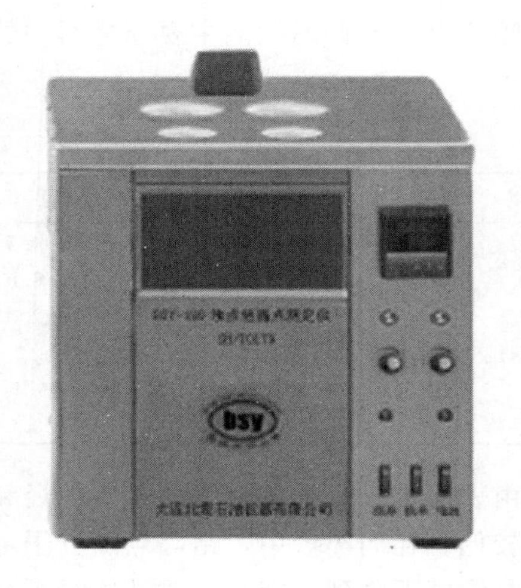

图 4-7　BSY-180 型浊点结晶点测定仪

图 4-7 是 BSY-180 型浊点结晶点测定仪，符合 SH/T 0179 的技术要求，适用于测定轻质油品的浊点和结晶点。该仪器采用压缩机制冷原理，封闭式浴槽，模糊控制原理和 PID 自整定技术。采用一槽两孔结构，温度范围：－45℃～室温，控温精度为±0.1℃；电磁式试样搅拌器，搅拌频率为 60 次/min。

② 浊点和结晶点仪器操作

a. 在冷槽中加入适量的酒精，打开仪器电源开关，设置冷槽温度比试样预期浊点低(15±2)℃（未脱水试样）或（10±2)℃（脱水的柴油类产品），降温。

b. 将试样装入两个洁净、干燥的结晶点试管的标线处，一个试管作为标准物（参照）。在另一个试管中放入搅拌磁子，塞上带有温度计的软木塞（或橡皮塞），调整好温度计的位置，放入冷槽，调整搅拌速度，降温。

c. 到达预期浊点前 5℃时，观察试样状态并与标准物比较。记录试样开始出现浑浊时的温度为浊点。

d. 设置冷槽温度比试样预期结晶点低（15±2)℃，继续降温并搅拌。在预期结晶点前 5℃时，观察试样状态，记录试样开始呈现肉眼可见的晶体时的温度为结晶点。

e. 关闭仪器，清洗试管。

（2）冰点

① 冰点测定仪器　喷气燃料冰点按 GB/T 2430—2008《航空燃料冰点测定法》进行，该方法修改采用 ASTM D2386：2006《航空燃料冰点标准试验法》而制定。

冰点测定仪（见图 4-8）与结晶点测定仪器类似，由双壁玻璃试管、温度计、搅拌器和真空保温瓶或冷槽等组成。双壁玻璃试管类似于杜瓦瓶，在内外层之间充满干燥的常压氮气或空气，管口用装温度计和防潮管的塞子塞住。同样，搅拌器可以使用手动搅拌、机械搅拌或电磁搅拌等方式。降温可以使用干冰制冷、机械制冷或半导体制冷装置。

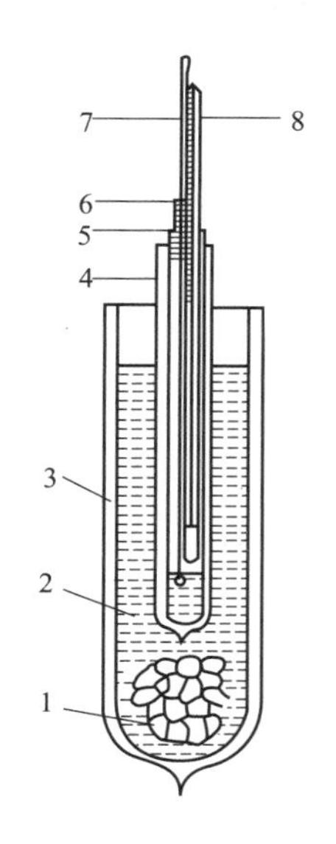

图 4-8　冰点测定仪器
1—干冰；2—冷剂；3—真空保温瓶；4—双壁玻璃管；5—软木塞；6—压帽；7—搅拌器；8—温度计

图 4-9　SYD-2430 型冰点试验器

图 4-9 是 SYD-2430 型冰点试验器。该仪器可用于喷气燃料、发动机冷却液冰点等指标的测定，是一款多用途的冰点台式一体机。采用不锈钢冷槽，双层真空玻璃观察窗，冷槽控温：－70～20℃，控温精度：±0.5℃；浴液采用机械搅拌，试样采用电磁搅拌，在 0～120 次/min 内连续可调。

冰点测定也可以采用 SH/T 0770—2005《航空燃料冰点测定法（自动相转换法）》测定，该标准修改采用 ASTM D5972—02 制定，测定冰点的范围为－80～20℃。

自动相转换法检测器结构如图 4-10 所示，测定时将（0.15±0.01)mL 试样加入试样杯中，用珀尔帖制冷器（一种由不同的半导体材料所组成的固体热电装置，通过控制加到装置上电流的方向来加热或制冷）以（15±5)℃/min 的速率冷却，同时用一光源持续照射样品，

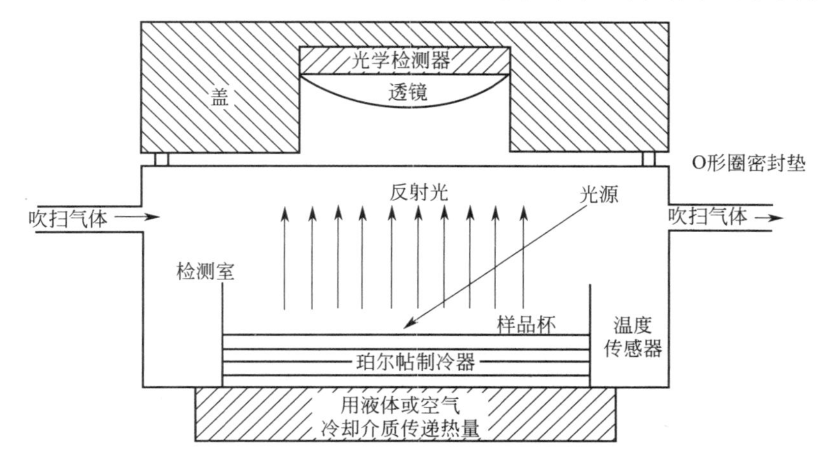

图 4-10　自动相转换法检测器结构示意图

用光学阵列检测器连续监控试样，以观察固态烃类结晶的初步形成。一旦烃类结晶形成，试样就开始以（10±0.5）℃/min 的速率升温，直到最后的烃类结晶转变成液相。最后固态烃类结晶转变成液相时的温度记为冰点。

由于降温和升温过程控制精度高，且通过光电检测结晶完全重新融化成液相时的温度，所以测量的精度较高。

② 冰点测定（GB/T 2430—2008）

a. 在仪器冷槽中加适量的酒精，打开仪器电源开关，设置冷槽温度，开制冷开关，降温。

b. 量取 25mL 试样，倒入清洁、干燥的双壁冷却管中。同时将搅拌器放入双壁冷却管，塞上塞子，插入带温度计固定圈的试验用温度计。

c. 将已装入试样、搅拌器、塞子、温度计的双壁冷却管放入电磁搅拌器，使双壁冷却管浸入冷槽内。

d. 除观察时，整个试验期间要连续不断地搅拌试样。先降温至试管中开始呈现为肉眼能看见的晶体时，记录烃类结晶出现的温度作为结晶点。

e. 取出双壁试管使试样慢慢地升温，同时不停地搅拌试样，记录烃类结晶完全消失的最低温度作为冰点。如果该次测定的结晶点和冰点之差大于 3℃，则需再次冷却和升温，直到二者之差小于 3℃为止。

f. 按要求关闭试验仪器，清洗试管等。

4.3.1.5 测定注意事项

（1）浊点和结晶点

① 冷槽温度　测定浊点和结晶点前，应将冷槽温度控制在比预期浊点或预期结晶点低（15±2）℃，过高或过低都会影响结晶生成的速度。

② 浊点和结晶点的判断　浊点判断时应仔细将试样和标准物进行比较，如果有轻微的色泽变化，但继续降温时色泽不再加深，则尚未达到浊点。含少量水的试样在温度降至−10℃时会出现云状物，如果继续降温云状物不增加，则不必考虑该云状物，应该继续降温直至出现肉眼可见的结晶时记录结晶点。结晶出现的温度应低于结晶消失的温度，且这两个温度差不应超过 6℃。

③ 观察时间　每次取出试管观察到放回的时间不得超过 12s，观察速度要快，以免室温对试样的影响。

（2）冰点

① 试样保存　测定前试样保存在室温下密封容器中，尽量避免将潮气带入试样，并远离热源。

② 温度计位置　温度计感温泡偏离试管中心或离试管底部距离不在 10～15mm 范围内，都会使读数发生偏离，因此应仔细调整好温度计的位置。

③ 试样的搅拌　整个测定过程要连续不断地搅拌，只有在观察结晶时允许瞬间停止搅拌。如果已知燃料的预期冰点，当温度在预期冰点前 10℃时，可间断搅拌，此后必须连续搅拌。

4.3.2 浊点和结晶点检验操作规程（NB/SH/T 0179—2013）

本标准规定了试样经冷却测定其浊点和结晶点的方法，适用于未脱水或脱水的轻质石油产品。

4.3.2.1 方法概要

试样在规定的试验条件下冷却，并定期地进行检查，当试样开始呈现浑浊时的温度作为浊点；将试样中开始出现肉眼可见结晶时的温度作为结晶点。

4.3.2.2 仪器与材料

(1) 仪器

① 符合 SH/T 0179 技术要求的浊点和结晶点试验器。

② 或由下列仪器构成 双壁玻璃试管（见图 4-8）；广口保温瓶或圆筒形容器（高度不低于 200mm，直径不小于 120mm，要具有保温层。容器的盖上有插试管、温度计和加入干冰的孔口，也可用半导体制冷器）；温度计：符合 GB/T 514—2005 中的 GB-31 号或 GB-32 的技术要求，或相当的温度计用于温度测量。能够测量－80℃的低温温度计，用作冷却剂温度测量。试管架（供放置双壁试管用）。

(2) 试剂和材料 冷却剂：工业乙醇、干冰和液氮等，能够将样品温度冷却至规定温度的任何液体。

4.3.2.3 试验步骤

(1) 未脱水试样浊点和结晶点的测定

① 试样应当保存在严密封闭的瓶子中，在进行测定前，摇荡瓶中的试样，使其混合均匀。

② 测定时，准备两支清洁、干燥的双壁试管。

第一支试管是装贮用冷却剂冷却的试样。如果试管的支管未经焊闭，需在试管的夹层中注入 0.5～1mL 的无水乙醇。将准备好的试样注入试管内，装到标线处。

第二支试管也用试样装到标线处，作为参照物，用作对比，观察试样的状态。

每支试管要用带有温度计和搅拌器的橡胶塞塞上，温度计要位于试管的中心，温度计底部与内管底部距离 15mm。

③ 在装有低温温度计的冷却剂容器中，注入工业乙醇，再徐徐加入干冰（若用半导体制冷器时，可调节电流），使温度下降到比试样的预期浊点低（15±2)℃。将装有试样的第一支试管通过盖上的孔口，插入冷却剂容器中。容器中所贮冷却剂的液面，必须比试管中的试样液面高 30～40mm。

④ 浊点的测定 在进行冷却时，搅拌器要用 60～200 次/min（搅拌器下降到管底再提起到液面作为搅拌 1 次）的速度来搅拌试样。使用手摇搅拌器时，连续搅拌的时间至少为 20s，搅拌中断的时间不应超过 15s。

在到达预期的浊点前 5℃时，从冷却剂中取出试管，迅速放在一杯工业乙醇中浸一浸；然后在透光良好的条件下，将这支试管插在试管架上，要与并排的标准物进行比较，观察试样的状态。每次观察所需的时间（即从冷却剂中取出试管的一瞬间起，到把试管放回冷却剂中的一瞬间止），不得超过 12s。

如果试样与标准物比较，没有发生异样（或有轻微的色泽变化，但在进一步降低温度时，色泽不再变深，这时应认为尚未达到浊点），则再将试管放入冷却剂中，以后每经 1℃观察 1 次，仍要同标准物进行比较，直至试样开始呈现浑浊为止。

试样开始呈现浑浊时，温度计所示的温度就是浊点。

⑤ 如果只检查试样的浊点是否符合标准的要求，就按②条和③条的规定，在浊点前 1℃和规定的浊点上进行观察。

⑥ 结晶点的测定　在测定浊点后，将冷却剂温度下降到比所测试样的结晶点低（15±2)℃，在冷却时也要继续搅拌试样。在到达预期的结晶点前5℃时，从冷却剂中取出试管，迅速放在一杯工业乙醇中浸一浸，然后观察试样的状态。

如果试样中未呈现晶体，再将试管放入冷却剂中，以后每经1℃观察1次，每次观察所需的时间不应超过12s。

当燃料中开始呈现为肉眼所能看见的晶体时，温度计所示的温度就是结晶点。

⑦ 未脱水试样的浊点和结晶点的测定要求进行重复试验，即要从同一容器中抽取第二次试验用的试样，使用清洁干燥的试管进行第二次试验（要求两次测定期间试样应保存在相同温度下）。

（2）脱水试样浊点的测定（适用于柴油类产品）

① 在试验前，将试样振荡混合均匀后，用干燥的滤纸过滤。如果试样中含有水，必须预先脱水。脱水的方法是在试样中加入新煅烧过的粉状硫酸钠，或加入新煅烧过的粒状氯化钙，摇荡10～15min；试样澄清后，再经干燥的滤纸过滤。然后按前述与未脱水试样相同的方法安装试管。

② 将两支按规定装样并插好温度计和搅拌器的试管放入80～100℃的水浴中，使试样温度达到（50±1)℃。然后将试管从水浴中取出，放在试管架上静置，直到试样温度达到30～40℃，再将一个试管放入冷却容器中。

③ 按前所述准备好冷却容器，并装好试验管，开始降低冷却容器中冷却剂的温度，至低于试样预期浊点（10±2)℃。冷却过程中以60～200次/min的速度搅拌试样。

④ 当试样温度达到预期浊点前5℃时，从冷却容器中取出试管，迅速放入装有工业乙醇的烧杯中浸一下，与用非参照物的试管并排放在试管架上进行对比，观察试样状态。

⑤ 与未脱水试样测定过程相同，经多次降温并对比观察，当试样开始出现浑浊时，将此温度记为试样的浊点。

⑥ 脱水试样浊点的测定要求进行重复试验，与未脱水试样测定的要求相同。

4.3.2.4　精密度

重复性：浊点或结晶点，重复测定的两个结果之差不应大于1℃。

再现性：浊点或结晶点，独立试验结果之差不大于3℃。

4.3.2.5　报告

取重复测定两个结果的算术平均值，作为试样的浊点或结晶点。

4.3.3　航空燃料冰点检验操作规程（GB/T 2430—2008）

本标准规定了喷气燃料和航空活塞式发动机燃料冰点的测定方法。

4.3.3.1　方法概要

在规定的条件下，航空燃料经过冷却形成固态烃类结晶，然后使燃料升温，当烃类结晶消失时的最低温度即为航空燃料的冰点。

4.3.3.2　仪器和试剂

（1）仪器

① 符合GB/T 2430技术要求的冰点试验器。

② 或由下列仪器构成（见图4-8）双壁玻璃试管；防潮管（防止湿气凝结，也可选用压帽）；搅拌器（直径为1.6mm的黄铜棒，下端弯成平滑的三圈螺旋状）或机械搅拌装置；真空保温瓶（不镀银的真空保温瓶，应能够盛放足够量的冷却剂，以使双壁玻璃试管浸入到规定的深度）；温度计［全浸式（温度范围－80～20℃），符合GB/T 514中GB—38号温度计的规格要求］；压帽（在低温试验时，用于防止湿气凝结；压帽紧密地插入软木塞内，用脱脂棉填充黄铜管和搅拌器之间的空间）。

注意：全浸式温度计的准确度，按照温度计检定方法进行检定，检定点温度为0℃、－40℃、－60℃和－75℃。

(2) 试剂与材料　冷却剂：丙酮（若在蒸发干后不留下残渣，可用化学纯）；无水乙醇（化学纯）；无水异丙醇（化学纯）；干冰；液氮（当冰点低于－65℃时，可用化学纯级）。

4.3.3.3 试验步骤

① 量取(25±1)mL试样倒入清洁、干燥的双壁玻璃试管中。用带有搅拌器、温度计和防潮管（或压帽）的软木塞塞紧双壁玻璃试管，调节温度计位置，使感温泡不要触壁，并位于双壁玻璃试管的中心，温度计的感温泡距离双壁玻璃试管底部10～15mm。

② 夹紧双壁玻璃试管，使其尽可能深地浸入冷槽或盛有冷却剂的真空保温瓶内。试样液面应在冷却剂液面下15～20mm处。

注意：冷却剂可以采用丙酮、乙醇或异丙醇，但所有这些试剂都要小心处理。对燃料冰点低于－65℃的试样，液氮可以替代干冰用作冷却剂❶。

③ 除观察时，整个试验期间要连续不断地搅拌试样，以1～5次/s的速度上下移动搅拌器，并要注意搅拌器的铜圈向下时不要触及双壁玻璃试管底部，向上时要保持在试样液面之下。在进行某些步骤的操作时，允许瞬间停止搅拌，不断观察试样，以便发现烃类结晶。由于有水存在的缘故，当温度降至接近－10℃时，会出现云状物，继续降温时云状物不增加，可以不必考虑此类云状物。

当试样中开始出现肉眼所能看见的晶体时，记录烃类结晶出现的温度。从冷却剂中移走双壁玻璃试管，允许试样在室温下继续升温，同时仍以1～1.5次/s的速度进行搅拌，继续观察试样，直到烃类结晶消失，记录烃类晶体完全消失时的温度。

注意：①观察有困难时，可以将双壁玻璃试管从冷槽中移出观察。双壁玻璃试管移出的时间不超过10s，如果结晶已经形成，记录这个温度。②结晶出现的温度应低于结晶消失的温度。否则，说明结晶没有被正确观察识别，这两个温度之差一般不大于6℃。

4.3.3.4 报告

对上述所测定的冰点观察值，应按检定温度计的相应校正值来进行修正。如果冰点观察值在两个校正温度之间，使用线性内插法进行校正。报告校正后的结晶消失温度（精确到0.5℃），作为试样的冰点。

---

❶ 现在多数低温试验仪器采用机械或半导体制冷。

4.3.3.5 精密度

按下述规则判断试验结果的可靠性（95%置信水平）。

（1）重复性　在同一实验室，同一操作者，使用同一仪器，对同一试样测得的两个试验结果之差不应大于1.5℃。

（2）再现性　不同实验室的不同操作者，使用不同仪器，对同一试样测得的两个试验结果之差不应大于2.5℃。

4.4 喷气燃料的碘值（学习任务三）

4.4.1 碘值测定

喷气燃料要求具有良好的热安定性和储存安定性。如果燃料的安定性不好，发动机工作时会使燃料温度升高而生成胶质沉淀，导致堵塞油路、黏结进气门、增加积炭、降低功率等。各种喷气燃料在长期储存过程中，都会有不同程度的变色，这是燃料由于氧化生成胶质的结果。

影响喷气燃料储存安定性的内因和外因与汽油和柴油类似。油品的安定性主要与其化学组成有关，同时又和温度、空气、所接触金属、水分等外部条件有很大关系。温度对喷气燃料安定性的影响是特别要关注的，飞机在起飞、高速飞行、降落等不同状态下，燃油系统的温度变化很大，飞机降落时润滑油散热器中的燃料温度甚至高达260℃，温度越高，生成沉淀物越多，危害越大。

评定喷气燃料安定性的指标主要是热安定性（GB/T 9169 260℃，2.5h，用过滤器压力降和管壁评级表示），其次是碘值、溴值、烯烃含量、芳烃含量（GB/T 11132）等指标也能间接反映油品的安定性。本节只讨论碘值和溴值。

4.4.1.1 碘值和溴值

燃料中的各种烃类在液相中抗氧化的能力各不相同，烷烃、环烷烃和芳香烃在常温液相时均不易和空气中的氧反应，不饱和烃则易与空气中的氧反应。燃料中如含有较多的不饱和烃则安定性差，储存中容易氧化生成有机酸和胶质。特别是不饱和烃中的二烯烃最不稳定，很容易氧化。

不饱和烃（如烯烃和二烯烃）能够和卤素发生加成反应，且其反应活性依氟、氯、溴、碘的次序减弱。依据这一原理，可用其与一定质量的试样发生加成反应时所消耗碘或溴的质量来反映燃料中的不饱和烃含量。

碘值是在规定条件下和100g试样起反应时所消耗的碘的质量，以g I/100g表示。

溴值是在规定条件下和100g试样起反应时所消耗的溴的质量，以g Br/100g表示。

溴指数是在规定条件下和100g试样起反应时所消耗的溴的质量，以mg Br/100g表示。

由于溴比碘活泼，与不饱和烃的反应较灵敏，因此，溴值、溴指数对不饱和烃含量较少的油品更适合。

4.4.1.2 碘值和溴值的测定意义

碘值是评价喷气燃料贮存安定性的指标，主要用来反映油品中的不饱和烃含量。碘值越大，表明油品含不饱和烃越多，其储存安定性越差，储存时与空气中氧气作用生成深色胶质和沉渣的倾向越大。我国1号、2号喷气燃料分别要求碘值不大于3.5gI/100g、4.2gI/100g[1]。与碘值类似，溴值和溴指数大，表示油品中不饱和烃多，油品的抗氧化安定性差。

4.4.1.3 测定仪器及操作

（1）碘值　碘值测定按SH/T 0234—92《轻质石油产品碘值和不饱和烃含量测定法（碘-乙醇法）》进行，该标准修改采用ГОСТ 2027—55《碘值和不饱和烃含量测定法》，适用于测定航空汽油、喷气燃料和其他轻质燃料的碘值和不饱和烃含量。

碘值测定时用过量的碘-乙醇溶液与试样中的不饱和烃发生定量反应，生成碘代烃，剩余的碘用硫代硫酸钠标准溶液返滴定，根据消耗碘-乙醇标准溶液的体积，即可计算出试样的碘值。

测定碘值时，将试样溶于乙醇中，加入过量的碘-乙醇溶液，并补加一定量的蒸馏水，碘与水发生歧化反应，生成的次碘酸与不饱和烃的加成反应比较迅速，待反应完全后，过量的碘用已知浓度的硫代硫酸钠标准溶液滴定。

$$I_2 + H_2O \rightleftharpoons HIO + HI$$

$$RCH{=}CH_2 + HIO \longrightarrow \underset{\displaystyle \mathrm{OH}}{\underset{|}{\mathrm{RCH}}}CH_2I$$

（2）溴值和溴指数　溴值和溴指数测定采用电量法。当试样注入含有已知溴的特殊电解液中，试样中的不饱和烃同电解液中的溴发生加成反应，反应消耗的溴由阳极的电解反应补充：

$$2Br^- - 2e = Br_2$$

测量电解补充溴所消耗的电量，根据法拉第电解定律，即可计算出试样的溴值或溴指数。

溴值和溴指数测定仪器由库仑仪和库仑滴定池（见图4-11）组成。在滴定池里分别有电解电极系统和测量电极系统，测量电极检测滴定池中溴浓度的变化，库仑仪通过比较输入的测量电极信号来控制电解电极系统的工作，并且准确地测定电解过程消耗的电量。

4.4.1.4 测定注意事项

（1）碘值　影响碘值测定的主要因素有碘挥发损失、碘离子氧化、反应时间及指示剂的加入等。

① 碘挥发损失　针对碘易挥发的特点，测定时应使用碘量瓶，其磨口要严密，塞子预先用碘化钾溶液润湿，可以防止其逸出，待反应完毕后再洗入瓶中进行滴定。反应和滴定的温度要求在（20±5）℃，其目的也是为了减少碘挥发损失。

② 碘离子氧化　空气中的氧气能将碘离子氧化为碘单质，将引起测定结果偏高。为减

[1] 碘值不大于3.5gI/100g、4.2gI/100g约相当于烯烃体积分数不大于1.5%和2.5%。

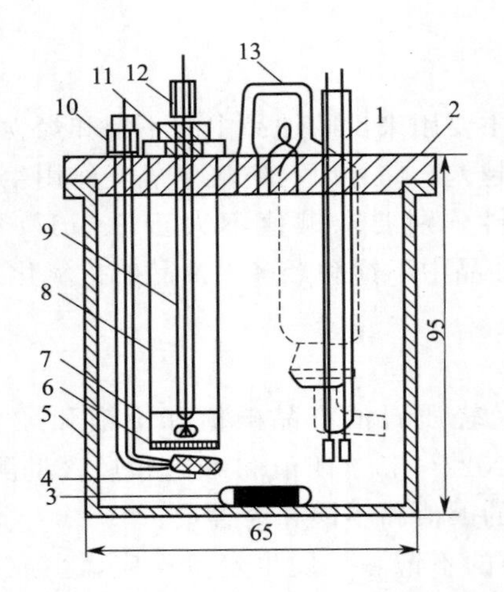

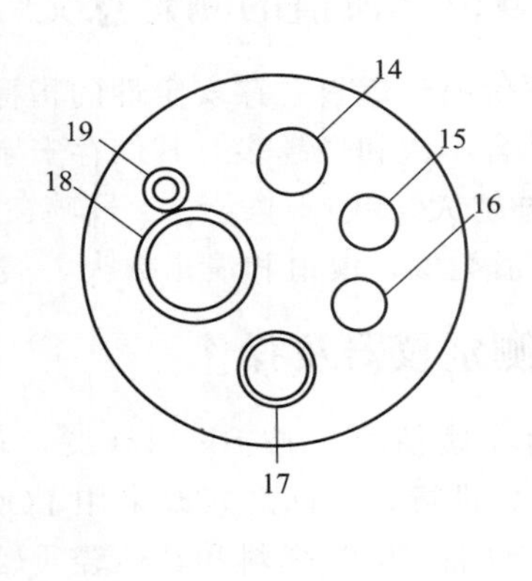

图 4-11　滴定池结构示意图

1—测量电极；2—滴定池盖；3—搅拌子；4—电解阳极；5—阳极室；6—离子交换膜；7—阴极室帽；8—阴极室；9—电解阴极；10—电解阳极固定帽；11—阴极室盖；12—电解阴极固定帽；13—干燥管；14—干燥管安装孔；15—更换液体口；16—测量电极安装孔；17—进样口；18—阴极室安装孔；19—电解阳极安装孔

少与空气接触，无论是反应还是滴定，均不能过度摇荡，滴定时间应尽量缩短。

③ 反应时间　油品中的不饱和烃类分子质量大小不同，加成反应的活性存在差异，因此，反应时间不足和过长均会引起测定误差，应严格执行摇动 5min、静置 5min 的规定。

④ 指示剂的加入　测定碘值要在接近化学计量点时，再加入淀粉指示剂。否则，过早加入，淀粉会与碘形成稳定的复合体，不利于与硫代硫酸钠反应，使变色迟缓，测定结果不准确。

⑤ 稳定剂的影响　为使碘能将硫代硫酸根定量氧化为连四硫酸根离子，不允许向硫代硫酸钠溶液中加入碱性稳定剂，这是因为碱性条件下硫代硫酸根会被碘氧化成硫酸根，使测定结果偏低。

$$S_2O_3^{2-}+4I_2+10OH^- \longrightarrow 2SO_4^{2-}+8I^-+5H_2O$$

（2）溴值和溴指数

① 电解液选择　进行溴值和溴指数测定时所需用的溴化锂电解液浓度不同，在变换项目时必须更换滴定池和阴极室的电解液。还要避免强光直接照射滴定池。

② 样品加入　用注射器加样品时要快速，且试样恰好要加到电解液液面以下，否则容易导致较大的测定误差。加入样品的体积要根据样品溴值和溴指数的估计值确定，加入过多，电解时间过长；加入过少时，电量测定误差会增大。

③ 回收率检查　库仑分析要求系统电流效率为 100%，若仪器连接或电解液充装有问题，必然会影响电流效率，因此应该定期或者出现异常时用溴值或溴指数的标准溶液对仪器进行标定，以利于查找原因。

4.4.2　碘值检验操作规程（SH/T 0234—92）

本标准规定了用碘-乙醇法测定试样的碘值和不饱和烃含量的方法，适应于航空汽油、喷气燃料和其他轻质燃料。

4.4.2.1 方法概要

将碘的乙醇溶液与试样作用后，再用硫代硫酸钠标准滴定溶液滴定剩余的碘，以 100g 试样所能吸收碘的质量表示碘值，用 gI/100g 表示。由试样的碘值及其平均分子量计算得到不饱和烃含量。

4.4.2.2 仪器与试剂

（1）仪器　滴瓶（带磨口滴管，容积约 20mL）或玻璃安瓿球（容积 0.5～1mL，其末端应拉成毛细管）；碘量瓶（500mL）；量筒（25mL、250mL）；滴定管（25mL 或 50mL）；吸量管（2mL、25mL）。

（2）试剂　95％乙醇或无水乙醇（分析纯）；碘［分析纯，配成碘-乙醇溶液，配制时将碘（20±0.5）g 溶解于 1L 95％乙醇中］；碘化钾（化学纯，配成 200g/L 水溶液）；硫代硫酸钠（分析纯，配成 0.1mol/L $Na_2S_2O_3$ 标准滴定溶液）；淀粉（新配制的 5g/L 指示液）；定性滤纸。

4.4.2.3 实验步骤

（1）取样　将试样经定性滤纸过滤，称取 0.3～0.4g。

为取得准确量的喷气燃料，可使用滴瓶差减法称量。将试样注入滴瓶中称量，从滴瓶中吸取试样约 0.5mL，滴入已注有 15mL95％乙醇的碘量瓶中。将滴瓶称量，两次称量都必须称准至 0.0004g，按差数计算所取试样量。

测量挥发性强的汽油时，可使用安瓿球取样。先称出安瓿球的质量，然后将安瓿球的球形部分在煤气灯或酒精灯的小火焰上加热，迅速将热安瓿球的毛细管末端插入试样内，使安瓿球吸入的试样能够达到 0.3～0.4g，或者根据试样的大约密度，用注射器向安瓿球中注入一定体积的试样，使其能达到 0.3～0.4g，然后小心地将毛细管末端熔闭，再称量其质量。安瓿球的两次称量都必须称准至 0.0004g。将装有试样的安瓿球放入已注有 5mL 95％乙醇的碘量瓶中，用玻璃棒将它和毛细管部分在 95％乙醇中打碎，玻璃棒和瓶壁所沾着的试样，用 10mL 95％乙醇冲洗。

（2）滴定操作　用吸量管把 25mL 碘-乙醇溶液注入碘量瓶中，用预先经碘化钾溶液湿润的塞子紧闭塞好瓶口，小心摇动碘量瓶，然后加入 150mL 蒸馏水，用塞子将瓶口塞闭。再摇动 5min（采用旋转式摇动），速度为 120～150r/min，静置 5min，摇动和静置时室温应在（20±5）℃，如低于或高于此温度，可加入预先加热或冷却至（20±5）℃的蒸馏水。然后加入 25mL200g/L 碘化钾溶液，随即用蒸馏水冲洗瓶塞与瓶颈，用 0.1mol/L 硫代硫酸钠标准滴定溶液滴定。当碘量瓶中混合物呈现浅黄色时，加入 5g/L 淀粉溶液 1～2mL，继续用硫代硫酸钠标准滴定溶液滴定，直至混合物的蓝紫色消失为止。

（3）按上述步骤（1）、（2）进行空白试验。

4.4.2.4 碘值的计算

试样的碘值 X_1（gI/100g）按式(4-3）计算：

$$X_1=\frac{c(V-V_1)\times 0.1269\times 100}{m} \tag{4-3}$$

式中　X_1——试样的碘值，gI/100g；

0.1269——与1.00mL1.000mol/L $Na_2S_2O_3$ 标准滴定溶液相当的碘（I_2）的质量；

V——滴定空白试验时所消耗 $Na_2S_2O_3$ 标准滴定溶液的体积，mL；

V_1——滴定试样时所消耗 $Na_2S_2O_3$ 标准滴定溶液的体积，mL；

c——$Na_2S_2O_3$ 标准滴定溶液的实际浓度，mol/L；

m——试样的质量，g。

4.4.2.5　精密度

按表4-8规定判断结果的可靠性（95%置信水平）。同一操作者重复测定两个结果之差不应大于表中数值；两个实验室各自提出的两个结果之差不应大于表中数值。

表4-8　试样碘值测定的重复性和再现性要求

碘值/(gI/100g)	重复性	再现性
≤2	0.22	0.65
>2	平均值的10%	平均值的24%

4.4.2.6　不饱和烃含量的计算

试样的不饱和烃质量分数 w 按式(4-4) 计算：

$$w=\frac{X_I M_r}{254} \tag{4-4}$$

式中　X_I——试样的碘值，gI/100g；

M_r——试样中不饱和烃的平均分子量，可由表4-9查得（可用内插法计算）；

254——单质碘（I_2）的分子量。

表4-9　试样50%馏出温度与其不饱和烃分子量间的关系

试样的50%馏出温度/℃ (GB/T 255或GB/T 6536)	M_r	试样的50%馏出温度/℃ (GB/T 255或GB/T 6536)	M_r
50	77	175	144
75	87	200	161
100	99	225	180
125	113	250	200
150	128		

4.5　喷气燃料的烟点和净热值（学习任务四）

4.5.1　烟点测定

喷气燃料要具有良好的燃烧性能。因此要求燃料的热值要高；燃烧要迅速、稳定和完全，生成的积炭要少；在冬季或高空熄火后容易启动。影响燃烧性能的主要因素有燃料的黏度、表面张力、挥发性、生炭性等。而评价燃料生成积炭的倾向的指标主要为烟点和辉光值。

4.5.1.1　烟点和辉光值

（1）烟点　油料在标准的灯具内，按规定条件作点灯试验所能达到的无烟火焰的最大高度称为烟点，以 mm 为单位。

喷气式发动机内生成积炭的倾向与烟点之间有密切的关系。我国几种喷气燃料烟点、C/H 比和积炭量的试验数据如表 4-10 所示。

表 4-10　几种喷气燃料烟点、C/H 比和积炭量

指　　标	新疆 RP-1	胜利 RP-1	大庆 RP-2	大庆 RP-3	大庆 RP-4	管输 RP-5	孤岛 RP-6
烟点(h)/mm	31	26	35	36	35	22	24
C/H(质量)比	5.91	6.18	5.90	6.00	5.90	6.25	6.36
氢含量 w/%	14.47	13.93	14.50	14.28	14.49	13.80	13.59
积炭量(小单管法)/g	0.58	0.60	0.56	0.57	0.48	1.14	1.33

由表 4-10 可见，燃料的烟点越小，则生成积炭越多。C/H 比越高的烃类，烟点越小。

烷烃的 C/H 比小，烟点大；芳香烃的 C/H 比高，烟点小，生成积炭的倾向越大。双环芳烃比单环芳烃更易生成积炭。因此为保证燃料燃烧完全，在喷气燃料中要限制芳烃含量特别是萘系芳烃的含量。

喷气燃料的烟点值反映燃料积炭的生成倾向。当喷气燃料无烟火焰高度超过 30mm 时，积炭的生成量可以降低到很小值。我国规定 3 号喷气燃料的烟点不得低于 25mm。3 号喷气燃料中萘系芳烃的体积分数应控制在 3.0%以下。

（2）辉光值　辉光值是在可见光谱的黄绿带内于固定火焰辐射下火焰温度的量度相对值。亦即在一定的火焰辐射强度（以四氢化萘烟点时的辐射强度为标准）下，将试验燃料和两个标准燃料分别在灯中燃烧，比较它们燃烧时灯的温度升高值，即可得到燃料的辉光值。

规定标准燃料四氢化萘和异辛烷的辉光值分别为 0 和 100。测定时将被测试样放入辉光计的小油灯内燃烧，通过一滤光片和光电池装置测定火焰辐射强度，同时用正对火焰上方的热电偶测油灯横面的温升值。以辉光计读数（辐射强度）对温升值作曲线（见图 4-12），将试样温升值与在恒定的辐射水平下分别用基准样品四氢化萘和异辛烷所测得的火焰温升值进行对比。

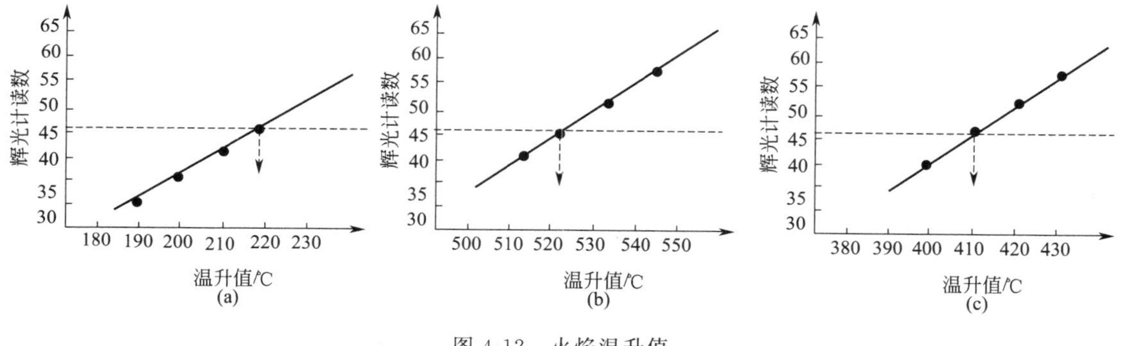

图 4-12　火焰温升值

（a）四氢化萘；（b）异辛烷；（c）试样

以四氢化萘烟点时火焰辐射强度为基准，燃料的辉光值按式(4-5)计算：

$$辉光值=\frac{\Delta T_{试样}-\Delta T_{四氢化萘}}{\Delta T_{异辛烷}-\Delta T_{四氢化萘}}\times 100 \tag{4-5}$$

式中　ΔT——试验燃料或标准燃料燃烧时火焰的温升值,℃。

含芳香烃多的燃料，燃烧后生成炭粒较多，火焰亮度大，热辐射强度高。当达到同样辐射强度时，火焰温升小，其辉光值也小；反之，生炭性弱的燃料，热辐射强度小，当达到同样辐射强度时，火焰温升大，辉光值较大。

燃料的辉光值越高，表示燃料的燃烧性能越好，燃烧越完全，生成积炭的倾向越小。反之，生成积炭的倾向越大。相同碳数的烃类其辉光值的大小顺序为：烷烃＞环烷烃＞芳香烃。

环烷烃辉光值大，生成积炭倾向小，兼顾其他性能应是喷气燃料的理想组分；而烯烃、芳烃的辉光值小，生成积炭倾向最大，必须限制其含量。我国规定喷气燃料的辉光值不小于45。

烟点、辉光值和萘系芳烃的含量[1]是表征喷气燃料积炭倾向的三个指标。三者具有一定的内在关系，因而在喷气燃料的质量标准中可在这三个指标中任选其一来反映喷气燃料的燃烧性能。

4.5.1.2　烟点测定意义

烟点是评定喷气燃料燃烧时生成积炭倾向的指标。喷气燃料在发动机内生成积炭倾向与烟点的高低密切相关，烟点越低，生成积炭倾向越大。但烟点并不代表在使用条件下积炭真实的生成量。不同烃类在燃烧室生成积炭的倾向按下列顺序增大：烷烃、烯烃、单环环烷烃、双环环烷烃、单环芳烃、双环芳烃。

积炭的存在会危害发动机的正常运行，通过测量烟点值对喷气燃料的质量控制有着重要意义。

4.5.1.3　测定仪器及操作

（1）测量仪器　喷气燃料烟点的测定按GB/T 382—2017《煤油和喷气燃料烟点测定法》进行。该方法非等效采用ISO 3014—1974制定，适用于测定煤油和喷气燃料的烟点，其测定所用灯具如图4-13所示。

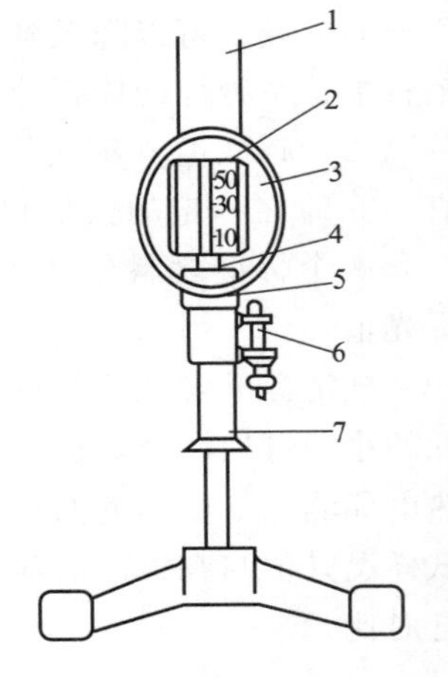

图4-13　测定烟点用灯

1—烟道；2—标尺；3—燃烧室；4—灯芯管；5—对流室平台；6—调节螺旋；7—贮油器

烟点灯由烟道、标尺、燃烧室、灯芯管、对流室平台、调节螺旋和贮油器组成。各部件结构和尺寸有严格的规定（参见GB/T 382）。烟点灯上备有一个专用的50mm标尺，在其黑色玻璃上每1mm分度处用白线标记，灯芯导管的顶部与标尺的零点标记处在同一水平面上，还备有能使贮油器均匀缓慢升降的装置。灯体门上的玻璃是弧形的，以防止形成多重映像。灯芯由纯棉纱织成。

（2）仪器操作方法

① 旋松灯具调节螺旋，取下贮油器，清洗，配置灯芯。

[1] 系指烟点最小值为20mm时萘系芳烃的含量。

② 取一定量试样注入贮油器中，安装后点燃灯芯，按规定调节火焰高度至10mm，燃烧5min。

③ 将灯芯升高到出现有烟火焰，然后平稳地降低火焰高度，在毫米刻度尺上读取烟尾刚好消失时的火焰高度，即为烟点的实测值。

④ 清洗灯具。

⑤ 对烟点实测值进行校正。

4.5.1.4　测定注意事项

① 试样在室温下保存即可，不能加热，以防轻组分挥发损失，如发现试样有雾状杂质，则用定性滤纸过滤。测定时试样量为20mL，不允许用少于10mL的试样做试验。

② 烟点灯的灯芯不能卷曲，灯芯头必须剪平，并使其突出灯芯管6mm，仲裁试验必须更换新灯芯。

③ 为消除视觉误差，在观察灯芯呈现油烟的现象时，可在烟道后方衬上一张白纸或不透明白色板。

④ 仪器校正系数要定期测定，特别是当调换仪器、改变操作者或大气压力变化超过706.6Pa（5.3mmHg）时，必须重新测定校正系数。

4.5.2　煤油烟点检验操作规程（GB/T 382—2017）

本方法适用于测定灯用煤油和喷气燃料的烟点。

4.5.2.1　方法概要

试样在标准灯具内燃烧，火焰高度的变化反映在毫米刻度尺背景上。测量时把灯芯升高到出现有烟火焰，然后再降低到烟尾刚刚消失，此时的火焰高度即为试样的烟点。

4.5.2.2　仪器与试剂

（1）仪器　烟点灯（见图4-13，符合GB/T 382的技术要求）；灯芯（圆形灯芯，长度不小于125mm，由纯棉纱织成）；量筒（25mL）；滴定管（25mL或50mL）。

（2）试剂　甲苯（分析纯）；异辛烷（分析纯）；石油醚或直馏轻质汽油；试样，煤油。

4.5.2.3　准备工作

（1）安放灯具　将灯具垂直放在一个避风的地方。仔细检查灯体，确保平台内空气孔和贮油器空气导口的尺寸正确并干净、畅通。平台的位置不能影响空气孔通气。

（2）洗涤灯芯　用石油醚或直馏轻质汽油洗涤灯芯，并在100～105℃的温度下干燥30min，取出后放在干燥器中备用。

（3）洗涤贮油器　用石油醚或直馏轻质汽油洗涤贮油器，并用空气吹干。

（4）试样的准备　将试样保持到室温，如果发现试样中有杂质或呈雾状，要用定量滤纸过滤。

（5）润湿灯芯　将灯芯用试样润湿，并装入灯芯管中。如果灯芯卷曲，应仔细捻平，再重新用试样润湿灯芯上端。

4.5.2.4 试验步骤

（1）量取试样　用量筒量取 20mL 试样，倒入清洁、干燥的贮油器内。

（2）安装烟点灯　将灯芯管小心地放入贮油器中，拧紧，勿使试样洒落在通空气的小孔中。将不整齐的灯芯头用剪刀剪平，使其突出灯芯管 6mm。将贮油器插入灯中。

（3）测定烟点　点燃灯芯，调节火焰高度至 10mm，燃烧 5min。升高灯芯至呈现油烟，然后再平稳降低火焰高度，其外形可能出现下列几种情况（见图 4-14）：

① 一个长尖状，可轻微看见油烟，形状间断不定并跳跃的火焰；

② 一个延长的点尖状，光边是一个尖状的凸面，如图 4-14 中的 1 火焰；

③ 点尖状正好消失，出现了一个很亮的燃烧火焰，如图 4-14 中的 2 火焰（在接近真实火焰的尖端，有时出现锯齿状的辉光，这些可不必考虑）；

④ 一个完好的圆光，如图 4-14 中的 3 火焰。

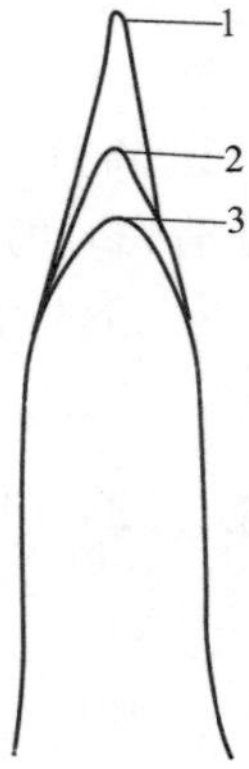

估读图 4-14 中 2 火焰的高度，记录烟点准确至 0.5mm。

图 4-14　火焰形状
1—火焰过高；
2—火焰正常；
3—火焰过低

⑤ 确定烟点的测定值　按上述规定方法重复观察三次，取三次烟点观测值的算术平均值，作为烟点的测定值。

4.5.2.5 仪器校正系数的测定

① 配制及选择标准燃料　用滴定管配制一系列不同体积分数的甲苯和异辛烷标准燃料混合物。测定时，根据试样的烟点尽量选取烟点测定值与试样测定值相近（一个比试样烟点测定值略高，另一个则略低）的标准燃料。

② 计算仪器校正系数　仪器的校正系数是指标准燃料于标准压力（101.325kPa）下，在该仪器中测定的烟点（标准值）与标准燃料于实际压力下在该仪器中测定的烟点（实测值）之比。标准燃料采用异辛烷和甲苯的混合物，其在 101.325kPa 下的一系列烟点值如表 4-11 所示。使用时根据试样的实测烟点，选取两个标准燃料，其中一个烟点比试样略高，一个略低，然后分别测定这两个标准燃料在实际压力下的烟点，按式(4-6) 计算仪器的校正系数。

$$f=\frac{1}{2}\left(\frac{A_b}{A_c}+\frac{B_b}{B_c}\right) \tag{4-6}$$

式中　A_b，B_b——第一、第二种标准燃料烟点标准值（见表 4-11），mm；

A_c，B_c——第一、第二种标准燃料烟点的实测值，mm。

表 4-11　标准燃料的标准值

异辛烷 体积分数 φ	甲苯 体积分数 φ	101.325kPa 下的烟点/mm	异辛烷 体积分数 φ	甲苯 体积分数 φ	101.325kPa 下的烟点/mm
60%	40%	14.7	90%	10%	30.2
75%	25%	20.2	95%	5%	35.4
85%	15%	25.8	100%	0%	42.8

4.5.2.6 数据处理和报告

① 计算　试样的烟点按式(4-7) 计算，计算结果准确至 0.1mm。

$$H=fH_C \tag{4-7}$$

式中　H——试样的烟点，mm；

H_C——试样的烟点测定值，mm；

f——仪器的校正系数。

② 报告　取重复测定两个结果的算术平均值作为试样的烟点。

4.5.2.7　精密度

用表 4-12 中的规定判断两个结果的可靠性（置信水平为 95%）。

表 4-12　烟点测定的精密度判断

烟点/mm	重复性/mm	再现性/mm	烟点/mm	重复性/mm	再现性/mm
20 以下	1	2	30～40	1	4
20～30 以下	1	3			

4.5.3　净热值测定

燃料热值也称燃料发热量，是指单位质量或单位体积的燃料完全燃烧，燃烧产物冷却到燃烧前的温度（一般为环境温度）时所释放出来的热量。质量热值单位是 J/g（kJ/kg）或 MJ❶/kg；体积热值单位是 kJ/m^3。

燃料热值有总热值与净热值之分。总热值也称高位热值，是指燃料在完全燃烧时释放出来的全部热量，即在燃烧生成物中的水蒸气凝结成液态水时的发热量。净热值也称低位热值，是指燃料完全燃烧，其燃烧产物中的水以气态存在时的发热量。

实际应用中，净热值才有意义，我国 3 号喷气燃料技术指标中要求燃料净热值不小于 42.8MJ/kg。

喷气燃料的热值用 GB/T 384—81（88）《石油产品热值测定法》即标准氧弹量热计测定；也允许在测定燃料的密度和苯胺点后用 GB/T 2429—88《航空燃料净热值计算法》求出。

4.5.3.1　弹热值、总热值和净热值

（1）弹热值　在氧弹式量热计中测定的单位质量试样燃烧所放出的热量，称为弹热值。这是热量测定的基础，由弹热值可进一步计算得到总热值和净热值等数值。

测定时，在氧弹中按要求装入试样并充入过量的氧气，将氧弹放入量热计水浴中，通过引火丝点燃试样，致使量热计温度升高，测定燃烧前后量热计水浴温度的升高值，按式（4-8）即可得到弹热值 Q_D。

$$Q_D=\frac{K\Delta t-Q}{G} \tag{4-8}$$

式中　K——量热计的水值❷，亦即使量热计温度每升高 1℃所需要的热量，单位 J/℃；

G——试样的质量，g；

Δt——试样燃烧前后量热计的温差，℃；

Q——胶片或聚乙烯塑料安瓿瓶和发热丝等非样品物产生的热量，J。

由于测定液体燃料时要使用胶片或聚乙烯塑料安瓿瓶封闭试样，使用引火丝点火，这些

❶ $1MJ=1\times10^3kJ=1\times10^6J$。

❷ K 值是在试验前用基准物苯甲酸（热值为 26546.67J/g）校准量热计得到的常数。

非样品物质在试验条件下也要燃烧放热，因此计算弹热值时，要扣除它们的发热量。此外，还要考虑量热计与环境的热交换及热损失等因素的影响。

（2）总热值　对弹热值进行两项修正，即可得到该燃料油试样的总热值：一是扣减试样中的硫转化为硫酸、硫酸溶解于水时所放出的热量；二是扣减试样中的氮转化为硝酸并溶解于水时所放出的热量。总热值按式(4-9) 计算。

$$Q_Z = Q_D - (94.20 w_S + q_N) \tag{4-9}$$

式中　Q_D——试样的弹热值，J/g；

w_S——试样的含硫质量分数，%；

94.20——每 1%硫转化成硫酸时的生成热和溶解热，J/g；

q_N——硝酸的生成热和溶解热[1]，J/g。

测定试样的硫含量则是修正的关键。GB/T 384 规定在总热值测定时，先用氯化钡将氧弹洗涤液中由二氧化硫吸收水分生成的硫酸转变为硫酸钡沉淀，灼烧恒重后，通过称量法求出硫含量。氧弹洗涤液中由硫转化而成的硫酸及其溶解水的热量，按照每 1%硫含量相当于 94.20J/g 计算。沉淀法操作比较繁琐费时，也可以按照 GB/T 17040—2008《石油和石油产品硫含量的测定 能量色散 X 射线荧光光谱法》测硫含量后计算总热值。

（3）净热值　净热值又称为低热值，它与总热值的区别在于燃烧后生成的水是以蒸汽状态存在的。因此，对总热值引入一项修正，扣减氧弹中水蒸气凝结为液态水时的生成热，就得到试样的净热值。

如果燃料本身不含水分，则高低热值之差即为相同温度下水的蒸发潜热。在测得燃料中氢和水分含量后，用式(4-10) 或式(4-11) 计算出净热值。

$$Q_J = Q_Z - 25.12 \times 9 w_H \tag{4-10}$$

$$Q_J = Q_Z - 25.12 \times (9 w_H + w_{H_2O}) \tag{4-11}$$

式中　Q_J——试样的净热值，J/g；

Q_Z——试样的总热值，J/g；

w_H——试样的含氢质量分数，%；

w_{H_2O}——试样的含水质量分数，%；

9——氢含量转换为水含量的系数；

25.12——水蒸气在氧弹中每凝结 1%（0.01g）所放出的潜热。

可见，净热值修正的关键要知道试样中的氢含量和水含量。在 GB/T 384 中规定了测定氢和水含量的方法，在测得弹热值后可以用经验公式计算出氢和水含量。

净热值测定程序复杂、费时，且对测定环境要求严格，因此除非是仲裁要求，通常可按 GB/T 2429 有关经验公式进行计算。

例如，当燃料中无硫时，对我国 1 号、2 号、3 号喷气燃料净热值可用式(4-12) 计算：

$$Q_P = 41.6796 + 0.00025407 AG \tag{4-12}$$

式中　Q_P——无硫试样的净热值，MJ/kg；

A——喷气燃料的苯胺点，℉；

G——喷气燃料 15.6℃时的相对密度指数，即 $API°$。

含硫试样的净热值则按式(4-13) 对式(4-12) 计算的 Q_P 进行修正：

$$Q_T = Q_P (1 - 0.01S) + 0.1016S \tag{4-13}$$

[1] 氧弹内的硝酸不做实验测定，其生成热和溶解热：轻质燃料按 50.23J/g 计；燃料油和重油按 41.86J/g 计。

式中 Q_T——含硫试样的净热值，MJ/kg；

S——试样的含硫质量分数，%；

0.1016——硫化物的热化学常数。

4.5.3.2 净热值测定意义

① 热值是航空汽油和喷气燃料规格中用来评价燃烧性能的一个指标。喷气式发动机的推力随燃料热值的增大而增大，燃料的热值大还可以降低发动机的耗油率，增大飞机的航程。

② 油品热值与油品的化学组成有关，热值的大小取决于油品中各族烃类的质量分数。在各族烃中，烷烃分子的碳氢比（C/H）最低，芳烃最高。由于氢的热值远比碳高，因此对碳原子数相同的烃类，其质量热值顺序为：烷烃>环烷烃、烯烃>芳烃。

4.5.3.3 测定仪器及操作

（1）测定仪器　喷气燃料的热值按 GB/T 384《石油产品热值测定法》测定。该方法适合于以量热计氧弹测定不含水的石油产品（汽油、喷气燃料、柴油和重油等）的总热值和净热值。

氧弹式量热计由氧弹（见图 4-15）、量热计、氧气系统等组成。氧弹采用不锈钢结构，能够耐受固体样品或液体试样燃烧时所产生的压力，最大耐压可达 20MPa。氧弹的作用是保证试样在有过剩氧气存在的条件下充分完全燃烧。

量热计由双层水套（内套和外套）、水筒、搅拌器、温度测量和控制系统组成。实验时水套充满水，通过水套搅拌器使筒内水温均匀，形成恒温环境。水筒放在水套中的一个具有三个支点的绝缘支架上，当氧弹放入水筒后，可加水淹没氧弹，水筒的装水量一般为 3000g（氧弹搁在弹头座架上），水筒内一般设有电动搅拌器。温度测量采用贝克曼温度计或高精度温度传感器，可准确测量样品燃烧前后水筒内温度的变化。理想的量热系统受环境温度变化的影响很小，测温系统准确可靠，热容量较大。

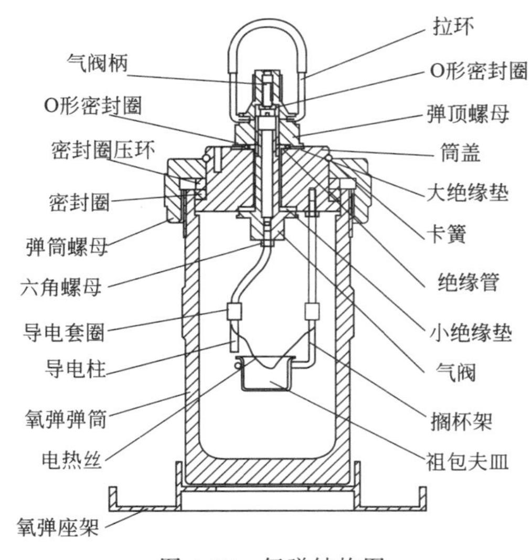

图 4-15　氧弹结构图

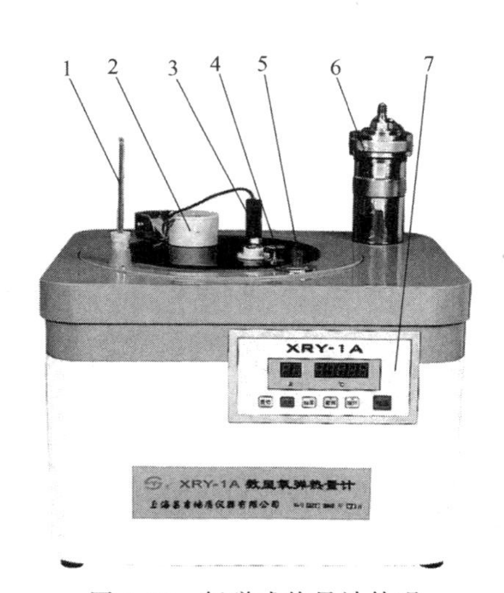

图 4-16　氧弹式热量计外观

1—玻璃温度计；2—搅拌电机；3—温度传感器；4—翻盖手柄；5—手动搅拌柄；6—氧弹体；7—控制面板

图 4-16 为 XRY-1A 型数显氧弹热量计，该设备符合 GB/T 384《石油产品热值测定法》和 JJG[1] 672《氧弹热量计》的设计要求。热容量为 14000～15000J/℃，适用于以热量计氧弹法测定不含水的石油产品以及煤炭、焦炭、石蜡等可燃性物质的发热量。该仪器测温范围为 10～35℃；温度分辨率为 0.001℃；可自动检测并存贮测温数据。

（2）仪器操作

① 仪器开机后，只要不按“点火”键，仪器逐次自动显示温度数据 100 个，测温次数从 00→99 递增，每隔 0.5min 显示温度 1 次，并伴有蜂鸣器的鸣响，此时按动“结束”键或“复位”键能使显示测温次数复零。

② 试样和氧弹安装完毕后，按动“点火”键后，氧弹内点火丝得到约 24V 交流电压，从而烧断点火丝，点燃坩埚中的样品，同时，测量次数复零。以后每隔 0.5min 测温 1 次并贮存测温数据共 31 个，当测温次数达到 31 后，测温次数就自动复零。

③ 当样品燃烧，内筒水开始升温，平缓到顶后，开始下降，当有明显降温趋势后，可按“结束”键，然后按动“数据”键，可使测量温度数据重新逐一显示出来，直至按“结束”键时的测温次数为止。方便进行记录和计算，核对温度数据后可计算 ΔT 和热值。

④ 按“复位”键后，可重新试验。

⑤ 关闭电源，原贮存的温度数据也将自动清除。

4.5.3.4 测定注意事项

（1）保持室内温度稳定　室内突然的空气流动和温度变动都可能影响测定，因此，要求室内无其他加热源，温度和湿度保持稳定。

（2）量热计的安装和调整　氧弹应处于量热计的中心位置，不碰壁，要完全浸在水中；搅拌器搅拌速度保持稳定均匀。量热计内水温和外壳内的水温应事先调好，可使在测定条件下辐射的校正值最小，终期易于判断。否则两者水温相差悬殊，使终期无法判断。

（3）氧气的纯度和压力　氧弹内充装氧气量为试油燃烧理论量的 3～5 倍。压力过高时，试油迅速燃烧形成的高压可能会损坏氧弹；氧气中的杂质在燃烧时会影响测定结果。

（4）温度测量　正确无误地读取量热试验三期中的每个 0.5min 的温度读数，对于控制初期温度的均匀上升和正确地测定 m 值，及准确确定主期终点非常必要，应严格按照顺序读数并记录。

（5）正确计算数据　测定过程数据较多，各种校正值及弹热值要正确计算。

4.5.4 油品净热值检验操作规程［GB/T 384—81（88）］

本方法适用于以量热计氧弹测定不含水的石油产品（汽油、喷气燃料、柴油和重油等）的总热值及净热值。

4.5.4.1 弹热值测定法

（1）方法概要　将试样装在氧弹内的小皿中，用易燃而不透气的胶片封闭起来，或把试样封闭在聚乙烯管制成的安瓿瓶中，使试样在压缩氧气中燃烧，以测定燃烧时所发生的热值（弹热值），作为总热值和净热值测量的基础。

---

[1] JJG：国家“计量检定规程”的汉语拼音缩写代码。

（2）仪器、材料及试剂

① 仪器　氧弹量热计及其附件符合 GB/T 384 的技术要求。氧弹结构如图 4-15；量热计小皿（由不锈钢制成）；瓷或玻璃制的平盘或平底的表面皿（直径为 100～200mm，供制备胶片用）；金属钳；吸液管（1mL）；注射器；秒表；分析天平和重负荷的 5kg 天平；容量瓶（1000mL 和 2000mL）。

② 材料和试剂　内径为 4mm 的聚乙烯塑料管（供制备安瓿瓶封样用）；导火线（直径不大于 0.2mm 的镍-铬合金、铜线或其他导火线，截成长 60～120mm 的等分线段，称量由 10～15 根组成的线束的质量，以测定每一根金属线的质量）；瓶装压缩氧气（不应含氢气或其他易燃气体，不允许使用电解氧气）。

注意：装压缩氧气用具的连接部分严禁涂润滑油脂。如氧弹及氧气连接仪器在试验或搬运时沾上润滑油或其他油类而显有油污，则应先用汽油小心洗涤，然后再用乙醇或乙醚洗涤。

丙酮（化学纯，作胶片溶剂）；二等量热标准苯甲酸（热值专用，并附证书，或用标准异辛烷）；氢氧化钠（0.1mol/L）；1%酚酞乙醇溶液。

（3）量热计水值的测定

① 采用在氧弹中燃烧一定量的标准苯甲酸或标准异辛烷，测量由其燃烧所产生的热量而引起量热计温度变化的方法，来确定量热计的水值。水值为使量热计温度升高 1℃所需要的热量，以 J/℃表示。

② 在进行测定前，必须将容器擦干，再将蒸馏水倒入量热计中，称准至±0.5g，如果测量始终在同一温度范围下进行（温度变化在±5℃以内），水也可用容量瓶测量。装入水的体积应使氧弹浸没水中至进气阀门的锁紧螺母的 2/3 处。以后试验试样时，均使用相同体积的水。

③ 在量热容器装入量热计外壳前，量热容器内的水温应较外壳内的水温低 1～2℃。将盛有水的容器置于量热计外壳中绝缘的底座上。

④ 将（1±0.1）g 压紧的苯甲酸[1]片，在预先称重的小皿中称准至 0.0002g。导火线压在苯甲酸片内，留出两端。如使用棉线引火，也可以不压导火线。

注意：如果用标准异辛烷测定量热计水值，可用聚乙烯塑料安瓿瓶封样。

⑤ 用吸液管向氧弹中准确注入 1mL 蒸馏水，将装有苯甲酸的小皿固定在氧弹电极的环上，使塞通过环的开口，并将导火线的两端分别接在电极上，然后将氧弹拧紧。小心地由进口阀的管口将氧气充入弹内至 2.94～3.14MPa 的压力，且不使空气由氧弹中排出。

⑥ 将氧弹小心地沉入盛有水的量热容器中勿使水量损失，使导线接于氧弹电极上，再将搅拌器及温度计插入水中，盖好盖，然后开动搅拌器。温度计及搅拌器不应接触氧弹及量热容器的壁。温度计的水银球中心位于氧弹高度的 1/2 处。搅拌器的搅拌部分不应露出水面，让设备平衡 5min 后开始量热试验。

⑦ 量热试验分为三期，即初期、主期和终期。

“初期”指在燃烧试样之前进行。在试验初期的温度条件下，观察及计算量热计与周围环境的换热作用。

“主期”指在此时间内试样开始燃烧，向量热计传导燃烧热。

[1] 标准苯甲酸在压片前，要在装有浓硫酸或五氧化二磷的干燥器内干燥 24h 以上。

“终期”指在主期后接着进行，其作用与初期相同，是在试验终了的温度条件下，观察和计算换热作用。

设备温度达到平衡后，记下试验的初期温度，开始初期读温，每1min读取1次，共读5次，读准至0.001℃。在读初期末次温度时，通上电流，然后进行主期读温，再进行终期读温；每0.5min读取1次，每次读温都读准至0.001℃。

为了克服毛细管妨碍水银凸面的均匀上升，应在每次读温之前，开动温度计振动器振动或用末端套有橡皮管的细棒轻敲温度计（在“主期”温度迅速上升时的读温除外）。

在主期中，当量热计中的水温不再上升，开始恒定或下降时的前一点作为主期的终点，主期一般为14个0.5min左右。紧接着为终期第1次，终期读数共10次。

⑧ 试验终了后，关上电动机，取出温度计，将氧弹从量热器中取出，小心地慢慢打开排气阀，并以均匀的速度放出弹中的气体，这一操作过程要求不少于1min。然后打开和取下氧弹的盖，检查氧弹内部燃烧是否完全，如发现有未燃烧的样品或油烟沉积物，则该试验报废。

⑨ 用蒸馏水洗涤氧弹内部、小皿及排气阀，并将全部洗涤液收集在锥形瓶中，用于洗涤的水应为150～200mL。

⑩ 计算量热计的水值测定结果时，应注意硝酸在水中生成及溶解的热量修正数。用0.1mol/L氢氧化钠溶液滴定氧弹的洗涤液，测定其生成的硝酸量。为此将装有洗涤液的烧杯用表面皿盖上，加热至沸腾并煮沸5min，然后加入1%酚酞指示剂2滴，用0.1mol/L氢氧化钠标准滴定溶液滴定至呈现不消失的玫瑰色为止。

⑪ 量热计的水值K（J/℃）按式(4-14)计算：

$$K=\frac{QG+Q_1G_1+5.986VR}{[(t_n+h)-(t_0+h_0)+\Delta t]H} \tag{4-14}$$

式中 Q——标准苯甲酸或标准异辛烷的燃烧热[1]，J/g；

G——标准苯甲酸或标准异辛烷的质量，g；

Q_1——导火线的燃烧热（见表4-13），J/g；

G_1——导火线的质量，g；

5.986——相当于每1mL0.1mol/L氢氧化钠标准滴定溶液中和硝酸所发出的热量，J/mL；

V——滴定氧弹洗涤液所消耗0.1mol/L氢氧化钠标准滴定溶液的体积，mL；

R——0.1mol/L氢氧化钠标准滴定溶液的浓度修正数；

t_0，t_n——主期的开始温度和末次温度，℃；

h_0，h——温度计读数在t_0、t_n时的修正值，℃；

Δt——量热计与周围环境的换热修正系数，℃；

H——贝克曼温度计在检定证书查出的修正系数（用一般水银量不变的量热温度计时，$K=1.000$）。

表4-13 导火线的燃烧热

导火线	燃烧热/(J/g)	导火线	燃烧热/(J/g)
铁丝	669.74	铜丝	251.15
铜镍锰合金丝	424.40	镍铬丝	140.23
镍铜合金丝	313.94	铂丝	41.86

量热计与周围环境的换热修正系数Δt（℃）按式(4-15)计算：

[1] 查看所用标准试剂商标或证书提供的数据。

$$\Delta t=\frac{\Delta t_1+\Delta t_2}{2}m+\Delta t_2\gamma \tag{4-15}$$

式中　Δt_1——初期内每0.5min的温度平均变化，℃；

Δt_2——终期内每0.5min的温度平均变化，℃；

m——主期内温度快速上升时的0.5min间隔数，其值根据表4-14的数据确定；

γ——主期内温度上升较慢时的0.5min间隔数，其值等于主期的0.5min总间隔数与m值之差。

表4-14　m值

标准值$\frac{t_4-t_0}{t_n-t_0}$	m值	标准值$\frac{t_4-t_0}{t_n-t_0}$	m值
0.50以下	9	0.83～0.91	5
0.51～0.64	8	0.92～0.95	4
0.65～0.73	7	0.95以上	3
0.74～0.82	6		

注：t_4—主期中第4次温度，℃；t_0—主期开始的温度（即初期的末次温度），℃；t_n—主期的末次温度，℃。

⑫ 水值为不少于5次测定结果所得的算术平均值（其测定结果间的误差不应超过41.86J/℃），这些实验应分别在3天内进行。

⑬ 关于水值的测定，当每次量热计操作条件变更时（即在热值测定装置部分更换或修理后、更换温度计时，室内温度变动在±5℃以上时及将量热计移至其他处时），必须重新进行测定。在正常情况下，至少每3个月进行测定1次。

（4）准备工作

① 小皿所用胶片的制备　以5%～8%的乙酸纤维的电影胶片（硝酸纤维的电影胶片不溶解于丙酮）或照相软片或乙酸纤维素的丙酮溶液来制备。此溶液的制取是将电影胶片或照相软片在热水中浸湿，除去胶膜，并使干燥，然后称出所需量的胶片，剪成小块，移入玻璃瓶或锥形烧瓶中，注入适量的丙酮。如用乙酸纤维素，直接称适量于锥形瓶中，注入适量的丙酮，用塞将瓶口塞上，摇晃至胶片完全溶解为止。

注意：①200mL5%～8%电影胶片或照相软片溶液，足够供制造150～200次热值测定的胶片用。②可使用溶于乙醚中的火棉胶溶液来代替溶于丙酮的电影胶片或照相软片溶液。

将准备好的溶液，量取4～5mL倒入直径100mm的平底皿上或平盘上。然后将容器向各方向倾斜，使其中的溶液呈均匀的薄层。经过10～15min，待所形成的胶片表面无光时，注入适量热水覆盖，待胶片由其边缘开始成皱纹并脱落时，将胶片从盘的表面上取下，并夹在滤纸中压榨。将制成的胶片，留在滤纸间干燥一昼夜。制好的胶片需保存在金属盒或纸盒中。

② 聚乙烯塑料安瓿瓶的制备　取一段聚乙烯塑料管在酒精灯火焰上烤软，将一端稍微拉细，然后将细端熔融封口。封好后，在酒精灯上烤软（勿使塑料管直接接触火焰），然后离开火焰，用嘴通过一个装有氯化钙的干燥管（避免吹入水汽）吹成带毛细管的塑料安瓿瓶封样管。封样管的质量为0.2g左右，吹好后放入干燥器中待用。

③ 胶片或聚乙烯塑料安瓿瓶弹热值的测定

a. 测定胶片或聚乙烯塑料安瓿瓶的弹热值，是为计算试样的热值时，作为修正值用。

b. 在测定热值时，胶片卷成质量为0.5～0.7g，聚乙烯塑料安瓿瓶取0.5～0.6g（称准至0.0002g）。将胶片或聚乙烯塑料安瓿瓶缠缚在导火线上（也可用棉线缠缚帮助燃烧），并置于小皿中。

c. 依水值测定步骤（3）①～③条进行量热计的准备工作，并使注入量热器中水的温度较外壳低0.5～1.0℃。

d. 再依水值测定步骤（3）④～⑧进行试验（不同的是用胶片或聚乙烯塑料安瓿瓶代替苯甲酸）。试验后不收集氧弹的洗涤液。

e. 胶片或聚乙烯塑料安瓿瓶的弹热值 $Q_{D/J}$（J/g）按式(4-16) 计算：

$$Q_{D/J}=\frac{KH[(t_n+h)-(t_0+h_0)+\Delta t]-Q_1G_1}{G} \tag{4-16}$$

式中 K——量热计的水值，J/℃；

G——胶片或聚乙烯塑料安瓿瓶的质量，g；

其余符号含义与式(4-14) 同。

注意：如用棉线捆胶片或聚乙烯塑料安瓿瓶，则式(4-16 ）还应减去棉线的发热量。

f. 胶片或聚乙烯塑料安瓿瓶的弹热值需用不少于两个试验结果的算术平均值，其试验结果之间的差数应不超过16.74J/g。

④ 小皿的准备

a. 测定前将小皿在（750±5)℃下煅烧10min，冷却后称准至0.0002g。

b. 将准备好的胶片，剪成宽6～8mm、长30～35mm做点火用的小条和直径比小皿外边缘稍大的圆片各一枚。

c. 用玻璃棒将胶片的丙酮溶液滴1滴到小皿侧面小孔对面的壁上，将点火小条一端固定在小皿的内壁上，另一端折在小皿外部。然后再用溶液涂抹小皿边缘上固定点火小条的地方，将点火小条未粘着的部分折转过来，然后再用溶液抹小皿的全部边缘，并将准备的圆形胶片放上贴好，务必使其与小皿边缘完全密合。剪下胶片突出的边缘后，用溶液小心地涂抹小皿边缘（呈均匀的薄层），使胶片与小皿边缘接合的地方能达到十分密合的程度。胶片粘好后，将小皿置于空气中干燥1～2h，同时使小皿的侧孔开着。

d. 经过1～2h后，用塞子塞好小皿的侧孔，在点火小条突出的末端刺一孔，将小皿称准至0.0002g，并算出所粘胶片的质量。

注意：①先将胶片对光检查有无孔眼，只取其质量好的部分来盖小皿。②重质石油产品的热值测定，不用胶片或聚乙烯安瓿瓶，可直接取样。

（5）试验步骤

① 按本方法（3）②和（3）③步骤进行量热计的准备工作。

② 胶片封样 试验煤油时，如用胶片封样，用注射器向按本方法（4）④准备好的小皿中，由侧孔注入试样0.5～0.6g，并小心地用塞将孔塞好。试验重质油品时，在按本方法（4）④准备好的小皿中，加入试样0.6～0.8g（含蜡黏稠重质油品，预热至40～50℃混合后取样）。此后，称量小皿及试样（准确至0.0002g），并算出试样的质量。

③ 将装试样的小皿，固定在电极的环上，使塞通过环的开口，将导火线的一端固定在电极上，试验轻质油品时，将导火线的另一端穿过点火小条并固定于电极的另一端。试验重质油品时，要将导火线的中段浸在小皿的试样中，使导火线呈U字形，两端分别固定在电

极上，小心地将氧弹拧紧，然后，由进口阀管慢慢地（避免胶片破裂）将氧气充至2.94～3.14MPa的压力，又不使空气排出。

④ 聚乙烯塑料安瓿瓶封样　试验易挥发试样时，用聚乙烯塑料安瓿瓶封样，将安瓿瓶预先在分析天平上称重（称准至0.0002g），然后，将预先冷却的试样用注射器注0.5～0.6g于塑料安瓿瓶中，立刻用手卡住毛细管中部，让毛细管上端在酒精灯火焰上方熔融封口，封好后，稍冷一会，再放入分析天平上称量（称准至0.0002g）。将封好试样的聚乙烯塑料安瓿瓶的毛细管端系在导火线上（也可以用一根棉线与导火线捆在一起），底部放在小皿上，装入氧弹，用氧气充至2.94～3.14MPa的压力，并不使空气排出。

⑤ 量热试验按本方法（3）⑥～⑩步骤进行。

（6）计算　试样的弹热值Q_D（J/g）按式(4-17)计算：

$$Q_D=\frac{KH[(t_n+h)-(t_0+h_0)+\Delta t]-(Q_1G_1+Q_{D/J}G_2)}{G} \tag{4-17}$$

式中　$Q_{D/J}$——胶片或聚乙烯塑料安瓿瓶的燃烧热，J/g；

G——小皿上胶片或聚乙烯塑料安瓿瓶的质量，g。

其余符号含义与式(4-14)同。

（7）精密度　试样弹热值重复测定两个结果间的差值不应超过125J/g。

（8）报告　取重复测定两个结果的算术平均值作为试验结果。

4.5.4.2　总热值测定法

方法标准规定了测定氧弹洗涤液中硫含量的方法，限于篇幅不再赘述。在测得试样的弹热值后，可直接将事先测定的试样硫含量（质量分数）代入式(4-9)，计算试样的总热值。

4.5.4.3　净热值测定法

方法标准规定了用试验方法（吸附法）或按公式计算的方法测定试样中氢质量分数的方法。因为只有在进行特别准确的分析测定时，才用试验方法测定氢含量，且试验过程繁杂费时，限于篇幅，对试验过程不再赘述。以下仅介绍试样氢含量和净热值的计算方法。

（1）按经验公式计算试样的氢含量　轻质油品氢质量分数，可按经验公式(4-18)计算：

$$H=1.194\times10^{-3}Q_D-41.4 \tag{4-18}$$

式中　Q_D——试样的弹热值，J/g；

1.194×10^{-3}，41.4——经验系数。

重质油品氢质量分数，可按经验公式(4-19)计算：

$$H=1.123\times10^{-3}Q_{D/C}-37.6 \tag{4-19}$$

式中　$Q_{D/C}$——不含水试样的弹热值，J/g；

1.123×10^{-3}，37.6——经验系数。

（2）净热值的计算

① 计算试样的净热值时，要在总热值中修正水蒸气在氧弹中凝结所放出的热量。

② 试样的净热值Q_1（J/g）按式(4-20)或式(4-21)计算：

轻质油品：$$Q_1=Q_Z-25.115\times9H=Q_Z-226.04H \quad (4\text{-}20)$$

重质油品：$$Q_1=Q_Z-25.115(9H+W) \quad (4\text{-}21)$$

式中 Q_Z——试样的总热值，J/g；

25.115——在氧弹中水蒸气每1%在凝结时放出的潜热，J/g；

9——氢质量分数换算为水质量分数的系数；

H——试样中含氢质量分数，%；

W——试样中含水质量分数，%。

4.5.4.4 精密度

① 在氧弹中测定总热值与净热值的结果，以 kJ/g 为单位时最后结果保留一位小数。

② 以氧弹测定油品热值时，应作重复试验，其结果间的差数不得超过 125J/g，若超过此值，则进行第3次测定，取其在允许差数范围内的两次测定结果的算术平均值，作为试验结果。

若第3次测定结果与前两次结果的差数，都在允许差数范围内，则取三次测定的算术平均值作为试验结果。

4.5.4.5 分析数值的换算

① 燃料不含水分时，测得的弹热值、总热值和净热值和使用燃料（即燃料在使用状态时）及干燥燃料的热值相等，不用换算。

② 燃料含有水分时，分析时不用脱水，分析数值按下列各式可换算为干燥燃料（脱水燃料）的热值：

$$Q_{D/G}=Q_{D/F}\frac{100}{1000-W} \quad (4\text{-}22)$$

$$Q_{Z/F}=Q_{D/F}\frac{100}{100-W} \quad (4\text{-}23)$$

$$H_G=H\frac{100}{100-W} \quad (4\text{-}24)$$

$$Q_{J/G}=Q_{Z/G}-226.1H_G \quad (4\text{-}25)$$

式中 $Q_{D/G}$，$Q_{Z/G}$，$Q_{J/G}$——干燥燃料的弹热值、总热值、净热值；

$Q_{D/F}$，$Q_{Z/F}$——分析数值的弹热值、总热值；

H_G，H——干燥燃料和试样含氢质量分数，%；

W——试样含水质量分数，%。

分析数据按下列公式可换算为使用燃料的热值：

$$Q_{D/S}=Q_{D/F} \quad (4\text{-}26)$$

$$Q_{Z/S}=Q_{Z/F} \quad (4\text{-}27)$$

$$Q_{J/S}=Q_{Z/S}-25.115(9H+W) \quad (4\text{-}28)$$

式中 $Q_{D/S}$，$Q_{Z/S}$，$Q_{J/S}$——使用燃料的弹热值、总热值、净热值；

其余符号含义同前。

4.6 喷气燃料的硫醇性硫和银片腐蚀(学习任务五)

喷气燃料的腐蚀性表现在气相和液相两个方面。气相腐蚀是含 SO_2 和 SO_3 气体在高温下对金属的腐蚀，液相腐蚀和汽油、柴油类似，燃料液态时对金属的腐蚀主要是由活性硫化物、含氧化物、水分和细菌所引起的。

控制喷气燃料腐蚀性的指标有含硫量、硫醇性硫含量、博士试验、铜片腐蚀、银片腐蚀、酸度、水溶性酸碱等。虽然各指标控制侧重点有所不同，但测定原理和方法与汽油、柴油等油品检验操作规程类似，本节仅就硫醇性硫和银片腐蚀重点予以讨论。

4.6.1　硫醇性硫测定

4.6.1.1　硫醇性硫及其腐蚀性

在喷气燃料中发现的有机硫化物主要包括硫醇（R-SH）、硫醚（R-S-R′）、二硫化物（R-S-S-R′）、多硫化物（R-S_x-R′）和噻吩类化合物（如噻吩、苯并噻吩和二苯并噻吩等）。低分子量的硫醇在喷气燃料中的含量与原油的性质及加工工艺密切相关，硫醇一般是不稳定硫化物受热分解产生的，多数残存于轻质石油馏分中。硫醇主要腐蚀发动机金属合金材料中的镉和青铜，在常温下不腐蚀钢、铝等合金。硫醇腐蚀金属后生成难溶于燃料的胶状物，容易堵塞喷嘴、过滤器和燃料泵的调节机构，破坏发动机的正常工作。硫醇还会与某些人造橡胶起作用，破坏密封，引起漏油。

硫醇的腐蚀性与其本身的结构有关。低分子量的硫醇腐蚀性较大。烷基硫醇的腐蚀性最大，芳基硫醇的腐蚀性较小，其中巯基直接连在环上的腐蚀性比巯基连在侧链上的要小。活性硫化物的腐蚀作用还与温度有关，温度升高后腐蚀性增大。

硫醇与硫化氢相似，具有弱酸性，在加工过程中可以通过碱洗的方法除去，但分子量较大的硫醇钠容易水解，不易除尽。硫醇还能与铅、汞、铜、银等重金属盐作用，生成不溶于水的重金属盐。用硫酸铜、硝酸银与硫醇的反应可以测定硫醇性硫。

此外，在喷气燃料中还发现有极微量的元素硫、硫化氢等硫化物，它们不容易定量测定，但对燃油系统中某些合金部件的腐蚀性很强。因此，在喷气燃料标准中，通过铜片腐蚀和银片腐蚀等模拟性试验控制活性硫，特别是元素硫和硫化氢的腐蚀性。

4.6.1.2　硫醇性硫测定意义

① 油品中的硫醇在燃料内溶解空气的影响下，能与其他组分共同氧化，降低油品的稳定性，增加腐蚀性。

② 硫醇性硫含量是评价喷气燃料使用性能的重要指标。硫醇性硫的存在不仅引起燃料系统的腐蚀，还会引起发动机本身的腐蚀，对橡胶密封件也有不良影响；易挥发的硫醇性硫还具有特殊的刺激气味，在储存及使用时有害。

为减少硫化物，防止硫醇产生腐蚀，我国要求 3 号喷气燃料中总硫的质量分数应小于 0.2%，且硫醇的质量分数限制在 0.002%以下。

4.6.1.3 测定方法

我国1号、2号喷气燃料中硫醇性硫含量测定采用氨-硫酸铜法，3号喷气燃料采用GB/T 1792—2015《汽油、煤油、喷气燃料和馏分燃料中硫醇性硫的测定（电位滴定法）》。

氨-硫酸铜法是一种化学分析方法，主要使用容量分析仪器。测定时将油样注入分液漏斗中，用深蓝色透明的氨-硫酸铜溶液滴定油样，氨-硫酸铜溶液与油样分为互不相溶的两层，硫醇与铜氨络离子作用生成硫醇铜，使水溶液层的蓝色消失。在滴定过程中水溶液层由无色变为浅蓝色时即为滴定终点。根据所用氨-硫酸铜标准溶液的滴定度和消耗体积以及油样质量可计算出硫醇性硫的含量。

氨-硫酸铜法测定结果往往低于实际硫醇含量，这是因为和铜氨配离子发生反应的主要是伯硫醇，而仲硫醇，尤其是叔硫醇只是部分地反应，燃料中的硫醇并未全部转化为硫醇铜。此外，判断无色和浅蓝色之间的变化也难以十分精确。

电位滴定法能够较准确地测定各种不同结构的硫醇，适用于测定硫醇性硫含量在0.0003%～0.01%范围内的汽油、喷气燃料、煤油和馏分燃料中的硫醇性硫。若游离硫质量分数大于0.0005%时，对测定有一定干扰。

电位滴定装置由电位计、电极、滴定和搅拌装置等组成，如图4-17所示。

测定时将无硫化氢试样溶解在乙酸钠的异丙醇溶剂中，用硝酸银-异丙醇标准溶液进行电位滴定，硫醇的巯基（—SH）与硝酸银反应生成硫醇银沉淀，使用玻璃参比电极和银-硫化银指示电极检测滴定过程中溶液电位（由银离子浓度变化引起）的变化，根据电位突跃指示确定滴定终点。

目前，自动电位滴定计在油品分析中得到了广泛的应用。图4-18是702 SM Titrino型自动电位滴定计，适用于非水体系的滴定分析，内置了ASTM标准部分油品分析方法，可用于石油产品中硫醇性硫、总酸、总碱、碘值、溴值、溴指数等指标的测定。该仪器有四种工作模式：等量滴定（试剂以恒量加进，仪器自动识别终点），终点设定滴定（预设1～2个终点电位进行自动滴定），测量及校正。

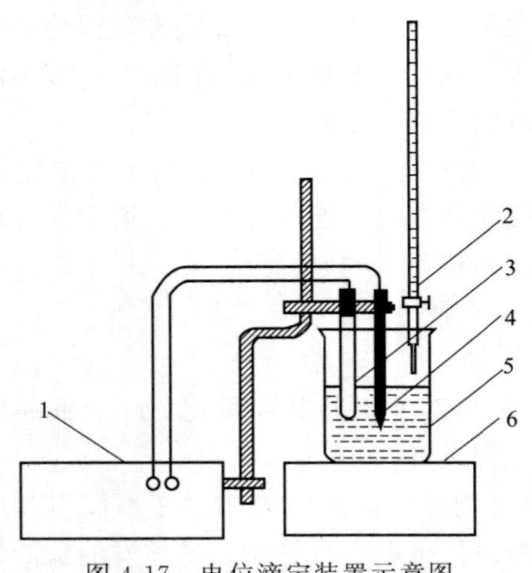

图4-17　电位滴定装置示意图

1—电位计；2—滴定管；3，4—电极；5—滴定池；6—电磁搅拌器

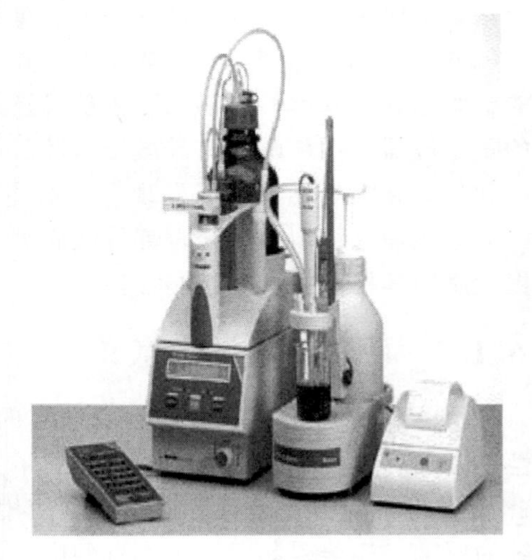

图4-18　702 SM Titrino型自动电位滴定计

4.6.1.4　电位滴定法测定注意事项

(1) 滴定溶剂的选择　煤油喷气燃料和馏分燃料中的硫醇分子量较高，使用酸性滴定溶剂，有利于在滴定过程中更快地达到平衡。汽油中所含硫醇的分子量较低，在溶液中容易挥发损失，因此采用在异丙醇中加入乙醇钠溶液，以保证滴定溶剂呈碱性。

(2) 滴定溶剂净化　硫醇极易被氧化为二硫化物（R—S—S—R′），从而由“活性硫”转变为“非活性硫”。因此，要求在测定前，都要用快速氮气流净化滴定溶剂 10min，以除去溶解氧，保持隔绝空气。

(3) 标准滴定溶液的配制和盛放　为避免硝酸银见光分解，配制和盛放硝酸银-异丙醇标准滴定溶液时，必须使用棕色容器；标准滴定溶液的有效期不超过 3 天，若出现浑浊或沉淀，必须另行配制；在有争议时，需当天配制。

(4) 滴定时间控制　为避免滴定期间硫化物被空气氧化，应尽量缩短滴定时间，在接近终点等待电位恒定时，不能中断滴定。

4.6.2　硫醇性硫检验操作规程（GB/T 1792—2015）

本方法适用于测定硫质量分数在 0.0003%～0.01%范围内，无硫化氢的喷气燃料、汽油、煤油和轻柴油中的硫醇性硫。元素硫含量大于 0.0005%时有干扰。本方法在评价喷气燃料、汽油、煤油和轻柴油的气味、对燃料系统橡胶部件的不良影响及对燃料系统腐蚀具有重要意义。

4.6.2.1　方法概要

本方法系将无硫化氢试样溶解在乙酸钠的异丙醇溶剂中，用硝酸银的异丙醇标准溶液进行电位滴定，用玻璃参比电极和银-硫化银指示电极之间的电位突跃指示滴定终点。在滴定过程中，硫醇性硫沉淀为硫醇银，据此可以计算硫醇性硫的质量分数。

4.6.2.2　仪器与试剂

(1) 仪器　酸度计或自动电位滴定计；滴定池；滴定架；参比电极（玻璃电极）；指示电极（银-硫化银电极）；滴定管（10mL，分度为 0.05mL）；烧杯（200mL）；容量瓶（1000mL）等。

(2) 试剂与材料　硫酸（化学纯，配成体积比为 1∶5 的 H_2SO_4 溶液）；硫酸镉（化学纯，配成酸性溶液，在水中溶解 150g $3CdSO_4 \cdot 8H_2O$，加入 10mL 硫酸溶液，用水稀释至 1L）；碘化钾（分析纯）；异丙醇（分析纯）；硝酸银（分析纯）；硝酸（分析纯）；硫化钠（分析纯，在水中溶解 10g Na_2S 或 31g $Na_2S \cdot 9H_2O$，稀释至 1L，配成 1%的新鲜水溶液）；结晶乙酸钠或无水乙酸钠（分析纯）；冰乙酸（分析纯）；金相砂纸［磨料粒度为 W_{20}（尺寸范围为 14～20μm）］。

注意：异丙醇贮存较久时，可能有过氧化物形成。若经检验（取约 10mL 异丙醇于试管中，滴入 0.1mol/L 硝酸银异丙醇溶液，若有浑浊沉淀，表明有过氧化物存在）含过氧化物时，则应使用活性氧化铝或硅胶吸附柱脱除。

4.6.2.3 准备工作

(1) 配制 0.1mol/L 碘化钾标准溶液　在水中溶解约 17g（称准至 0.01g）碘化钾，并用水在容量瓶中稀释至 1L，计算其物质的量浓度。

(2) 配制 0.1mol/L 硝酸银-异丙醇标准滴定溶液　在 100mL 水中溶解 17g $AgNO_3$，用异丙醇稀释至 1L，贮存在棕色瓶中，每周标定 1 次。具体标定方法是：量取 100mL 水于 200mL 烧杯中，加入 6 滴浓 HNO_3，煮沸 5min，赶掉氮的氧化物。待冷却至室温后准确量取 5mL0.1mol/L 碘化钾标准溶液于同一烧杯中，用待标定的硝酸银-异丙醇溶液进行电位滴定，以滴定曲线的转折点为终点，计算其物质的量浓度。

(3) 配制 0.01mol/L 硝酸银-异丙醇标准滴定溶液　吸取 10mL0.1mol/L 硝酸银-异丙醇标准溶液于 100mL 棕色容量瓶中，用异丙醇稀释至刻线。标准滴定溶液的有效期不超过 3 天，若出现浑浊沉淀，必须另行配制。

(4) 配制滴定溶剂

① 碱性滴定溶剂的配制　称取 2.7g 结晶乙酸钠或 1.6g 无水乙酸钠，溶解在 25mL 无氧水中，注入 975mL 异丙醇中：适于汽油分析。

② 酸性滴定溶剂的配制　称取 2.7g 结晶乙酸钠或 1.6g 无水乙酸钠，溶解在 25mL 无氧水中，注入 975mL 异丙醇中，并加入 4.6mL 冰乙酸：适于喷气燃料、煤油和轻柴油分析。

注意：两种滴定溶剂，每天使用前，均应用快速氮气流净化 10min，以除去溶解氧。

(5) 电极的准备

① 玻璃电极　每次滴定前后，用蒸馏水冲洗电极，并用洁净的擦镜纸擦拭。隔一段时间后（连续使用时，每周至少 1 次），应将其下部置于冷铬酸洗液中，搅动几秒钟，清洗 1 次。不用时，保持下部浸泡在水中。

② 银-硫化银指示电极的制备（涂渍 Ag_2S 电极表层）　用金相砂纸擦亮电极，直至显出清洁、光亮的银表面。把电极置于工作状态，银丝端浸在含有 8mL 10g/L Na_2S 溶液的 100mL 酸性滴定溶剂中。在搅拌条件下，从滴定管中慢慢加入 10mL0.1mol/L 硝酸银-异丙醇标准溶液，电位滴定溶液中的硫离子，时间控制在 10～15min。取出电极，用蒸馏水冲洗，再用擦镜纸擦拭。两次滴定之间，将电极存放在含有 0.5mL 0.1mol/L 硝酸银-异丙醇标准溶液的 100mL 酸性滴定溶剂中至少 5min；不用时，与玻璃电极一起浸入水中。当硫化银电极表面层不完好或灵敏度低时，应重新涂渍。

4.6.2.4 试验步骤

(1) 硫化氢的脱除　量取 5mL 试样于试管中，加入 5mL 酸性 $CdSO_4$ 溶液后振荡，定性检查硫化氢。若有黄色沉淀出现，则认为有 H_2S 存在，应按如下方法脱除：取 3～4 倍分析所需量的试样，加到装有试样体积一半的酸性 $CdSO_4$ 溶液的分液漏斗中，剧烈摇动、抽提，分离并放出黄色的水相，再用另一份酸性 $CdSO_4$ 溶液抽提，放出水相，然后用 3 份 30mL 水洗涤试样，每次洗后将水排出。用快速滤纸过滤洗过的试样，再于试管中进一步检查洗过试样中有无 H_2S，若仍有沉淀出现，需再次抽提，直至 H_2S 脱尽。

(2) 试样的测定

① 吸取不含 H_2S 的试样 20～50mL，置于盛有 100mL 滴定溶剂的 200mL 烧杯中，立

即将烧杯放置在滴定架的电磁搅拌器上，调整电极位置，使下半部浸入溶剂中，将装有0.01mol/L硝酸银-异丙醇标准滴定溶液的滴定管固定好，使其尖嘴端伸至烧杯中液面下约25mm。调节电磁搅拌器速度，使其剧烈搅拌而无液体飞溅。

② 记录滴定管及电位计初始读数。硫醇存在的电位读数通常在−250～−350mV之间。加入适量的0.01mol/L硝酸银-异丙醇标准滴定溶液，当电位恒定后，记录电位及体积。若电位变化小于6mV/min，即认为恒定。

③ 根据电位变化情况，决定每次加入0.01mol/L硝酸银-异丙醇标准滴定溶液的量。当电位变化小时，每次加入量可大至0.5mL；当电位变化大于6mV/0.1mL时，需逐次加入0.05mL。接近终点时，经过5～10min才能达到恒定电位。

注意：虽然等待电位恒定重要，但为避免滴定期间硫化物被空气氧化，尽量缩短滴定时间也甚重要。滴定不能中断。

④ 继续滴定直至电位突跃过后又呈现相对恒定（电位变化小于6mV/0.1mL）为止。移去滴定管，升高电极夹，先用醇后用水洗净电极，用擦镜纸擦拭。用金相砂纸轻轻地摩擦银-硫化银电极。在同一天的连续滴定之间，将两支电极浸在含有0.5mL 0.1mol/L硝酸银醇标准溶液的100mL滴定溶剂或浸在100mL滴定溶剂中至少5min。

(3) 空白滴定　只要使用电位滴定仪器测定硫醇，至少每天按上述滴定步骤不加试样进行空白滴定，记录空白消耗的体积。

4.6.2.5　计算

(1) 数据处理　用所加0.01mol/L硝酸银-异丙醇标准溶液累计体积对相应电极电位作图，终点选在图4-19中滴定曲线的每个“折点”最陡处的最大值。关于终点说明如下。

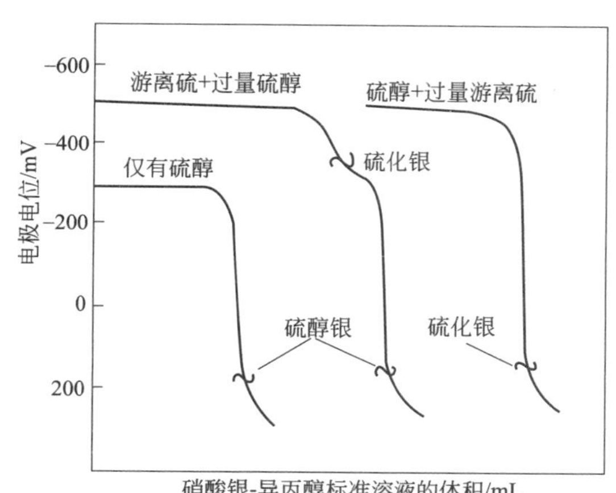

图4-19　典型电位滴定曲线

① 若试样中仅有硫醇时产生如图4-19左侧的曲线。

② 若试样中同时含有硫醇和游离硫（或称元素硫）时，与单纯含有硫醇相比，初始电位应更负（相差为150～300mV）。滴定过程中，由于可产生硫化银沉淀，其滴定曲线有如下两种情况。

当硫醇存在过量时，硫化银产生沉淀（电位突跃不明显）之后，接着是硫醇银沉淀，其滴定曲线见图4-19中间曲线。因为全部硫化银来自等物质的量的硫醇，所以，硫醇性硫含量必须用硫醇盐终点的总滴定量进行计算。

当游离硫存在过量时，硫化银的终点与硫醇银的位置相同（见图4-19右侧曲线），并且按硫醇进行计算。

(2) 计算　试样中硫醇性硫的质量分数w按式(4-29)～式(4-32)计算：

$$w=\frac{3.206Dc(V_1-V_0)}{m} \tag{4-29}$$

或

$$w=\frac{3.206Dc(V_1-V_0)}{dV} \tag{4-30}$$

$$D=(m+I)/m \tag{4-31}$$

$$D=(V+J)/V \tag{4-32}$$

式中 c——硝酸银-异丙醇标准滴定溶液的摩尔浓度，mol/L；

V_1——试样滴定时接近 300mV 达到终点所消耗硝酸银-异丙醇标准滴定溶液的体积，mL；

V_0——空白滴定时接近 300mV 达到终点所消耗硝酸银-异丙醇标准滴定溶液的体积，mL；

m——所用试样的质量，g；

V——所用试样的体积，mL；

d——取样温度下试样的密度，g/mL；

D——稀释系数，对高硫醇试样使用稀释法测定时，需要按式(4-31)或式(4-32)计算；

I——所用稀释剂的质量，g；

J——所用稀释剂的体积，mL；

3.206——100 乘每毫摩尔硫醇中硫的以克为单位的质量，g。

4.6.2.6 精密度

用下述规定判断试验结果的可靠性(95%置信水平)。

(1) 重复性　同一操作者，重复测定两个结果之差不应超过式(4-33) 和图 4-20 中所示数值。

$$r=0.00007+0.027X_1 \tag{4-33}$$

式中 X_1——重复测定的两次硫醇性硫含量的平均值,%。

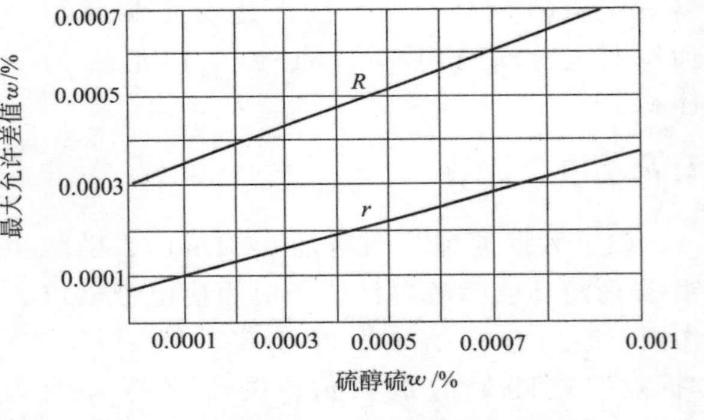

图 4-20　喷气燃料、汽油、煤油和柴油中硫醇性硫测定的精密度曲线

(2) 再现性　两个实验室，所得两个结果之差不应超过式(4-34) 和图 4-20 中所示数值。

$$R=0.00031+0.042X_2 \tag{4-34}$$

式中 X_2——两个实验室测定的硫 醇性硫含量的平均值,%。

4.6.2.7 报告

取重复测定两个结果的算术平均值，作为试样的硫醇性硫含量。

4.6.3 银片腐蚀

4.6.3.1 银片腐蚀试验

与铜片腐蚀试验类似，银片腐蚀试验是将磨光的银片浸没在 250mL、(50±1)℃的试样中4h或产品标准规定的更长时间，试样中腐蚀性介质（如水溶性酸、碱、有机酸性物质，特别是游离硫和硫醇等）与金属银片发生化学或电化学反应。试验结束时，从试样中取出银片，洗涤后评定腐蚀程度。银片腐蚀分级表共分为五级，如表4-15所示。

表4-15　银片腐蚀分级

级别	名称	现象描述
0	不变色	除局部可能稍失去光泽外，几乎和新磨光的银片相同
1	轻度变色	淡褐色，或银白色褪色
2	中度变色	孔雀屏色，如蓝色或紫红色或中度和深度麦黄色或褐色
3	轻度变黑	表面有黑色或灰色斑点和斑块，或有一层均匀的黑色沉积膜
4	变黑	均匀地深度变黑，有或无剥落现象

4.6.3.2　测定意义

银片腐蚀试验主要用来检测喷气燃料中“活性硫”，比铜片腐蚀试验更为灵敏。某些经铜片腐蚀性试验合格的喷气燃料在使用时，还存在对喷气发动机燃油泵镀银部件的浸蚀现象。因此，直接评定喷气燃料对金属银腐蚀的程度，对于控制腐蚀活性组分，改善喷气燃料的质量，防止其对银的腐蚀作用，保证燃油泵安全运行具有十分重要的意义。我国喷气燃料的银片腐蚀试验要求银片腐蚀级别不大于1级。

4.6.3.3　测定方法

油品银片腐蚀试验按SH/T 0023—90（2000）《喷气燃料银片腐蚀试验法》进行，该标准修改采用IP 227—88，主要适用于测定喷气燃料对航空涡轮发动机燃料系统银部件的腐蚀倾向，试验过程中使用的主要仪器设备为银片腐蚀装置（见图4-21）、水浴、银片等。

银片腐蚀试验时，量取250mL试样注入银片腐蚀装置的盛样磨口试管中。将经过最后磨光处理的银试片悬放在冷凝器下端玻璃钩上，然后小心地将试片连同冷凝器缓缓地浸入试样中。连接冷凝器上的冷却水流［入口水温在（20±5）℃范围，水流速度约10mL/min］。将试管放入水浴，维持温度为（50±1）℃。试验时间为4h或产品标准规定的更长时间。试验完毕，从试管中取出银片，浸入异辛烷中。随后立即从异辛烷中取出银片，用定量滤纸吸干（不是擦干），检查银片的腐蚀痕迹。

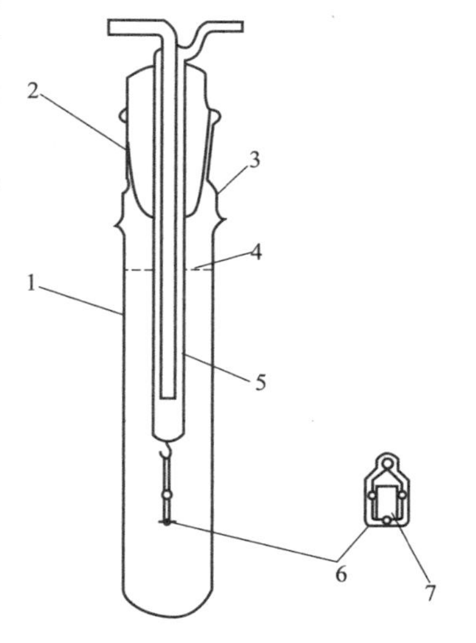

图4-21　喷气燃料银片腐蚀装置
1—试管；2—磨口（45号）；3—试管接口处容积350mL；4—浸入线；5—冷凝器；6—玻璃钩；7—银片

4.6.3.4　测定注意事项

（1）试样的预处理　试样最好用清洁的棕色玻璃瓶盛装。样品应装满，上部空间不应大于5%。取样后立即加盖，贮于阴凉处，最好低于4℃，并应尽快进行试验。在试验准备过程中，尽量避免试样接触空气和阳光照射，而且要求试样不含悬浮水。发现试样中有悬浮水存在时，则应在避光的情况下通过中速定量滤纸过滤到清洁、干燥的试管中。

（2）银试片处理　银片对腐蚀性活性物质的敏感程度较

铜片灵敏，与水接触时极易形成渍斑，影响评级。因此，在表面处理试片时，要用无灰滤纸夹持，以防止银片与手指接触。最后磨光处理时，银试片只准用不锈钢镊子夹持，而不许与手指接触。最后磨光的试片必须在1min内浸入试样。棱角被磨成椭圆形的试片不宜使用。

（3）试验条件的控制　试验过程中温度的高低变化和试片浸渍时间的长短会影响测定结果，因此要严格控制试验条件。

本章小结

本章介绍了喷气燃料性质、组成、制备等基础知识和喷气燃料质量技术标准，然后选择喷气燃料结晶点、冰点、密度、碘值、烟点、净热值、硫醇性硫、银片腐蚀试验等指标检验作为学习内容，旨在通过这些项目的学习，使学生形成喷气燃料指标检验的具体工作思路，熟悉从资料准备、试验准备、试验条件控制、数据采集校正、报告结果等过程，并且能够对试验过程有关问题进行分析和处理。熟悉和理解各指标的基本概念，掌握各指标的意义、分析方法和结果计算方法，熟练掌握各指标检验的操作技能。

通过以上工作内容的学习和训练，学生应该举一反三，能够对喷气燃料的其他技术指标进行检验。

【阅读材料】

航空污染

航空公司已成为全球产生温室效应的“罪魁祸首”之一。如果航空业的污染不加以控制，各国为旨在限制二氧化碳释放的《京都议定书》所做的一切努力，都将被穿梭于空中的飞机带来的污染所抵消。

从地面至大约一万二千米的高空，属于大气层中的对流层，它主宰着地球各地的气候。在低对流层，客机排放出的氧化氮会催化臭氧的产生，而臭氧导致的温室效应是二氧化碳的一千倍。然而在高对流层，客机排出的氧化氮，却会加快破坏那里的臭氧层，削弱臭氧层阻挡太阳紫外线的效能。而客机飞行时排出到大气混合层中的化学物，直接破坏着地面的空气质量。

当飞机在高空飞行时，飞机发动机排出的湿热气流与高空冷空气相遇后，便会形成白色雾气，如同冬天人们呼出的热气，与外面的冷空气相遇后，会形成白色雾气一样。当这种雾气达到饱和状态时，会形成水滴，然后迅速冰冻，形成一条由水蒸气和冰组成的白色凝结尾迹。这种由飞机产生的凝结尾迹，可能只在部分航程中出现，开始时很窄，之后迅速扩张，如果条件适宜，能扩展到数千米宽，几十千米长的区域。这种凝结尾迹可以在空中停留数小时，通过反射来自地球表面的红外线而阻止热量向外扩散，使地球大气层温度上升，加速全球变暖的进程。据欧洲气象卫星发回的数据显示，现在喷气式飞机尾气引起的卷云面积是尾气本身的10多倍。卷云是由数量庞大的小冰晶所组成的，常出现在天空的上层（通常为离地约6km高处）。卷云数量的增多导致地球的热量难以从大气层辐射开去，从而加剧了全球变暖的趋势。

目前，国际上很难对飞机所排放的温室气体进行定量分析，但调查显示，航空业是温室气体的排放大户，半数以上往返于荷兰阿姆斯特丹和泰国普吉的航班，其二氧化碳一次性排量比一辆新型汽车全年的排放量还多。

一些国家和组织已经认识到航空业污染的严重性，并采取措施尽量弥补已造成的污染。有专家指出低空飞行有利于保护环境。他们称如果全球所有的喷气式飞机都能比现有飞行高度低飞1800m的话，它们在高空飞行时所产生的凝结尾气将减少47%。而这将能够有效地保护环境，遏制全球变暖的趋势。但是降低飞行高度要牵扯到安全等复杂的问题。

此外，人们正在研制燃油效率更高、二氧化碳排放量更低的飞机，以加强和提高燃油的品质，使之更加符合环保要求。尽管如此，环保组织仍明确无误地指出，新技术最多只是令未来飞机废气的增长速度放缓，但却难以减少废气排放量。为此，联合国下属的国际民航组织最近便发出呼吁，要求各大航空公司将飞机引擎排放的氧化亚氮减少16%。目前也正在考虑一项新提议，即要求航空公司向温室气体排放量低的国家购买排放限额，以及通过征收额外关税来惩罚“严重污染者”。

所以，如何从根本上解决这个问题，是科学家面临的一个长期而艰巨的任务。

习　　题

1. 术语解释

（1）结晶点　（2）冰点　（3）视密度　（4）相对密度　（5）碘值

（6）溴值　（7）烟点　（8）辉光值　（9）净热值　（10）硫醇性硫

2. 判断题

（1）1号、2号喷气燃料为煤油型馏分，3号喷气燃料为宽馏分型。（　　）

（2）分子量较大的正构烷烃的结晶点较高，而环烷烃和烯烃的结晶点则较低。（　　）

（3）在结晶点时油品已经失去流动性。（　　）

（4）冰点和结晶点都是反映油品低温性能的指标，一般燃料冰点比结晶点低1～3℃。（　　）

（5）测量油品密度时，密度计被按下的程度越大，干管部分黏附的油越多，密度计读数就越大。（　　）

（6）碳原子数目相同的烃类，其密度由大到小的顺序为：芳烃、环烷烃、烷烃。（　　）

（7）油品储存过程中轻组分蒸发损失过多会导致密度变小。（　　）

（8）测定碘值时，开始滴定时要剧烈摇动，使滴定反应完全。（　　）

（9）用电量法测溴值时，要求电解生成单质溴的电流效率大于100%。（　　）

（10）喷气燃料的碘值越大，其安定性越差。（　　）

（11）燃料的烟点值越大，则生成积炭越多。（　　）

（12）燃料的碳氢比越大，则生成积炭的倾向也越大。（　　）

（13）含芳香烃多的燃料，燃烧后生成炭粒较多，火焰亮度大，热辐射强度高。（　　）

（14）装入量热计中蒸馏水的量对量热计的水值没有影响。（　　）

（15）燃料的弹热值就是总热值。（　　）

（16）电位滴定法测定馏分燃料中硫醇性硫时，每次滴定前后，都要用蒸馏水冲洗电极，并用洁净的擦镜纸擦拭。（　　）

3. 填充题

（1）喷气式发动机结构由进气道、__________、__________、__________和__________等组成。

（2）喷气燃料按馏分宽窄、轻重可以分为__________型、__________型和__________型。

（3）喷气燃料中的水分主要以__________和__________的形式存在。

（4）喷气燃料中__________烃的水溶性最强，__________烃的水溶性最弱。

（5）密度计要作定期检定，至少每______年复检1次。

（6）测量密度时，环境温度变化大于______℃时，要使用恒温浴，以保证试验结束与开始的温度相差不超过______℃。

(7) 测定溴值的库仑滴定池中有两套电极系统，它们分别是__________和__________。

(8) 影响喷气燃料燃烧性能的主要因素有燃料的__________、__________、__________和__________等。

(9) 评价燃料生成积炭倾向的指标有__________、__________和__________。

(10) 烟点仪校正系数测定时使用的标准燃料是__________和__________。

(11) 低位热值也称__________，是指燃料完全燃烧，其燃烧产物中的水蒸气以__________存在时的发热量。

(12) 喷气燃料的热值也可以在测定燃料的__________和__________后用经验公式计算求出。

(13) 测定喷气燃料中硫醇性硫时要选择__________性溶剂。指示电极是__________，参比电极是__________。

(14) 喷气燃料中含有硫化氢会干扰硫醇性硫的测定，在试样中加入__________振荡，若出现__________沉淀，则表明试样中含有硫化氢。

4. 单选题

(1) 我国 3 号喷气燃料冰点要求不高于（ ）℃。

A. −60　　B. −50　　C. −47　　D. −35

(2) 我国 3 号喷气燃料要求的标准密度范围是（ ）g/cm^3。

A. 0.700～0.760　　B. 0.775～0.840

C. 0.820～0.860　　D. 0.840～0.880

(3) 下述烃类中，溶解水的能力最强的是（ ）。

A. 芳香烃　　B. 环烷烃　　C. 烷烃　　D. 烯烃

(4) 测定结晶点时，冷槽温度应比试样预期结晶点低（ ）℃。

A. 5±2　　B. 10±2　　C. 15±2　　D. 20±2

(5) 喷气燃料油的碘值等于（ ）。

A. 与油品反应碘的质量分数

B. 与 1mol 油反应的碘的质量（以 g 计）

C. 与 1mol 油反应的碘的质量（以 mg 计）

D. 被 100g 油品反应的碘的质量（以 g 计）

(6) 下述烃类中，烟点值最小的是（ ）。

A. 芳香烃　　B. 环烷烃　　C. 萘系芳烃　　D. 烯烃

(7) 下列表述错误的是（ ）。

A. 燃料的烟点越小，则生成积炭的倾向越大

B. 燃料的 H/C 比越小，则生成积炭的倾向越大

C. 燃料的 H/C 比越大，烟点越小

D. 燃料中芳香烃含量越多，烟点越小

(8) 下列表述错误的是（ ）。

A. 弹热值＞总热值＞净热值

B. 总热值＞弹热值＞净热值

C. 碳原子数相同时，烷烃热值＞芳烃热值

D. 碳原子数相同时，烯烃热值＞芳烃热值

(9) 在电位滴定过程中，电位恒定是指加入一定体积的滴定剂所引起电位的变化（ ）。

A. 小于 6mV/0.1mL　　B. 大于 6mV/0.1mL

C. 小于 6mV/1mL　　D. 大于 6mV/1mL

(10) 银片腐蚀试验主要试验条件是［ ］。

A. (50±1)℃，2h　　B. (50±1)℃，4h

C. (100±1)℃，2h　　D. (100±1)℃，4h

5. 问答题

（1）影响油品低温流动性的因素主要有哪些？

（2）喷气燃料为什么规定要按未脱水法测定试样的结晶点？

（3）密度计法测定油品密度的原理是什么？

（4）影响碘值测定的因素有哪些？

（5）积炭分为哪几种类型？生成的原因有哪些？

（6）弹热值和总热值、净热值有何区别？

（7）电位滴定法测定汽油和喷气燃料中硫醇性硫含量时所用溶剂有何不同？

6. 扩展题

（1）查阅相关资料，总结能用于油品密度测定的各种不同的方法。

（2）查阅有关试验方法标准，简述喷气燃料中芳烃和烯烃含量的测定原理和方法要点。

（3）查阅相关资料，比较油品铜片腐蚀和银片腐蚀指标的异同。

（4）查阅相关资料，总结油品色度测定的各种不同方法。

（5）查阅相关资料，简述喷气燃料产生静电的原因、危害、防范措施及评价方法。

第5章 润滑油质量检验

学习指南

【知识目标】

1. 了解润滑油的组成、分类、规格、牌号和用途等相关知识；
2. 熟悉润滑油技术指标要求及指标作用；
3. 熟悉润滑油分析常用仪器的性能、使用方法和测定注意事项；
4. 掌握润滑油典型指标的检验方法，熟悉指标测定的影响因素。

【能力目标】

1. 能正确选择和使用常见的润滑油分析仪器；
2. 能够控制试验条件，熟练进行润滑油硫含量、闪点和燃点、运动黏度、泡沫特性等指标分析检测；
3. 能够依据润滑油试验方法标准，制定其他项目试验实施方案；
4. 能够分析处理润滑油检验中的异常现象，排除试验常见故障；
5. 正确处理试验数据和报告结果。

5.1 信息导读

5.1.1 种类与牌号

5.1.1.1 概述

（1）润滑油组成　润滑油由基础油和各种添加剂组成，基础油是润滑油的主要组成部分，一般占80%左右。基础油品质和含量的高低，直接影响着润滑油的品种和质量的好坏。润滑油基础油可分为矿物基础油、合成基础油和植物油基础油三类。

矿物基础油是高沸点、高分子量的烃类和非烃类的混合物。烃类是烷烃、芳烃、环烷烃等，非烃类是含氧、含氮、含硫有机化合物和胶质、沥青质等。烃类是基础油的主体成分，非烃类占很少比例。由减压分馏塔分馏出的馏分，烃类碳数分布在C_{20}～C_{40}，沸点范围为350～535℃，平均分子量为300～500，一般称为馏分润滑油料。减压塔底渣油加工所得烃类碳数分布更高，大于C_{40}，沸点范围更高，高于500～540℃，分子量大于500，一般称为残渣润滑油料。矿物基础油原料充足、价格相对比较便宜，基本能满足各种机械设备的使用要求，且可以通过添加各种添加剂的方法进一步提高其质量，目前在润滑油市场用量占比较大。

合成型基础油是通过化学合成的方法制备得到的一类性能优良的润滑油。合成油具有一定的化学结构和预定的物理化学性质（通过控制合成条件实现），其组成中除碳、氢以外，还分别有氧、硅、磷、氟、氯等元素。目前已经工业化生产的合成润滑油有六类：有机酯（双酯、多元醇酯、复酯等），合成烃（聚 α-烯烃、烷基苯、聚异丁烯等），聚醚，聚硅氧烷（甲基硅油、甲基苯基硅油等），含氟油，磷酸酯。与矿物油相比，合成油具有较好的高温和低温性能、优良的黏温性能、较低的挥发性、优良的化学稳定性、抗燃性、抗辐射等性能，但合成型润滑油成本相对较高。虽然合成润滑油成本相对较高，但使用率稳步增长，日益普及。

植物油主要成分是脂肪酸甘油酯，某些结构的植物油具有良好的润滑性能和极压性能，能够用来生产润滑油。植物油毒性低，可以生物降解而迅速地降低环境污染，虽然植物油成本较高，但所增加的费用足以抵消使用其它矿物油、合成润滑油所带来的环境治理费用，因此，植物油受到越来越多的关注。

添加剂是润滑油的重要组成部分，对润滑油的使用性能有非常重要的影响，是当代高级润滑油的精髓。正确选用、合理加入，可改善润滑油的物理化学性质，对其赋予新的特殊性能，或加强其原来具有的某种性能，满足更高的要求。

（2）润滑油的制备　润滑油可通过调合制备而得到。一般来说，润滑油的调合需要 1～3 种基础油和若干种添加剂。通过调合可以改善基础油本身的氧化安定性、热安定性、极压性和黏度等物理化学性能。根据具体润滑油质量的技术要求和使用性能，对添加剂精心选择，仔细平衡，进行合理调配，是保证润滑油质量的关键。

（3）润滑油的作用　润滑油种类繁多，不同的产品具有不同的功能，润滑油可起到控制摩擦、减少磨损、冷却降温、密封隔离、阻尼振动等作用。现以内燃机（润滑）油为例，其主要作用有以下几点。

① 润滑与减摩　润滑油在金属表面形成油膜，可以减少机械部件磨损和由于摩擦引起的功率损失及摩擦热。

② 冷却发动机部件　内燃机工作时有些部件温度较高，通过内燃机油的循环带走一部分热量，能起到冷却发动机部件的作用。

③ 保持润滑部件清洁　发动机在工作过程中油的变质物、灰尘、冷凝水等形成的油泥，容易堵塞油路、增加发动机的磨损、粘连活塞环，影响发动机功率。内燃机油对生成的油泥、涂膜以及磨损的金属、空气带入的尘埃等具有清洗作用，并将其带走，经粗、细滤清器将有害物质除去，从而保证发动机的正常工作。

④ 密封燃烧室　内燃机油在汽缸活塞环与缸套、活塞环与环槽之间形成的油膜能起密封作用，保持燃烧室不漏气，防止燃气窜入曲轴箱。

⑤ 防锈和抗腐蚀　引起腐蚀的物质主要有水、酸、空气和润滑油的氧化产物等。内燃机油中有起防锈和防腐蚀作用的添加剂，可使油品具有中和酸和增溶酸的能力，以及抗氧化和防锈能力。

5.1.1.2　分类与牌号

润滑油是液体润滑剂，种类繁多，应用广泛，其品种、规格和牌号比其他油品更为复杂。我国等同采用了 ISO 6743—99：2002 标准，制定了国家标准 GB/T 7631.1—2008《润滑剂、工业用油和有关产品（L 类）的分类 第一部分：总分组》，对分类进行了规范（详见表 1-4）。

（1）内燃机油的分类和牌号　内燃机是当代主要的动力机械，所以内燃机油消耗最大，我国每年内燃机油消耗约占润滑油总量的40%以上。随着汽车发动机结构和工作条件的不断改进，对内燃机油的质量要求也不断提高。

GB/T 14906－2018《内燃机油黏度分类》从流变学的角度规定了内燃机油的黏度分类，该标准采用了含字母 W 和不含字母 W 的两组黏度等级系列。含 W 的一组单级内燃机油是以低温启动黏度、低温泵送黏度和100℃的运动黏度划分黏度等级，共有六个低温黏度级号（0W、5W、10W、15W、20W、25W）；不含 W 的一组单级内燃机油是以100℃运动黏度时高温高剪切黏度划分黏度等级，共有八个高温黏度等级号（8、12、16、20、30、40、50、60）。内燃机油黏度分类如表5-1所示。

表5-1　内燃机油黏度分类（GB/T 14906—2018）

黏度等级	低温启动黏度/mPa·s不大于	低温泵送黏度(无屈服应力时)/mPa·s不大于	运动黏度(100℃)/(mm^2/s)不小于	运动黏度(100℃)/(mm^2/s)小于	高温高剪切黏度(150℃)/mPa·s不小于
试验方法	GB/T 6538	NB/SH/T 0562	GB/T 265	GB/T 265	SH/T 0751①
0W	6200(－35℃)	60000(－40℃)	3.8	—	
5W	6600(－30℃)	60000(－35℃)	3.8	—	
10W	7000(－25℃)	60000(－30℃)	4.1	—	
15W	7000(－20℃)	60000(－25℃)	5.6	—	
20W	9500(－15℃)	60000(－20℃)	5.6	—	
25W	13000(－10℃)	60000(－15℃)	9.3	—	
8	—	—	4.0	6.1	1.7
12	—	—	5.0	7.1	2.0
16	—	—	6.1	8.2	2.3
20	—	—	6.9	9.3	2.6
30	—	—	9.3	12.5	2.9
40	—	—	12.5	16.3	3.5(0W-40、5W-40和10W-40等级)
40	—	—	12.5	16.3	3.7(15W-40、20W-40和25W-40和40等级)
50	—	—	16.3	121.9	3.7
60	—	—	21.9	26.1	3.7

① 也可采用SH/T 0618、SH/T 0703方法，有争议时以SH/T 0751为准。

内燃机油黏度牌号又有单级油和多级油之分。单级油属于牛顿型流体，其牌号如10W、30、40等，表示只符合SAE发动机油黏度分类中的某单一级别，对适用的环境温度有严格要求，单级油表示为SAE ××W或SAE ××；多级油属于非牛顿型流体，一般经过加入聚合物黏度指数改进剂调配而成，能同时满足多个黏度级别要求，其牌号中包含 W 黏度级和高温黏度级，并且两个黏度级号之差大于等于15。如SAE 15W/40，系指其低温性能可满足15W，高温黏度可满足40要求，且级号之差大于15。某些虽然标有两个黏度级号，但其级号差小于15的润滑油只能归为单级油。如SAE 10W/20则不属于多级油。多级润滑油作为一种黏温性能好、工作温度宽、节能效果明显的润滑油品得到广泛使用。

内燃机油除按黏度划分等级外，我国按照国际通行做法还根据油品质量对其分类。GB/T 28772—2012《内燃机油分类》根据产品特性、使用场合和使用对象确定了汽油机油、柴油机油详细分类及代号。每个品种由两个大写英文字母及数字组成的代号表示，每个特定的品种代号还应附有按GB/T 14906规定的黏度等级。代号中第一个字母以“S”代表汽油机油，“C”代表柴油机油；第二个字母以英文字母A、B、C…表示质量等级，无论汽油机油还是柴油机油，越靠后的字母代表质量等级越高。GB 11121—2006《汽油机油》中有SE、SF、SG、SH、GF-1、SJ、GF-2、SL、GF-3等9个等级（原SA、SB、SC、SD已废除），GB 11122—2006《柴油机油》中有CC、CD、CF、CF-4、CH-4和CI-4等6个等级（原CA、CB、CD-Ⅱ、CE已废除）。

内燃机油的产品标记为：“质量等级”＋“黏度等级”＋“油品名称”，如：SF 10W-30

汽油机油，CC 30 柴油机油。SF、CC 分别表示汽油机油和柴油机油的质量等级，10W-30 和 30 代表油品的黏度等级。

通用内燃机油产品标记为：“汽油机油质量等级/柴油机油质量等级”＋“黏度等级”＋通用内燃机油；或“柴油机油质量等级/汽油机油质量等级”＋“黏度等级”＋通用内燃机油。如：SJ/CF-45W-30 通用内燃机油或 CF-4/SJ 5W-30 通用内燃机油。前者表示该配方油品首先满足 SJ 汽油机油的要求，又能够满足 CF-4 柴油机油的要求；后者表示油品首先满足 CF-4 柴油机油的要求，又能够满足 SJ 汽油机油的要求。

（2）其他润滑油的分类　在 GB/T 7631.1—2008 中按照应用场合将润滑产品分为 18 类，我国已经制定了相应的分类标准。

如 GB/T 7631.9—2014《润滑剂、工业用油和有关产品（L类）的分类 第九部分：D组（压缩机）》包含对空气压缩机油和真空泵油、气体压缩机油、冷冻机油的分类方法。如容积型空气压缩机油分为 DAA、DAB、DAG、DAH、DAJ 共五个品种。在 GB/T 12691—1990《空气压缩机油》中将往复式压缩机油分为 L-DAA 和 L-DAB 两个品种，每个品种按照运动黏度（40℃）分为 32、46、68、100、150 五个牌号。在 GB/T 16630—2012《冷冻机油》中将冷冻机油分为 L-DRA、L-DRB、L-DRD、L-DRE、L-DRG 共五个种类，其牌号按照运动黏度（40℃）划分。

GB/T 7631.6—89《润滑剂、工业用油和有关产品（L类）的分类 第六部分：C组（齿轮）》将齿轮油划分为工业闭式齿轮油、工业开式齿轮油、车辆齿轮油；并依据 GB/T 3141—94《工业液体润滑剂　ISO 黏度分类》，按 40℃运动黏度的中心值分为 68、100、150、220、320、460 及 680 共 7 个等级。

5.1.2　选用、储存的注意事项

5.1.2.1　润滑油选用注意事项

润滑油种类不同，作用有别，选用时考虑的侧重点也不同。通常要考虑机械负荷、机械磨损状况、机械相对运动速度、工作环境温度等因素。

负荷大或磨损大时，应选用黏度较大或油性、极压性好的润滑油，反之，选用黏度较小的润滑油，以提高机械运转效率；机件的相对运动速度较高时，需选用黏度较小的润滑油，反之，则应选用黏度较大的润滑油；间歇性运动或冲击力较大的运动机械，易破坏润滑油膜，应选用黏度较大或耐极压性较好的润滑油（脂）。在高温条件下，应选用黏度较大、闪点较高、油性好以及氧化安定性好的润滑油。对于温度变化范围较大的摩擦部位，应选用黏温性能较好的润滑油。

选用内燃机油时主要从质量等级和黏度牌号两方面进行，首先选择合适的质量等级，然后选择需要的黏度等级。

5.1.2.2　储存注意事项

润滑油品应该储存于阴凉、通风的库房，远离火种、热源。应与氧化剂分开存放，切忌混储。标明品名、牌号、级别、数量及入库日期等，并配备适当品种和数量的消防器材以及泄漏应急处理设备材料等。此外，还应注意以下几点。

① 盛装及储存润滑油的容器必须干净清洁。运输和储存汽轮机油和变压器油要求“专罐专线”。

② 运输和储存过程中要特别注意不要混入水分和杂质。

③ 不同公司的同类润滑油产品不得混用，必须混用时则要求先进行试验，确认无不良反应后则可混合；同一公司不同质量等级的产品不得混用；油品代用必须“以高代低”，且要求黏度级别相同。

④ 散装润滑油的储存期一般不要超过半年。桶装润滑油品的储存期比散装的长一些，但一般不要超过 1 年。

5.1.3 产品质量标准

5.1.3.1 汽油机油质量标准

汽油机油现行标准是 GB 11121—2006《汽油机油》。该标准规定了以精制矿物油、合成油或混合精制矿物油与合成油为基础油，加入多种添加剂制成的汽油机油的技术条件，其产品适合于各种操作条件下使用的汽车四冲程汽油发动机，如轿车、轻型卡车、货车和客车发动机的润滑。共有 SE、SF、SG、SH、GF-1、SJ、GF-2、SL 和 GF-3 9 个等级。汽油机油标准分别按黏温性能要求、理化性能和模拟性能要求、发动机试验要求三方面对各牌号的油品提出了全面的技术要求。表 5-2 为 SE、SF 两个等级汽油机油的黏温性能要求，表 5-3(1) 和表 5-3(2) 分别为汽油机油理化性能和模拟性能要求，控制指标有水分、闪点、泡沫特性、蒸发损失、过滤性、均匀性和混合性、高温沉积物、凝胶指数、碱值、机械杂质、硫酸盐灰分及硫磷氮等元素的质量分数等。针对汽油机油的发动机台架试验限于篇幅不再列出，可参阅相应标准。

表 5-2 SE、SF 汽油机油的黏温性能要求

项目和试验方法		低温动力黏度 (GB/T 6538) /mPa·s 不大于	边界泵送温度 (GB/T 9171)/℃ 不大于	运动黏度 (GB/T 265,100℃) / (mm²/s)	黏度指数 (GB/T 1995, GB/T 2541)不小于	倾点 (GB/T 3535)/℃ 不高于
质量等级	黏度等级	—	—	—	—	—
SE、SF	0W-20	3250(−30℃)	−35	5.6～<9.3	—	−40
	0W-30	3250(−30℃)	−35	9.3～<12.5	—	
	5W-20	3500(−25℃)	−30	5.6～<9.3	—	−35
	5W-30	3500(−25℃)	−30	9.3～<12.5	—	
	5W-40	3500(−25℃)	−30	12.5～<16.3	—	
	5W-50	3500(−25℃)	−30	16.3～<21.9	—	
	10W-30	3500(−15℃)	−25	9.3～<12.5	—	−30
	10W-40	3500(−15℃)	−25	12.5～<16.3	—	
	10W-50	3500(−15℃)	−25	16.3～<21.9	—	
	15W-30	3500(−15℃)	−20	9.3～<12.5	—	−23
	15W-40	3500(−15℃)	−20	12.5～<16.3	—	
	15W-50	3500(−15℃)	−20	16.3～<21.9	—	
	20W-30	4500(−10℃)	−15	12.5～<16.3	—	−18
	20W-40	4500(−10℃)	−15	16.3～<21.9	—	
	30			9.3～<12.5	75	−15
	40			12.5～<16.3	80	−10
	50			16.3～<21.9	80	−5

5.1.3.2 柴油机油质量标准

柴油机油现行标准是 GB 11122—2006《柴油机油》。标准规定了以精制矿物油、合成油或精制矿物油与合成油的混合油为基础油，加入多种添加剂或复合剂制成的柴油机油的技术要求和试验方法，其所属产品适用于以柴油为燃料的四冲程柴油发动机的润滑。同样，该标准也按黏温性能要求、理化性能和模拟台架试验要求、使用性能要求三方面对各牌号的柴油机油提出了全面的技术要求。与汽油机油相似，柴油机油的黏温性能也有专门的要求，其中 CC、CD 等级油的黏温性能要求见表 5-4。柴油机油理化性能要求的项目有水分、泡沫特性、蒸发损失、机械杂质、闪点、碱值、硫酸盐灰分及硫、磷、氮等元素含量；柴油机油使用性能包括发动机台架试验、高温清洁性和抗磨试验、高温腐蚀试验、橡胶相溶性及其他一些特性项目。具体内容可参阅相应的标准，此处不再列出。

表 5-3(1)　汽油机油的理化性能和模拟性能要求

项目	质量指标								试验方法
	SE	SF	SG	SH	GF-1	SJ	GF-2	SL GF-3	
水分(体积分数)/% ≤	报告								GB/T 260
泡沫特性(倾向/稳定性)/(mL/mL)									
24℃ ≤	20/0		10/0			10/0		10/0	GB/T 12579[1]
93.5℃ ≤	150/0		50/0			50/0		50/0	
后 24℃ ≤	25/0		10/0			10/0		10/0	
150℃ ≤	—		报告			250/50		100/0	SH/T 0722[2]
蒸发损失[3](质量分数)/% ≤		5W-30 10W-30 15W-40			0W、5w 其他多级油	0W-20、5W-20、其他多级油　5W-30、10W-30			
诺亚克法(250℃,1h)	—	25	20	18	25　20	22　20	22	15	SH/T 0059
或气相色谱法(371℃馏出量)									
方法 1	—	20	17	15	20	—　—	—	—	SH/T 0558
方法 2	—	—	—	—	17	17　15	17	—	SH/T 0695
方法 3	—	—	—	—	—	17　15	17	10	ASTM D6417
过滤性/% ≤		5W-30 15W-40 10W-30 50 无要求			— — —				
EOFT 流量减少	—				50	50	50	50	ASTM D6795
EOWTT 流量减少	—								ASTM D6794
用 0.6% H_2O_2	—	—			—	报告	—	50	
用 1.0% H_2O_2	—	—			—	报告	—	50	
用 2.0% H_2O_2	—	—			—	报告	—	50	
用 3.0% H_2O_2	—	—			—	报告	—	50	
均匀性和混合性	—	与 SAE 参比油混合均匀							ASTM D6922
高温沉积物/mg ≤									
TEOST	—	—			—	60	60	—	SH/T 0750
TEOST MHT	—	—			—	—	—	45	ASTM D7097
凝胶指数 ≤	—	—			—	12　无要求	12[4]	12[4]	SH/T 0732
机械杂质(质量分数)/% ≤	0.01								GB/T 0511
闪点(开口)/(黏度等级) ≥	200(0W、5W 多级油),205(10W 多级油),215(15W、20W 多级油),220(30),225(40),230(50)								GB/T 3536
磷(质量分数)/% ≤	见表 2-2	0.12[5]			0.12	0.10[6]	0.10	0.10[7]	GB/T 17476[8]、SH/T 0296、SH/T 0631、SH/T 0749

① 对于 SG、SH、GF-1、SJ、GF-2、SL 和 GF-3，需首先进行步骤 A 试验。
②为 1min 后测定稳定体积。对于 SL 和 GF-3 可根据需要确定是否首先进行步骤 A 试验。
③ 对于 SF、SG 和 SH，除规定了指标的 5W/30、10W/30 和 15W/40 之外的所有其他多级油均为“报告”。
④ 对于 G-2 和 GF-3，凝胶指数试验是从－5℃开始降温直到黏度达到 40 000mPa・s 时的温度或温度达到－40℃时试验结束，任何一个结果先出现即视为试验结束。
⑤ 仅适用于 5W-30 和 10W-30 黏度等级。
⑥ 仅适用于 0W 20、5W-20、5W-30 和 10W-30 黏度等级。
⑦ 仅适用于 0W-20、5W-20、0W-30、5W-30 和 10W-30 黏度等级。
⑧ 仲裁方法。

润滑油种类繁杂，质量要求各异，试验方法也很多。其中色度、密度、黏度、黏度指数、闪点、凝点和倾点、酸值、碱值和中和值、水分、铜片腐蚀、机械杂质、残炭、灰分和硫酸灰分等与其他油品指标类似，属于一般理化性能指标；还有相当数量的特殊理化性能指标，需要专门的仪器和条件，在此不便逐一罗列。后续章节仅就润滑油分析中几个典型指标加以学习和讨论。

表 5-3(2)　汽油机油的理化性能要求

项　目	质量指标		试验方法
	SE　SF	SG、SH、SF-1、SJ、GF-2、SL、GF-3	
碱值(以 KOH 计)/(mg/g)	报告		SH/T 0251
硫酸盐灰分(质量分数)/%	报告		GB/T 2433
硫①(质量分数)/%	报告		GB/T 387、GB/T 388、GB/T 11140、GB/T 17040、GB/T 17476、SH/T 0172、SH/T 0631、SH/T 0749
磷①(质量分数)/%	报告	见表 5-3(1)	GB/T 17476、SH/T 0296、SH/T 0631、SH/T 0749
氮①(质量分数)/%	报告		GB/T 9170、SH/T 0656、SH/T 0704

① 生产者在每批产品出厂时要向使用者或经销者报告该项目的实测值，有争议时以发动机台架试验结果为准。

表 5-4　CC、CD 柴油机油的黏温性能要求

项目和试验方法		低温动力黏度(GB/T 6538)/mPa·s 不大于	边界泵送温度(GB/T 9171)/℃ 不大于	运动黏度(GB/T 265，100℃)/(mm²/s)	高温剪切黏度(SH/T 0618②，SH/T0703，SH/T0751：150℃，10^6s^{-1})/mPa·s 不小于	黏度指数(GB/T 1995 GB/T 2541) 不小于	倾点(GB/T 3535)/℃ 不高于
质量等级	黏度等级	—	—	—	—	—	—
	0W-20	3250(−30℃)	−35	5.6～<9.3	2.6	—	
	0W-30	3250(−30℃)	−35	9.3～<12.5	2.9	—	−40
	0W-40	3250(−30℃)	−35	12.5～<16.3	2.9	—	
	5W-20	3500(−25℃)	−30	5.6～<9.3	2.6	—	
	5W-30	3500(−25℃)	−30	9.3～<12.5	2.9	—	−35
	5W-40	3500(−25℃)	−30	12.5～<16.3	2.9	—	
	5W-50	3500(−25℃)	−30	16.3～<21.9	3.7	—	
	10W-30	3500(−15℃)	−25	9.3～<12.5	2.9	—	
	10W-40	3500(−15℃)	−25	12.5～<16.3	2.9	—	−30
CC①、CD	10W-50	3500(−15℃)	−25	16.3～<21.9	3.7	—	
	15W-30	3500(−15℃)	−20	9.3～<12.5	2.9	—	
	15W-40	3500(−15℃)	−20	12.5～<16.3	3.7	—	−23
	15W-50	3500(−15℃)	−20	16.3～<21.9	3.7	—	
	20W-40	4500(−10℃)	−15	12.5～<16.3	3.7	—	
	20W-50	4500(−10℃)	−15	16.3～<21.9	3.7	—	−18
	20W-60	4500(−10℃)	−15	21.9～<26.1	3.7	—	
	30	—	—	9.3～<12.5	—	75	−15
	40	—	—	12.5～<16.3	—	80	−10
	50	—	—	16.3～<21.9	—	80	−5
	60	—	—	21.9～<26.1	—	80	−5

① CC 不要求测定高温剪切黏度。

② 仲裁方法。

5.2 润滑油的运动黏度（学习任务一）

5.2.1　运动黏度测定

黏度是润滑油的一项重要的技术指标，是润滑油选用的主要依据。我国润滑油的牌号主要根据运动黏度来划分。

5.2.1.1　黏度的定义及种类

黏度反映流体在外力作用下移动时，流体分子之间内摩擦力的性质。通常，黏度按其定义不同分为绝对黏度和相对黏度两大类。绝对黏度包括动力黏度和运动黏度；相对黏度则包括恩氏黏度、赛氏黏度、雷氏黏度等。

（1）动力黏度　动力黏度是液体在一定剪切应力下流动时内摩擦力的量度。当流体处于层流状态时，剪切应力符合式(5-1) 牛顿黏性定律：

$$\tau=\frac{F}{S}=\eta\frac{\mathrm{d}v}{\mathrm{d}x} \tag{5-1}$$

式中　τ——剪切应力，即单位面积上的剪切力，N/m^2；

F——相邻两层流体做相对运动时产生的剪切力（或称内摩擦力），N；

S——相邻两层流体的接触面积，m^2；

$\frac{\mathrm{d}v}{\mathrm{d}x}$——与流动方向垂直方向上的流体速度变化率，称为速度梯度，s^{-1}；

η——流体的黏滞系数（又称动力黏度，简称黏度），Pa・s。

符合式(5-1) 关系的流体称为牛顿型流体，即在所有剪切应力和速度梯度下，都显示恒定黏度的流体；反之，则称为非牛顿型流体。动力黏度又称为绝对黏度或牛顿液体黏度，其物理含义是面积各为 $1m^2$ 并相距 1m 的两层流体，以 1m/s 的速度做相对运动时所产生的内摩擦力。用符号 η_t 表示，国际单位制中动力黏度单位是 $N \cdot s/m^2$ 或 Pa・s。

大多数石油产品在浊点温度以上时都属于牛顿型流体。当油品在低温下有蜡析出时，流动性能变差，属于非牛顿型流体。

动力黏度测量方法有毛细管法、旋转黏度计法、振动管法等。通常使用毛细管黏度计进行相对测量，即用同一规格的毛细管黏度计，在相同的条件下分别测定已知动力黏度的油品和待测油品的流动时间和密度，则动力黏度和流动时间之间的关系如式（5-2）所示：

$$\frac{\eta_1}{\eta_2}=\frac{\rho_1\tau_1}{\rho_2\tau_2} \tag{5-2}$$

式中　η——油品的动力黏度，Pa・s；

ρ——油品的密度，g/cm^3；

τ——油品在黏度计中的流动时间，s。

（2）运动黏度　运动黏度是油品动力黏度和同温度下油品密度的比值，如式(5-3) 所示：

$$\nu_t = \frac{\eta_t}{\rho_t} \tag{5-3}$$

式中 ν_t——油品在温度 t℃时的运动黏度，m^2/s；

η_t——油品在温度 t℃时的动力黏度，Pa·s；

ρ_t——油品在温度 t℃时的密度，kg/m^3。

依据上式，式(5-2) 又可写成如式(5-4) 的形式：

$$\frac{\eta_1/\rho_1}{\eta_2/\rho_2} = \frac{\nu_1}{\nu_2} = \frac{\tau_1}{\tau_2}$$

$$\nu_2 = \frac{\nu_1}{\tau_1} \times \tau_2 \tag{5-4}$$

因 ν/τ 在 GB/T 265 中作为黏度计常数 C，故式(5-4) 可写为：

$$\nu_2 = C\tau_2 \tag{5-5}$$

利用玻璃毛细管黏度计测定液体的运动黏度时，在某一恒定的温度下，测定一定体积的液体流过一个标定好的玻璃毛细管黏度计的时间，黏度计常数与流动时间的乘积即为该温度下液体的运动黏度。

(3) 条件黏度　条件黏度又称相对黏度，指采用特定黏度计所测得的以条件性数值表示的黏度。常见的条件黏度有以下三种。

① 恩格勒黏度（简称恩氏黏度）　是在规定温度下，从恩氏黏度计中流出 200mL 试油所需要的时间与在 20℃下流出相同体积的蒸馏水所需时间（s）的比值。恩氏黏度用符号°E 表示，单位为条件度。我国用恩氏黏度评价一些深色润滑油及残渣油的黏度。

② 赛波特黏度（简称赛氏黏度）　是在规定的温度（如 100°F、210°F 或 212°F）下，从赛氏黏度计中流出 60mL 试油所需要的时间，以 s 为单位。根据黏度计的孔径不同，赛氏黏度又可分为赛氏通用黏度和赛氏重油黏度两种。

③ 雷德乌德黏度（简称雷氏黏度）　是在规定的温度（如 70°F、140°F 或 212°F）下，从雷氏黏度计中流出 50mL 所需要的时间，以 s 为单位。根据黏度计的孔径不同，雷氏黏度又分为雷氏 1 号（用 Rt 表示，测轻质油）和雷氏 2 号（用 RAt 表示，测重质油）两种。赛氏黏度和雷氏黏度，在欧美国家经常用到。

运动黏度和恩氏黏度表达方式不同，但它们之间存在一定的关系，也可通过经验公式或图表与其他黏度进行换算。如同一油品在一定条件下恩氏黏度与运动黏度可用以下经验式进行换算[1]。

$$\nu_t(mm^2/s) = 8.0°E - \frac{8.64}{°E} \quad (1.35 \leqslant °E \leqslant 3.2)$$

$$\nu_t(mm^2/s) = 7.6°E - \frac{4.0}{°E} \quad (°E > 3.2)$$

5.2.1.2　黏度和温度及组成的关系

(1) 润滑油黏度和温度的关系　润滑油黏度随温度的变化而变化，温度升高黏度变小，温度降低黏度增大。通常把润滑油黏度与温度的关系及其变化的程度称为润滑油的黏温性，黏温性能是润滑油的重要指标。

[1] 用经验公式换算的精确度不高。

在许多机械工作过程中，润滑油所接触部位的温度可能相差较大。高温时，要求润滑油能够保持一定的黏度，形成一定厚度的油膜，起到应有的润滑作用。而在低温时，要求黏度不要增加太大，否则，会使机械启动困难，并增加磨损。

一般来说，油品在 50℃ 以下时黏度随温度变化比较显著，50～100℃ 之间变化较小，100℃ 以上变化更小。

反映油品黏温性能的指标主要有黏度指数和运动黏度比。

① 黏度指数　国际上广泛采用的控制润滑油黏温性能的质量指标，是表示油品黏度随温度变化特性的一个约定值，用符号Ⅵ（viscosity index）表示。黏度指数越高，表示润滑油的黏温性能越好。我国规定润滑油黏度指数采用标准 GB/T 1995—1998《石油产品黏度指数计算法》进行公式计算或利用 GB/T 2541—81《石油产品粘度指数算表》进行查表。

GB/T 1995—1998 中规定，人为选择黏温性能极好和极差的两种油作为标准油，规定前者的黏度指数为 100，称为 H 油；后者黏度指数为 0，称为 L 油。将这两种油分成若干窄馏分，分别测定各馏分在 100℃ 和 40℃ 时的运动黏度，然后在这两种油的数据中，分别选出 100℃ 运动黏度相同的两个窄馏分组成一组，列成表格，如表 5-5 所示（仅为部分数据，详见 GB/T 1995 附录 1）。

表 5-5　运动黏度按 40℃、100℃ 分级的 L 和 H 基准油（节选）

运动黏度 (100℃)/(mm^2/s)	L	H	运动黏度 (100℃)/(mm^2/s)	L	H
5.00	40.23	28.49	6.60	69.16	44.24
5.10	41.99	29.46	6.70	71.29	45.33
5.20	43.76	30.43	6.80	73.48	46.44
5.30	45.53	31.40	6.90	75.72	47.51
5.40	47.31	32.37	7.00	78.00	48.57
5.50	49.09	33.34	7.10	80.25	49.61
5.60	50.87	34.32	7.20	82.39	50.69
5.70	52.64	35.29	7.30	84.53	51.78
5.80	54.42	36.26	7.40	86.66	52.88
5.90	56.20	37.23	7.50	88.85	53.98
6.00	57.97	38.19	7.60	91.04	55.09
6.10	59.74	39.17	7.70	93.20	56.20
6.20	61.52	40.15	7.80	95.43	57.31
6.30	63.32	41.13	7.90	97.72	58.45
6.40	65.18	42.14	8.00	100.0	59.60
6.50	67.12	43.18	8.10	102.3	60.74

确定某种油品的黏度指数时，先测定该油品在 40℃ 和 100℃ 的运动黏度，然后在表中找出 100℃ 时与试样黏度相同的标准组的 L 和 H 值，用式(5-6) 计算该油品的黏度指数 VI（该式适合 $VI \leqslant 100$ 的油品）。

$$VI = \frac{L - U}{L - H} \times 100 \tag{5-6}$$

式中　VI——试样的黏度指数；

L——与试样在 100℃ 时运动黏度相同、黏度指数为 0 的标准油在 40℃ 时的运动黏度，mm^2/s；

H——与试样在 100℃ 时运动黏度相同、黏度指数为 100 的标准油在 40℃ 时的运动黏度，mm^2/s；

U——试样在40℃时的运动黏度，mm^2/s。

若试样的运动黏度 $\nu_{100}>70mm^2/s$，则 L 和 H 值可以根据式(5-7) 和式(5-8) 计算得到。

$$L=0.8353Y^2+14.67Y-216 \tag{5-7}$$

$$H=0.1684Y^2+11.85Y-97 \tag{5-8}$$

式中 Y——试样100℃时的运动黏度，mm^2/s。

对于黏度指数 $VI\geqslant100$ 的油品，可按式(5-9) 和式(5-10) 计算。

$$VI=\frac{10^N-1}{0.00715}+100 \tag{5-9}$$

$$N=\frac{\lg H-\lg U}{\lg Y} \tag{5-10}$$

GB/T 2541—81 规定了通过查表求黏度指数 VI 的方法。

② 运动黏度比　通常指同种润滑油50℃和100℃时运动黏度的比值（ν_{50}/ν_{100}）。该比值越小，表示润滑油在测定的温度范围内（50～100℃）的黏温性能越好，反之则越差。此方法虽简单，但不准确。只有当油品黏度相近时才有比较的意义。

(2) 润滑油黏度与化学组成的关系　各种烃类黏度顺序是：环烷烃>芳香烃>异构烷烃>正构烷烃，并且黏度随环烷烃在分子中所占比例增加而增加。同类烃中，黏度随分子量的增大而增大，即石油馏分越重，其黏度越大。少环长侧链烃是润滑油的理想组分。

油品通过加氢等处理可以使环结构变成链状结构，提高油品的黏度指数。胶质沥青质均属多环化合物，其黏度大而黏温性能很差，是润滑油精制除去的主要对象。

5.2.1.3　运动黏度测定意义

运动黏度不仅是润滑油分类的依据，而且也与发动机冷启动性能、摩擦功率的大小、机械磨损量、密封程度、润滑油及燃料油品的消耗量等关系密切。运动黏度过大时会造成发动机低温启动困难，润滑油泵送性能差，油品不能及时到达润滑部位，容易出现干摩擦，机械功率下降，使油品的冷却和降温性能也变差。反之，运动黏度过小时，油膜容易被破坏，润滑性能变差，密封作用不好，油品消耗量也增加。为了减少磨损，要求润滑油必须有一定的黏度并能在摩擦面形成足够厚度的油膜，但为了节约燃料则需要减少摩擦阻力，要求黏度小一点；同样为了提高冷却和洗涤效果，又希望润滑油的黏度要小一点。因此，必须全面考虑。

除此之外，运动黏度是评价轻柴油和车用柴油流动性、雾化性和润滑性的指标。黏度过小，会使高压油泵柱塞与泵筒之间漏油量增多，喷入汽缸的燃料减少，造成发动机功率降低，同时喷油过近，雾化不良，易造成局部燃烧；若黏度过大，则流动阻力增大，难于过滤，泵油效率降低，发动机供油量减少，喷油嘴喷出的油滴颗粒大，射程远，雾化状态差，油气混合不均匀，燃烧不完全，易形成积炭，使发动机单位耗油量增大。

5.2.1.4　测定仪器及操作

运动黏度测定按GB/T 265—88《石油产品运动黏度测定法和动力黏度计算法》进行，使用的主要仪器是玻璃毛细管黏度计（见图5-1），该法适用于牛顿型流体的液体油品。

（1）测定仪器　玻璃毛细管黏度计测定黏度的原理，依据泊塞耳方程式(5-11)：

$$\eta=\frac{\pi r^{4}p\tau}{8VL} \tag{5-11}$$

式中　η——试样的动力黏度，Pa·s；

r——毛细管半径，m；

L——毛细管长度，m；

V——毛细管流出试样的体积，m^3；

τ——试样的平均流动时间（多次测定结果的算术平均值），s；

p——使试样流动的压力，N/m^2。

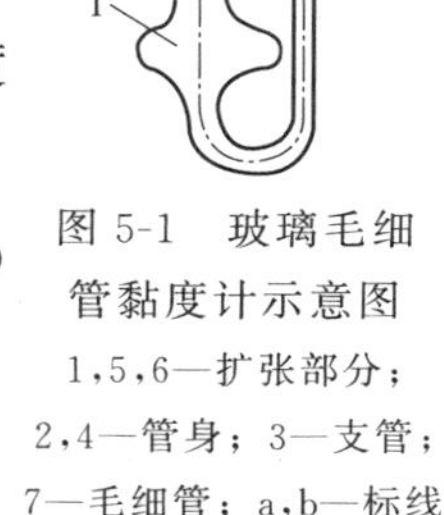

图 5-1　玻璃毛细管黏度计示意图

1,5,6—扩张部分；2,4—管身；3—支管；7—毛细管；a,b—标线

如果试样流动压力改用油柱静压力表示，即 $p=h\rho g$，再将动力黏度转换为运动黏度，则式(5-11) 可改写为式(5-12) 形式：

$$\nu=\frac{\eta}{\rho}=\frac{\pi r^{4}h\rho g\tau}{8VL\rho}=\frac{\pi r^{4}hg}{8VL}\tau \tag{5-12}$$

式中　ν——试样的运动黏度，m^2/s；

h——油柱高度，m；

g——重力加速度，m/s^2。

对于指定的毛细管黏度计，其直径、长度和液柱高度都是定值，即 r、L、V、h、g 均为常数，因此式(5-12) 可改写为式(5-13) 形式：

$$\nu=C\tau \tag{5-13}$$

$$C=\frac{\pi r^{4}hg}{8VL}$$

式中　C——毛细管黏度计常数，m^2/s^2。

式(5-13) 表明在一定条件下，液体的运动黏度与流过毛细管的时间成正比。因黏度计常数已知，根据液体流出毛细管的时间即可计算其运动黏度。由于油品的运动黏度与温度有关，故不同温度的运动黏度用 ν_t 表示。

毛细管黏度计常数仅与黏度计的几何形状有关，与测定温度无关。按 SH/T 0173—92《玻璃毛细管黏度计技术条件》规定，应用于油品黏度检测的毛细管黏度计共分为四种型号，如表 5-6 所示。

表 5-6　玻璃毛细管黏度计规格型号

型　号	毛细管内径/mm
BMN-1	0.4,0.6,0.8,1.0,1.2,1.5,2.0,2.5,3.0,3.5,4.0
BMN-2	5.0,6.0
BMN-3	1.0,1.2,1.5,2.0,2.5,3.0,3.5,4.0
BMN-4	1.0,1.2,1.5,2.0,2.5,3.0

每支毛细管黏度计的常数 C 不相同。常数 C 是在一定温度下，用标准黏度油对黏度计进行标定得到的。

图 5-2 是 SYD-265H 型石油产品运动黏度试验器。符合 GB/T 265 相关技术要求，用于测定液体石油产品（牛顿流体）在某一恒定温度条件下的运动黏度。该仪器采用双层缸，数显控温。水浴测温范围为室温～100℃；水浴控温精度为±0.01℃。能自动计时，可设置黏度计系统并在试验结束后自动计算和打印黏度值。

（2）仪器操作

① 根据使用的测试温度，在恒温浴内装入适当的浴液，见表5-7。

表5-7　恒温浴液体选择

测定的温度/℃	恒温浴液
80～100	透明矿物油、甘油或25%硝酸铵水溶液
20～80	水
0～20	水与冰的混合物或乙醇与干冰的混合物

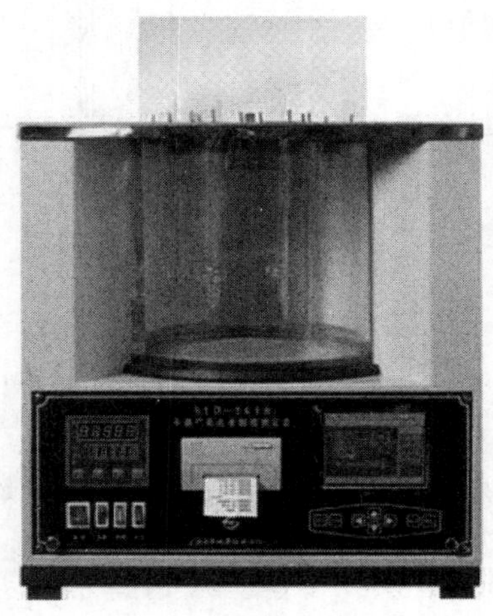

图5-2　SYD-265H型石油产品运动黏度试验器

② 根据试验温度选用适当的毛细管黏度计。

③ 打开仪器面板上的电源开关，开关指示灯亮，根据试验要求设定恒温浴温度。

④ 浴温稳定后，按照GB/T 265标准方法进行测试。

⑤ 观察试样在管身中的流动情况（参见图5-1，下同），液面正好到达标线a时，按动计时按钮，计时开始；液面正好流到b时，再按计时按钮，计时停止。按要求重复试验。

⑥ 试验结束，关闭电源。

5.2.1.5　测定注意事项

（1）试样预处理　试样含水分及机械杂质时，必须进行脱水、过滤处理。水分会影响试样的正常流动，杂质易黏附于毛细管内壁，增大流动阻力，两者均会影响测定结果。

（2）黏度计的选择　在实验温度下，要求试样通过毛细管黏度计的流动时间必须不少于200s，内径为0.4mm的黏度计流动时间不少于350s。否则，若试样通过时间过短，易产生湍流，不符合式(5-13）的使用条件，会使测定结果产生较大偏差；若通过时间过长，不易保持温度恒定，也可引起测定偏差。

（3）黏度计的安装　黏度计必须调整成垂直状态，否则会改变液柱高度，引起静压差的变化，使测定结果出现偏差。

（4）试样的装入　必须严格控制试样装入量，不能过多或过少；吸入黏度计的试样不允许有气泡，气泡不但会影响装油体积，而且进入毛细管后还能形成气塞，增大流体流动阻力，使流动时间增长，测定结果偏高。

（5）仪器的准备　毛细管黏度计必须洗净、烘干。毛细管黏度计、温度计必须定期检定。

（6）试验温度的控制　油品的运动黏度随温度升高而降低且变化很明显，为此试验温度必须保持稳定，尽量减小波动。要严格控制黏度计在恒温浴中的恒温时间。

5.2.2　运动黏度检验操作规程（GB/T 265—88）

5.2.2.1　方法概要

在某一恒定温度下，测定一定体积试样在重力下流过一个经过标定的玻璃毛细管黏度计的时间，毛细管黏度计常数与流动时间的乘积，即为该温度下测定液体的运动黏度。

5.2.2.2　仪器与试剂

（1）仪器　常用玻璃毛细管黏度计一组（毛细管内径为 0.6mm、0.8mm、1.0mm、1.2mm、1.5mm、2.0mm 等；测定时，应根据试验温度选用合适的黏度计，必须使试样流动时间不少于 200s）；恒温浴；玻璃水银温度计（18～22℃、1 支，48～52℃、1 支，98～102℃、1 支，皆符合 GB/T 514—2005《石油产品试验用玻璃液体温度计技术条件》）；秒表（分度 0.1s）。

（2）试剂　溶剂油（符合 GB 1922—2006《油漆及清洗用溶剂油》中 1 号溶剂油的技术要求）或石油醚（60～90℃，化学纯）；铬酸洗液；95%乙醇（化学纯）；试样（轻柴油或车用柴油，重柴油，汽油机油或柴油机油）。

5.2.2.3　准备工作

（1）试样预处理　试样含有水或机械杂质时，在试验前必须经过脱水处理，用滤纸过滤除去机械杂质。对于黏度较大的润滑油，可以用瓷漏斗，利用水流泵或真空泵吸滤，也可以在加热至 50～100℃的温度下进行脱水过滤。

（2）清洗黏度计　在测定试样黏度之前，必须用溶剂油或石油醚洗涤黏度计，如果黏度计沾有污垢，可用铬酸洗液、水、蒸馏水或用 95%乙醇依次洗涤。然后放入烘箱中烘干或用通过棉花滤过的热空气吹干。

（3）装入试样　测定运动黏度时，选择内径符合要求的清洁、干燥的毛细管黏度计，吸入试样。在装试样之前，将橡皮管套在支管 3（如图 5-1 所示）上，并用手指堵住管身 2 的管口，同时倒置黏度计，将管身 4 插入装着试样的容器中，利用洗耳球将试样吸到标线 b，同时注意不要使管身 4、扩张部分 5 和 6 中的试样产生气泡或裂隙。当液面达到标线 b 时，从盛样容器中提出黏度计，并迅速恢复至正常状态，同时将管身 4 的管端外壁所沾着的多余试样擦去，并从支管 3 取下橡皮管套在管身 4 上。

（4）安装仪器　将装有试样的黏度计浸入事先准备妥当的恒温浴中，并用夹子将黏度计固定在支架上，固定位置时，必须把毛细管黏度计的扩张部分 5 浸入浴液的一半。

温度计要利用另一支夹子固定，务必使水银球的位置接近毛细管中央点的水平面，并使温度计上要测温的刻度位于恒温浴的液面上 10mm 处。使用全浸式温度计时，如果其测温刻度露出恒温浴的液面，则需按式(5-14）进行露茎校正，这样才能准确地测出液体温度：

$$t=t_1-\Delta t \tag{5-14}$$

$$\Delta t=kh(t_1-t_2)$$

式中　t——经校正后的测定温度，℃；

t_1——测定黏度时的规定温度，℃；

t_2——接近温度计液柱露出部分的空气温度，℃；

Δt——温度计液柱露出部分的校正值，℃；

k——常数，水银温度计采用 $k=0.00016$，酒精温度计采用 $k=0.001$；

h——露出浴面的水银柱或酒精柱高度，用温度计的读数表示。

5.2.2.4　实验步骤

（1）调整黏度计位置　将黏度计调整成为垂直状态，要利用铅垂线从两个相互垂直的方向去检查毛细管的垂直状态。将恒温浴调整到规定温度，把装好试样的黏度计浸入恒温浴适当位置，按表5-8规定的时间恒温。试验温度必须保持恒定，波动范围不允许超过±0.1℃。

表5-8 黏度计在恒温浴中的恒温时间

试验温度/℃	恒温时间/min	试验温度/℃	恒温时间/min
80,100	20	20	10
40,50	15	−50～0	15

（2）调试试样液面位置　利用毛细管黏度计管身4所套的橡皮管将试样吸入扩张部分6中，使试样液面高于标线a。注意不要让毛细管和扩张部分6中的试样产生气泡或裂隙。

（3）测定试样流动时间　观察试样在管身中的流动情况，液面恰好达到标线a时，开动秒表，液面正好流到标线b时，停止秒表，记录流动时间。应重复测定，至少4次。按测定温度不同，每次流动时间与算术平均值的相对误差应符合表5-9中的要求。最后，用不少于三次测定的流动时间计算其算术平均值，作为试样的平均流动时间。

表5-9 不同温度下，允许单次测定流动时间与算术平均值的相对误差

测定温度范围/℃	允许相对测定误差/%	测定温度范围/℃	允许相对测定误差/%
<−30	2.5	15～100	0.5
−30～15	1.5		

5.2.2.5 计算

在温度为t时，试样的运动黏度按式(5-13)计算。具体数据处理举例如下。

【例5-1】 某黏度计常数为0.4780mm²/s²，在50℃，试样的流动时间分别为318.0s、322.4s、322.6s和321.0s，试报告试样运动黏度的测定结果。

解： 流动时间的算术平均值为：

$$\tau_{50}=\frac{318.0\text{s}+322.4\text{s}+322.6\text{s}+321.0\text{s}}{4}=321.0\text{s}$$

由表5-8查得，该条件下允许相对测定误差为0.5%，即单次测定流动时间与平均流动时间的允许差值为：321.0×0.5%=1.6s。

由于只有318.0s与平均流动时间之差已超过1.6s，因此将该值弃去。平均流动时间为：

$$\tau_{50}=\frac{322.4\text{s}+322.6\text{s}+321.0\text{s}}{3}=322.0\text{s}$$

则应报告试样运动黏度的测定结果为：

$$\nu_{50}=C\tau_{50}=0.4780(\text{mm}^2/\text{s}^2)\times 322.0(\text{s})=154.0(\text{mm}^2/\text{s})$$

5.2.2.6 精密度

用下述规定来判断结果的可靠性（95%置信水平）。

（1）重复性　同一操作者重复测定两个结果之差，不应超过表5-10所列数值。

表5-10 不同测定温度下，运动黏度测定重复性要求

黏度测定温度/℃	重复性/%	黏度测定温度/℃	重复性/%
−60～<−30	算术平均值的5.0	15～100	算术平均值的1.0
−30～<15	算术平均值的3.0		

（2）再现性　当黏度测定温度范围为15～100℃时，由两个实验室提出的结果之差，不应超过算术平均值的2.2%。

5.2.2.7　报告

（1）有效数字　黏度测定结果的数值，取四位有效数字。

（2）测定结果　取重复测定两个结果的算术平均值，作为试样的运动黏度。

5.3　润滑油的闪点和燃点（学习任务二）

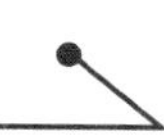

5.3.1　闪点和燃点测定

5.3.1.1　闪点和燃点

（1）闪点　使用专门的仪器在规定的条件下，将油品（或可燃性液体）加热时其蒸气与空气形成的混合气体，达到一定浓度时接触火焰发生瞬间闪火，把产生这种现象的最低温度称为石油产品的闪点，以℃表示。

闪火是一种微小的爆炸。在油气混合物中，只有油蒸气浓度达到一定范围时，遇明火才能够发生闪火。如果混合气中可燃气体过多，含氧不足，混合气不会发生爆炸，但接触空气却能燃烧；当可燃气体过少时，由于过剩的空气吸收爆炸点放出的热量，不足以使热量扩散到其他部分而引起爆炸。因此，可燃气体存在发生爆炸的下限浓度和上限浓度，这个浓度范围又称为爆炸极限。通常用可燃气体（或蒸气、粉尘）在空气中的体积分数来表示。一些烃类和油品的爆炸极限见表5-11。

表5-11　一些烃类的爆炸极限[①]

名　称	爆炸下限体积分数 φ	爆炸上限体积分数 φ	名　称	爆炸下限体积分数 φ	爆炸上限体积分数 φ
甲烷	5.00%	15.00%	乙烯	2.75%	28.60%
乙烷	3.22%	12.45%	丙烯	2.00%	11.10%
丙烷	2.12%	9.35%	1-丁烯	1.65%	9.95%
丁烷	1.86%	8.41%	2-丁烯	1.75%	9.70%
异丁烷	1.86%	8.44%	戊烯	1.42%	8.70%
戊烷	1.40%	7.80%	乙炔	2.50%	80.00%
己烷	1.18%	7.40%	苯	1.40%	7.10%
环己烷	1.26%	7.75%	甲苯	1.27%	6.75%
庚烷	1.10%	6.70%	邻二甲苯	1.00%	6.00%

① 摘自：程能林编著．试剂手册．第3版．北京：化学工业出版社，2002。

油品的闪点实际就是在常压下，油品蒸气与空气混合达到爆炸下限或爆炸上限时的油温。一般情况下，高沸点油品的闪点是达到其爆炸下限时的油品温度。汽油等低沸点易挥发性油品，在室温下的油气浓度已经大大超过其爆炸下限，甚至是爆炸上限，因此汽油的闪点往往低于室温很多。

油品的闪点与试验条件密切相关。测定闪点时，盛装试样的油杯有敞口和加盖两种方式：前者称为开口杯，测得的闪点叫开口杯法闪点或开口杯闪点；后者称为闭口杯，测得的闪点叫闭口杯法闪点或闭口杯闪点。通常，蒸发性较强的油品测定闭口杯闪点；而蒸发性较弱的油品测闭口杯闪点。有些润滑油需要测定开口杯闪点和闭口杯闪点，可用两个闪点的差值来判断润滑油馏分的宽窄和是否混入了轻质组分。

油品的闪点与油品组成密切相关。油品中轻组分越多，馏分越轻，加热时越容易蒸发，闪点越低，反之则有相反的结果。

闪点不具有加和性，如在重质油中混入少量轻组分油，则重质油闪点将大大降低。所以，当两种油品混合后，混合油品的闪点不能按加和性原理来计算。但是，当两组分油的馏程接近时，其闪点可用经验公式(5-15) 近似计算：

$$t_{混}=\frac{At_a+Bt_b-f(t_a-t_b)}{100} \tag{5-15}$$

式中 $t_{混}$——混合油品的闪点,℃；

A，B——混合油品中 a、b 两组分的体积分数；

t_a，t_b——混合油品中 a、b 两组分的闪点，且 $t_a>t_b$,℃；

f——闪点调合系数，可由表 5-12 查出。

表 5-12 闪点调合系数（柴油）

A	B	f	A	B	f	A	B	f
5	95	3.3	40	60	21.7	75	25	30.0
10	90	6.5	45	55	23.9	80	20	29.2
15	85	9.2	50	50	25.9	85	15	26.0
20	80	11.9	55	45	27.6	90	10	21.0
25	75	14.5	60	40	29.2	95	5	12.0
30	70	17.0	65	35	30.0			
35	65	19.4	70	30	30.3			

(2) 燃点　又称着火点，是指可燃性液体表面上的蒸气和空气的混合物与明火接触，产生的火焰能持续燃烧不少于 5s 时的温度。燃点通常在测定油品开口杯闪点后继续加热而测取。

5.3.1.2 闪点测定意义

闪点是表征易燃、可燃液体火灾危险性的一项重要参数，也是可燃液体生产、储存场所火灾危险性分类的重要依据。闪点越低，越容易着火，发生火灾的危险性也越大。确定易燃可燃液体生产、储存厂房和库房的耐火等级、液体储罐、堆场的布置、防火间距以闪点为依据。我国规定，闭口杯闪点低于 45℃的油品称为易燃品，大于 45℃的油品称为可燃品。

闪点在一定程度上能够反映油品的蒸发倾向。闪点越低，油品蒸发损失的倾向越大，安全性越差。对柴油来说，闪点越低，柴油蒸发性越好；但过低的闪点，会引起柴油猛烈燃烧，致使柴油机工作不稳定，同时也增大了柴油贮运及使用中的着火危险性，为降低着火危险性，保证贮存和使用安全，柴油应有较高的闪点，要求闭口杯闪点在 45～55℃。对润滑油来说，为减少其蒸发损失并保证运行安全，其最高工作温度应比开口杯闪点低 20～30℃。

闪点与油品的馏分组成密切相关，根据油品闪点的异常情况，还可以判断是否混入其他油品或发生取样错误。如内燃机油应具有较高的闪点，使用时不易着火燃烧，若发现闪点显著降低，则说明内燃机油已受到燃料油品的稀释，应及时检修发动机或换油。

润滑油指标中一般要求测定开口杯闪点。如汽油机油 SC 5W/20 要求开口闪点不低于 200℃；柴油机油 CC 10W/40 要求开口杯闪点不低于 205℃。

GB/T 8028—2010《汽油机油换油指标》规定，单级油开口杯闪点低于 165℃、多级油开口杯闪点低于 150℃时，必须更换。GB/T 7607—2010《柴油机油换油指标》规定，单级油开口杯闪点低于 180℃、多级油开口杯闪点低于 160℃时，必须更换。

5.3.1.3　测定仪器及操作

（1）闭口杯闪点测定仪器及操作　GB/T 261—2008《闪点的测定　宾斯基-马丁闭口杯法》根据 ISO 2719：2002 重新起草，该标准规定了用宾斯基-马丁（Pensky-Martens）闭口闪点试验仪测定可燃液体、带悬浮颗粒的液体、在试验条件下表面趋于成膜的液体和其他液体闪点的方法，标准只适用于闪点高于 40℃的液体。

我国车用柴油（GB/T 19147）中规定 5 号、0 号、−10 号柴油的闭口杯闪点不低于 60℃；−20 号柴油闭口杯闪点不低于 50℃；−35 号、−50 号柴油的闭口杯闪点不低于 45℃。3 号喷气燃料（GB 6537）则要求闭口杯闪点不低于 38℃。

图 5-3 是闭口杯闪点试验器，由试验杯、搅拌装置、点火系统、加热及控制系统等组成。

测定闭口杯闪点时，将试样装入油杯至环状刻线处，在连续搅拌下按规定速度加热，从预期闪点前 (23±5)℃开始用一小火焰引入杯内进行点火试验，此后每升温 1～2℃试火 1 次，观测试样表面蒸气出现闪火时的最低温度，即为该油品的闭口杯闪点。在环境条件下测得的闪点必须用式(5-16) 换算为标准大气压力（101.3kPa）下的闪点。

$$t_0 = t + 0.25(101.3 - p) \quad (5\text{-}16)$$

式中　t——实测闪点，℃；

p——实际大气压力，kPa。

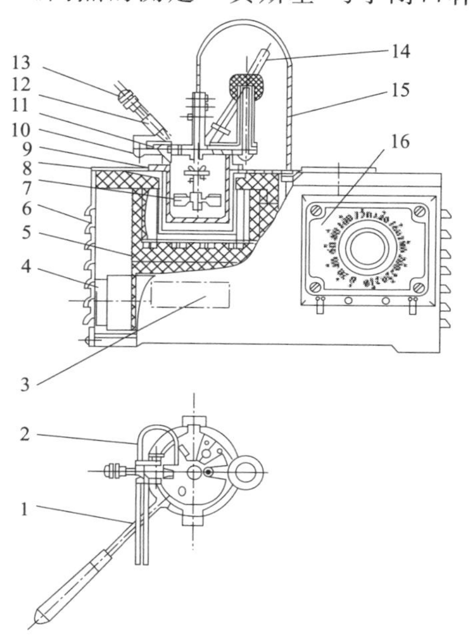

图 5-3　闭口杯闪点测定器

1—油杯手柄；2—点火管；3—铭牌；4—电动机；5—电炉盘；6—壳体；7—搅拌桨；8—浴套；9—油杯；10—油杯盖；11—滑板；12—点火器；13—点火器调节螺丝；14—温度计；15—传动软轴；16—开关箱

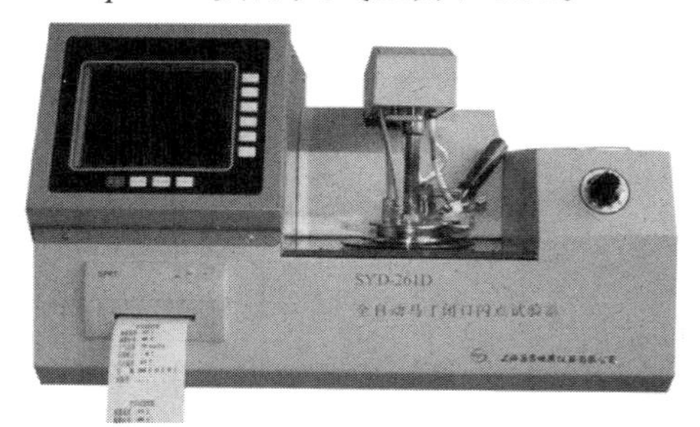

图 5-4　SYD-261D 型全自动马丁闭口杯闪点试验器

图 5-4 为 SYD-261D 型全自动马丁闭口杯闪点试验器。该仪器符合 GB/T 261—2008 技术条件，用于测定石油产品闭口杯闪点。其主要技术指标为：温度测量量程，室温～300℃；重复性≤2℃；再现性≤4℃；分辨性 0.1℃；精度 0.5%；升温速度，符合 GB/T 261 标准；点火方式，电子引火、气体火焰。

（2）克利夫兰开口杯闪点测定仪器及操作　GB/T 3536—2008《石油产品 闪点与燃点的测定

克利夫兰开口杯法》根据 ISO 2592：2000 重新起草，适用于除燃料油以外的开口杯闪点高于 79℃的石油产品。

图 5-5 是克利夫兰开口杯闪点试验器，由克利夫兰试验杯、加热装置、点火器、温度测量等部分组成。试验杯用黄铜或其他相同导热性的不锈金属制成，有严格的尺寸规定。图中加热装置采用燃气灯加热系统，而目前国内开口杯闪点测定仪器多采用电加热系统。

图 5-6 为 SYD-3536A 型微电脑开口杯闪点自动试验器。该仪器能够全自动程序控温，自动完成扫描、点火、检测、打印等过程，自动修正大气压并计算修正值。主要技术指标：温度测量量程，室温～300℃；重复性，≤8℃；再现性，≤16℃；分辨率，0.1℃；精度，0.5%；升温速度，符合 GB/T 3536 标准；点火方式，电子点火（气体火焰 3～4mm 引火）。

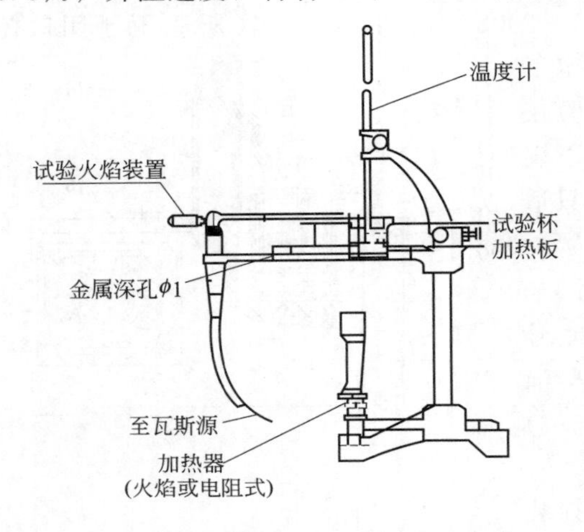

图 5-5　克利夫兰开口杯闪点试验器

图 5-6　SYD-3536A 型微电脑开口杯闪点自动试验器

为了保证测量结果的准确性，现行标准规定了用有证标准样品（CRM）和工作参比样品（SWS）对闪点试验仪进行校准验证的相关要求。用有证标准样品（CRM）每年至少校验仪器 1 次，所得结果与 CRM 标定值之差应小于或等于 $R/\sqrt{2}$（其中 R 是本标准的再现性）。推荐用工作参比样品（SWS）对仪器进行经常性的校验。烃类样品的闪点标准参考值见表 5-13。

表 5-13　烃类样品闭口杯闪点和开口杯闪点的参考值

烃	标准闭口杯闪点/℃	标准开口杯闪点/℃	烃	标准闭口杯闪点/℃	标准开口杯闪点/℃
癸烷	53	—	十四烷	109	116
十一烷	68	—	十六烷	134	139
十二烷	84	—			

5.3.1.4　测定注意事项

闪点测定的影响因素很多，测定过程中要严格控制试验条件。以开口杯闪点为例，其测定注意事项如下。

（1）试杯取样　每次试验前必须清洗并干燥试杯，除去前次试验残留的油迹和洗涤用的溶剂。样品装入量过多或过少对结果都有影响。

（2）试样含水量　试样含水量大于 0.05%时，必须脱水，否则试样受热时，分散在油中的水分会汽化形成水蒸气，有时形成气泡覆盖于液面上，影响油品的正常汽化，推迟闪火时间，使测定结果偏高。含水较多的试样，加热时试样会溢出杯外，使试验无法进行。

（3）加热速度　闪点测定方法对加热速度有严格的要求，加热速度的快慢对闪点结果有直接影响。加热速度过快，单位时间内蒸发出的油蒸气多而扩散损失少，提前达到爆炸下限，测定结果偏低。反之，加热速度过慢，测定时间长，点火次数多，损耗了部分油蒸气，推迟了使油蒸气和空气的混合物达到闪火浓度的时间，使测定结果偏高。

（4）火焰大小与点火次数　克利夫兰开口杯试验点火火焰直径为 3.2～4.8mm，如火焰直径偏大、火焰在液面上移动时间过长、离液面过低，都会使所得结果偏低；反之，测定结果会偏高。点火时引入火焰动作必须掌握适当。点火次数多，消耗油气，将使测定结果偏高。

（5）大气压力修正　试样的蒸发速度除了与加热的温度有关外，还与大气压力有关。气压低，蒸发容易，空气中油蒸气浓度容易达到爆炸下限，使测定结果偏低；反之，会使测定结果偏高。同一试样在不同大气压下测定出的闪点不同，为了统一必须换算为标准大气压的闪点。

（6）仪器位置和结果观察　闪点试验必须安装在一个避风和较暗的地点。为了有效地避免气流和光线的影响，准确地观察闪点，测定时应围着防护屏。

5.3.2　闭口杯闪点检验操作规程（GB/T 261—2008）

GB/T 261—2008《闪点的测定　宾斯基-马丁闭口杯法》测定可燃液体、带悬浮颗粒的液体、在试验条件下表面趋于成膜的液体和其他液体闪点。适用于闪点高于 40℃的样品。

该方法试验步骤包括步骤 A 和步骤 B 两个部分。

步骤 A 适用于表面不成膜的油漆和清漆、未用过润滑油及不包含在步骤 B 之内的其他石油产品。

步骤 B 适用于残渣燃料油、稀释沥青、用过润滑油、表面趋于成膜的液体、带悬浮颗粒的液体及高黏稠材料（例如聚合物溶液和黏合剂）。

5.3.2.1　方法概要

将样品倒入试验杯中，在规定的速率下连续搅拌，并以恒定速率加热样品。以规定的温度间隔，在中断搅拌的情况下，将火源引入试验杯开口处，使样品蒸气发生瞬间闪火，且蔓延至液体表面的最低温度，此温度为环境大气压下的闪点，再用公式修正到标准大气压下的闪点。

5.3.2.2　仪器和试剂

（1）仪器　闭口杯闪点测定器（如图 5-3 和图 5-4 所示）由试验杯、盖组件和加热室组成，仪器加热方式可以是燃气或电加热；点火方式可以是手动或自动。只要符合 GB/T 261—2008 附录 B 的要求均可。

温度计：包括低、中和高三个温度范围的温度计，符合附录 C 的要求。应根据样品的预期闪点选用温度计。

气压计：精度 0.1kPa，不能使用气象台或机场所用的已预校准至海平面读数的气压计。

加热浴或烘箱：用于加热样品，要求能将温度控制在±5℃之内。可通风且能防止加热样品时产生的可燃蒸气闪火，推荐使用防爆烘箱。

（2）试剂　试样：车用柴油或其他油品（柴油闭口杯闪点为45～65℃）。清洗溶剂：低挥发性芳烃（无苯）溶剂或甲苯-丙酮-甲醇混合溶剂。

5.3.2.3 准备工作

（1）仪器准备　仪器应安装在无空气流的房间内，并放置在平稳的台面上。必要时用防护屏挡在仪器周围。

（2）试验杯的清洗　先用清洗溶剂冲洗试验杯、试验杯盖及其他附件，以除去上次试验留下的所有胶质或残渣痕迹。再用清洁的空气吹干试验杯，确保除去所用溶剂。

（3）样品保存　所取样品应装在合适的密封容器中，且样品只能充满容器容积的85%～95%。样品贮存温度避免超过30℃，以减少蒸发损失。

（4）试样脱水　如果样品中含有未溶解的水，在样品混匀前应将水分离出来，某些残渣燃料油和润滑剂中的游离水可能会分离不出来，在样品混匀前应用物理方法除去水。

脱水是以新煅烧并冷却的食盐或硫酸钠或无水氯化钙为脱水剂，对试样进行处理，脱水后，取试样的上层澄清部分供试验使用。

5.3.2.4 试验步骤

A步骤（一般石化产品按A步骤试验）：

（1）观察气压计　记录试验期间仪器附近的环境大气压。

（2）装入试样　将试样倒入试验杯至加料线，盖上试验杯盖，然后放入加热室，确保试验杯就位或锁定装置连接好后插入温度计。点燃试验火源，并将火焰直径调节为3～4mm；或打开电子点火器，按仪器说明书的要求调节电子点火器的强度。

在整个试验期间，试样以5～6℃/min的速率升温，且搅拌速率为90～120r/min。

（3）点火试验　当试样的预期闪点不高于110℃时，从预期闪点以下23℃±5℃开始点火，试样每升高1℃点火一次，点火时停止搅拌。用试验杯盖上的点火操作旋钮或点火装置点火，要求火焰在0.5s内下降至试验杯的蒸气空间内，并在此位置停留1s，然后迅速升高回至原位置。

当试样的预期闪点高于110℃时，从预期闪点以下（23±5）℃开始点火，试样每升高2℃点火一次，点火时停止搅拌。其余同前。

（4）记录闪点　记录火源引起试验杯内产生明显着火时的温度，作为试样的观察闪点，但不要把在真实闪点到达之前，出现在试验火焰周围的淡蓝色光轮与真实闪点相混淆。

如果所记录的观察闪点温度与最初点火温度的差值少于18℃或高于28℃，则认为此结果无效。应更换新试样重新进行试验，调整最初点火温度，直到获得有效的测定结果，即观察闪点与最初点火温度的差值应在18～28℃范围之内。

注意：为有效地避免气流和光线的影响，闪点测定器周围可以放置防护屏。

B步骤：主要过程与A步骤一样，不同之处是在整个试验期间，试样以1.00～1.5℃/min的速率升温，且搅拌速率为（250±10）r/min。

5.3.2.5 数据处理

（1）大气压读数的转换　如果测得的大气压读数不是以kPa为单位的，可用下述等量关系换算到以kPa为单位的读数。

以hPa为单位的读数×0.1＝以kPa为单位的读数

以 mbar 为单位的读数×10＝以 kPa 为单位的读数

以 mmHg 为单位的读数×0.1333＝以 kPa 为单位的读数

（2）闪点的校正　按式（5-16）进行大气压力修正。将测定闪点修正到标准大气压（101.3kPa）下的闪点 t_0，修约精确到 0.5℃作为测定结果。

（3）报告　结果报告修正到标准大气压（101.3kPa）下的闪点，精确至 0.5℃。

5.3.2.6　精密度

用以下规定来判断结果的可靠性（置信水平为 95%）。

（1）重复性　同一操作者重复测定的两个结果之差，应符合表 5-14 中的要求。

（2）再现性　由两个实验室各自提出的结果之差，应符合表 5-14 的要求。

表 5-14　闭口杯闪点测定的重复性和再现性要求

步骤	材料	闪点范围/℃	重复性 r/℃	再现性 R/℃
A	油漆和清漆	—	1.5	—
	馏分油和未使用过的润滑油	40～250	0.029②	0.071②
B	残渣燃料油和稀释沥青	40～110	2.0	6.0
	用过润滑油	170～210	5①	16①
	表面趋于成膜的液体、带悬浮颗粒的液体或高黏稠材料	—	5.0	10.0

① 在 20 个实验室对一个用过柴油发动机油试样测定得到的结果。

② 两个连续试验结果的平均值。

5.3.3　开口杯闪点检验操作规程（GB/T 3536—2008）

本标准规定了用克利夫兰开口杯仪器测定石油产品闪点和燃点的方法。适用于除燃料油❶以外的开口杯闪点高于 79℃的石油产品。

5.3.3.1　方法概要

将试样装入试验杯至规定的刻度线，先迅速升高试样的温度，当接近闪点时再缓慢地以恒定的速率升温。在规定的温度间隔，用一个小的试验火焰扫过试验杯，使试验火焰引起试样液面上部蒸气闪火的最低温度即为闪点。如需测定燃点，应继续进行试验，直到试验火焰引起试样液面的蒸气着火并至少维持燃烧 5s 的最低温度即为燃点。在环境大气压下测得的闪点和燃点，用公式修正到标准大气压下的闪点和燃点。

5.3.3.2　仪器与试剂

（1）仪器　克利夫兰开口杯试验器（见图 5-5），可以使用自动闪点仪，但仲裁分析时应使用手动仪器；防护屏（约 460mm×460mm，高 610mm，有一个开口面）；温度计（符合 GB/T 514 中 GB-5 号的要求）；气压计（精度 0.1kPa，不能使用气象台或机场所用的已预校准至海平面读数的气压计）。

（2）试剂　校准液（详见表 5-13）；试油；清洗溶剂。

5.3.3.3　仪器的准备与校准

（1）仪器的放置　将仪器放置在无空气流的房间里，并放在平稳的台面上。为便于观察

❶ 燃料油品一般测定闭口杯闪点（详见 GB/T 261）。

试验的闪点，应使用合适的方式，在仪器顶部作一个遮光板，防强光照射。如果不能避免空气流，最好用防护屏挡在仪器周围。

（2）试验杯的清洗　先用清洗溶剂冲洗试验杯，以除去上次试验留下的所有胶质或残渣痕迹。再用清洁的空气吹干试验杯，确保除去所用溶剂，如果试验杯上留有炭的沉积物，可用钢丝网擦掉。

（3）试验杯的准备　使用前将试验杯冷却到至少低于预期闪点56℃。

（4）仪器组装　将温度计垂直放置，使其感温泡底部距试验杯底部6mm，并位于试验杯中心与试验杯边之间的中点和测试火焰扫过的弧（或线）相垂直的直径上，且在点火器臂的对边。

注意：温度计的正确位置应使温度计上的浸没深度线位于试验杯边缘线以下2mm处。也可先将温度计慢慢地向下放，直至温度计与试验杯底接触，然后再往上提6mm。

（5）仪器的校验　用有证标准样品（CRM）每年至少校验仪器1次。所得结果与CRM标定值之差应小于或等于$R/\sqrt{2}$。推荐用工作参比样品（SWS）对仪器进行经常性的校验。校验试验所得的结果不能作为方法的偏差，也不能用于后续闪点测定结果的修正，仅可用来检查仪器和操作是否符合要求。

5.3.3.4　样品准备

（1）取样　除非另有规定，取样应按照GB/T 4756、SY/T 5317进行。将所取样品装入合适的密封容器中，为了安全，样品只能充满容器容积的85%～95%。将样品贮存于合适的条件下，以最大限度地减少样品蒸发损失和压力升高。样品贮存温度应避免超过30℃。

（2）样品制备

① 分样　在低于预期闪点至少56℃下进行分样。如果在试验前要将一部分原样品分装贮存，则应确保每份样品充满其容器容积的50%以上。

② 含有未溶解水的样品　如果样品含有未溶解的水，在样品混匀前应将水分离出来。

③ 室温下为液体的样品　取样前应先轻轻地摇动混匀样品，再小心地取样，应尽可能避免挥发性组分损失。

④ 室温下为固体或半固体的样品　将装有样品的容器放入加热浴或烘箱中，在低于预期闪点56℃以下加热，要避免加热过度，然后轻轻混匀样品。

5.3.3.5　试验步骤

① 观察气压计，记录试验期间仪器附近环境大气压。

注意：虽然某些气压计会自动压力修正，但本标准不要求修正到0℃时的大气压。

② 将室温或已升过温的试样装入试验杯，使试样的弯月面顶部恰好位于试验杯的装样刻线。如果注入试验杯的试样过多，可用移液管或其他适当的工具取出；如果试样沾到仪器的外边，应倒出试样，清洗后再重新装样。弄破或除去试样表面的气泡或样品泡沫，并确保试样液面处于正确位置。如果在试验最后阶段试样表面仍有泡沫存在，则此结果作废。

③ 点燃试验火焰，并调节火焰直径为3.2～4.8mm。如果仪器安装了金属比较小球，应与金属比较小球直径相同。

④ 开始加热时，控制油样的升温速度为14～17℃/min。当试样温度达到预期闪点前约

56℃时减慢加热速度，使试样在达到闪点前的最后（23±5）℃时升温速度为5～6℃/min。试验过程中，应避免在试验杯附近随意走动或呼吸，以防扰动试样蒸气。

⑤ 在预期闪点前至少（23±5）℃时，开始用试验火焰扫划，温度每升高2℃扫划1次。用平滑、连续的动作扫划，试验火焰每次通过试验杯所需时间约为1s，试验火焰应在与通过温度计的试验杯的直径成直角的位置上划过试验杯的中心，扫划时以直线或沿着半径至少为150mm的圆来进行。试验火焰的中心必须在试验杯上边缘面上2mm以内的平面上移动。先向一个方向扫划，下次再向相反方向扫划。如果试样表面形成一层膜，应把油膜拨到一边再继续进行试验。

⑥ 当在试样液面上的任何一点出现闪火时，立即记录温度计的读数，作为观察闪点(但不要把有时在试验火焰周围产生的淡蓝色光环与真正的闪火相混淆)。

⑦ 如果观察闪点与最初点火试验时的温度相差少于18℃，则此结果无效。应更换新试样重新进行测定，调整最初点火温度，直至得到有效结果，即此结果应比最初点火温度高18℃以上。

5.3.3.6　燃点试验步骤

① 按上述闪点试验步骤测定闪点之后，以5～6℃/min的速度继续升温。试样每升高2℃就扫划1次，直到试样着火，并能连续燃烧不少于5s。记录此温度作为试样的观察燃点。

② 如果燃烧超过5s，用带手柄的金属盖或其他阻燃材料制作的盖子熄灭火焰。

5.3.3.7　计算

（1）大气压读数的换算　如果所测得的大气压读数不是以kPa为单位，应换算到以kPa为单位的数值。

（2）观察闪点或燃点修正到标准大气压　用式(5-16）将观察闪点或燃点修正到标准大气压（101.3kPa)下的闪点或燃点。

注意：式(5-16）精确地修正仅限在大气压为98.0～104.7kPa范围内。

5.3.3.8　结果表示

报告修正后的闪点或燃点，以℃为单位，且结果修约至整数。

5.3.3.9　精密度

按下述规定判断试验结果的可靠性（95%的置信水平）。

（1）重复性　在同一实验室，由同一操作者使用同一仪器，按相同方法，对同一试样连续测定的两个试验结果之差对于闪点和燃点均不能超过8℃。

（2）再现性　在不同实验室，由不同操作者使用不同的仪器，按相同方法，对同一试样测定的两个单一、独立的结果之差对于闪点不能超过17℃，对于燃点不能超过14℃。

5.3.3.10　试验报告

试验报告至少应该包括下述内容：本标准编号、被测产品的类型及相关信息、试验结果、试验日期等，必要时注明按协议或其他原因与规定试验步骤存在的任何差异。

5.4 润滑油的硫含量（学习任务三）

5.4.1 硫含量测定

5.4.1.1 油品中的硫化物

油品中的硫化物主要包括元素硫、硫化氢、硫醇、硫醚、环硫醚、二硫化物、噻吩及其同系物等。油品馏分不同，其中的硫化物存在种类和形式有较大区别。油品中硫化物的数量和种类主要由原油的性质和加工工艺决定，硫在石油馏分中的分布一般是随石油馏分沸点的升高而增加的，大部分硫集中在重馏分和渣油中。

润滑油中的硫源自两个方面：基础油和各种含硫的添加剂。

润滑油以矿物油为基础油时，含硫量较大的胶质成分在基础油精制过程中被脱出，含硫化合物主要集中在芳香组分中，大多以带侧链的多环结构形式出现，而饱和组分中几乎不含硫。

为了提高某些润滑油的润滑性、抗氧防腐性、极压抗磨性等性能，常常会加入一些含硫的添加剂（是非活性硫化物）。例如，用作清净分散剂的石油磺酸钙和硫磷化聚异丁烯钡盐；用作抗氧抗腐剂的硫磷烷基酚锌盐、硫磷丁辛醇锌盐、硫磷化烯烃钙盐及硫磷化脂肪醇锌盐；用作抗磨剂的二苄基二硫化物、硫化三异丁烯、硫磷酸含氮衍生物和硫化异丁烯；用作油性剂硫化棉籽油和硫化烯烃棉籽油；用作防锈剂的石油磺酸钡、石油磺酸钠及二壬基萘磺酸钡等。虽然这些加入的添加剂无害，能够改善润滑油的使用性能，但润滑油中硫及其氧化物也会促进漆膜、积炭和油泥的生成，加速了机械零件的磨损，直接或间接腐蚀金属，影响润滑油的质量，对其加入量也要有所控制。

5.4.1.2 测定意义

硫含量是许多润滑油指标中的一项质量指标，如汽油机油、柴油机油、重载荷车辆齿轮油等润滑油只要求报告硫含量，而冷冻机油则要求硫含量不超过规定值。

在润滑油组成中，对金属腐蚀作用比较强的是非烃类化合物及烃类氧化产物。其中润滑油精制过程中未完全除净的环烷酸，以及润滑油在工作过程中氧化生成的有机酸腐蚀性较强。水分除使金属产生锈蚀外，还能促进高分子有机酸产生腐蚀。液体燃料及润滑油中硫化物的存在既有益处，又有危害。润滑油中含硫化合物能与金属作用，在金属表面会形成防止腐蚀的保护膜，只有当保护膜在高温下分解并从金属表面脱落时才会造成腐蚀，但是一些硫化物对金属仍有腐蚀作用，使用时增加油泥量，应该综合考量。

评价润滑油腐蚀性的其他指标有碱值、中和值、铜片腐蚀试验、液相锈蚀试验等。

5.4.1.3 测定方法

测定油品硫含量的方法很多，相应的国家标准和行业标准有许多。分析方法的核心是将试样中含硫化物中的硫转化为适当的形式后用化学分析或仪器分析的方法进行定量，如GB/T 380（燃灯法）、GB/T 387（管式炉法）、GB/T 388（氧弹法）均为典型的化学分析方法。又如 GB/T 17040《石油和石油产品硫含量的测定 能量色散 X 射线荧光光谱法》，利用硫在 X 射线束照射下，产生特征荧光辐射，对测量出的辐射强度进行背景校正后，查标准曲线或与标准样品强度对照可以得到硫含量。X 射线荧光光谱法是一种高效的仪器分析方法。

硫含量分析方法可根据石油产品的种类、硫含量的范围及产品规格标准的要求，结合实验室的条件进行选择。在一般化验室中，轻质燃料应用较多的方法为 GB/T 380（燃灯法），重质或黏稠油品硫含量则可采用 GB/T 387（管式炉法）或其它方法。现就管式炉法重点予以介绍。

（1）测定仪器 GB/T 387《深色石油产品硫含量测定法（管式炉法）》适用于硫质量分数大于 0.1%的深色石油产品。管式炉法是在高温下将试样中硫在空气流中氧化为 SO_2，再用过氧化氢和硫酸溶液将生成的 SO_2 充分吸收，转化生成的硫酸用氢氧化钠标准溶液滴定。

管式炉法测定硫的流程如图 5-7 所示，仪器由管式电炉、石英管、石英舟或瓷舟、接收器、气体净化系统等组成。管式炉能够将样品加热到 900～950℃，以保证样品转化完全；石英舟盛装试样并能够装入石英管中适当位置被加热；气体净化系统则将压缩空气中的酸性气体和还原性气体除去，减少测定误差。

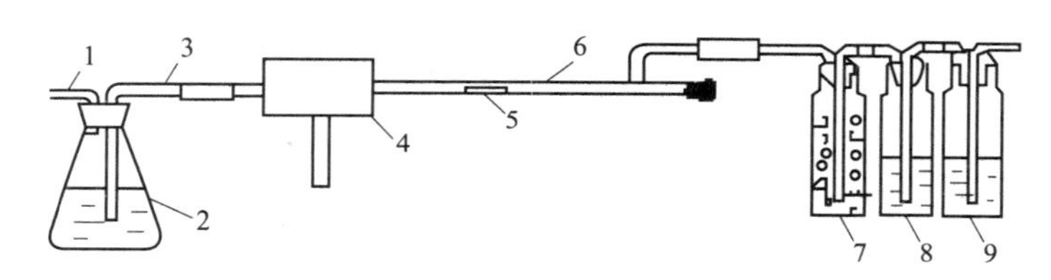

图 5-7 石油产品硫含量（管式炉法）测定器

1—连接泵的出口管；2—接收器；3—石英弯管；4—管式电炉；
5—盛样瓷舟；6—磨口石英管；7～9—洗气瓶

图 5-8 是 FDH-2501 型深色石油产品硫含量测定仪（管式炉法）。该仪器采用了自动化的管式炉试验方法，程序控制管式炉加热并移动。主要技术参数为：管式炉炉温设定范围为 500～950℃（增量为 1℃），二炉膛可以同时工作或单独工作；控温精度为设定温度±3℃；流动空气流速 0～800mL/min（可调）；管式炉炉膛直径 ϕ24mm；预热、燃烧、焙烧自动定时范围为 0～99min（键盘设定，增量 1min）；炉膛移动位置（三个加热位置与一个起始位置）由电机自动控制。

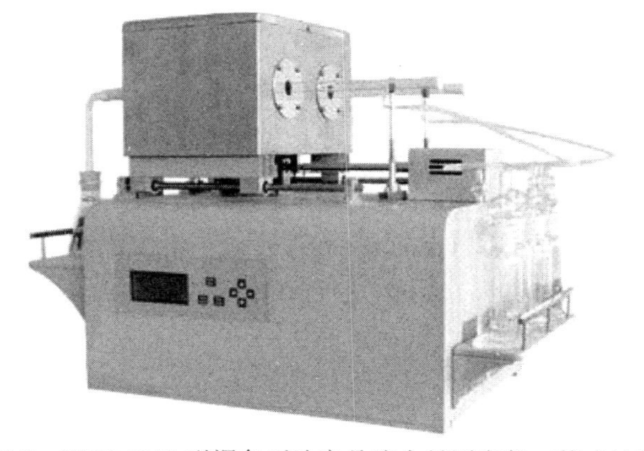

图 5-8 FDH-2501 型深色石油产品硫含量测定仪（管式炉法）

（2）仪器操作

① 安装和连接石英管、洗气瓶、锥形瓶、石英弯管等。接通电源，通气检查系统密封性。

② 设定加热炉温度。如果仪器已经按方法标准要求设定了加热程序，则不需要重新设定加热程序。

③ 在石英舟中称取试样，并用细砂均匀覆盖试样，待炉温稳定后，将石英舟放入石英管适当位置，密封石英管口。

④ 将炉体缓慢向右移至石英舟所在位置，燃烧至设定的时间（30～40min）后，再将炉体向右移，使试样至炉中最红（热）的位置再焙烧15min。

⑤ 试验结束后将炉体移至左侧停放，关闭总电源开关并切断外电源，洗涤接收瓶并滴定。

（3）测定注意事项

① 燃烧温度控制　试验过程中，炉温必须达到900℃以上，否则油品中的多硫化物和磺酸盐不能完全分解、燃烧，从而影响含硫物质的转化，使测定结果偏低。该标准规定瓷舟中的试样应均匀分布在石英舟的底部，用细砂覆盖（除石油焦外），并且装有试样的石英舟应逐渐移到管式炉的加热部分，试样不准着火或冒黑烟，这样可防止试样转化不完全。为保证试样燃烧完全，要按方法规定的燃烧温度、燃烧时间以及燃烧完后焙烧的时间操作。

② 对助燃气体的要求　所用空气必须经过洗气瓶净化，流速要保持在500mL/min。过快，容易将未燃烧的硫分带走；过慢，会导致燃烧不完全（供氧不足），均会导致测定结果偏低。测定时引进石英管的空气应按方法规定进行净化。

③ 气路密闭性　正压送气供气时，漏气可使燃烧生成的硫氧化物逸出，使测定结果偏低；负压抽气供气时，漏气可使未经洗气瓶净化的空气进入管内，如果试验环境的空气中有硫，则使测定结果偏高。试验的燃烧生成物能否完全被吸收是试验的又一个关键。为此，在试验前，需检查安装的设备的密封性，按规定通过流量计控制好空气的流速，采用规定类型的吸收器。

④ 器皿的洁净程度　试验中使用的石英管及石英舟等，切不可含有硫化物或其他能吸收硫的介质。试验前，应将接收器、洗气瓶、石英弯管等用蒸馏水洗净并干燥。

5.4.2　管式炉法测硫检验操作规程（GB/T 387—90）

本标准规定了用管式炉测定深色石油产品中硫含量的方法，适用于硫质量分数大于0.1%的深色石油产品，如润滑油、重质石油产品、原油、石油焦、石蜡和含硫添加剂等，不适用于测定含有金属、磷和氯添加剂以及含有这类添加剂的润滑油。

5.4.2.1　方法概要

试样在空气流中燃烧，用过氧化氢和硫酸溶液将生成的亚硫酸酐吸收，生成的硫酸用氢氧化钠标准滴定溶液进行滴定。

5.4.2.2　仪器与试剂

（1）仪器　管式电阻炉（水平型，其长度为不小于130mm，炉膛直径约为22mm，附温度控制器和热电偶装置，能保证加热到900～950℃）；瓷舟（供装试样燃烧用，新瓷舟在使用前需在900～950℃燃烧30min，取出后，在室温中冷却、备用）；石英管（带石英弯管)；流量计（测量送入空气的流速用，其测量范围为0～800mL/min)；洗气瓶（净化空气用，每个容量不少于250mL)；水流泵或实验室用空气压缩机；量筒（250mL)；微量滴定管（10mL，最小分度0.05mL，备有瓶子、压液用橡胶囊和充满碱石灰的氯化钙管)；滴定管（25mL，分度为0.1mL)；吸管（5mL，分度为0.05mL；10mL，分度为0.1mL)。细砂或耐火黏土或石英砂（经900～950℃煅烧脱硫，并在研钵中磨细，经孔径0.25mm的金属过滤器过筛，选取微粒尺寸大于0.25mm部分)；白油（硫含量小于5ppm[1]，或符合GB 1790规格的医药凡士林)；医用脱脂棉。

(2) 试剂　硫酸［分析纯，配成 $c(1/2H_2SO_4)=0.02mol/L$ 溶液］；氢氧化钠［分析纯，配成40%（质量分数）溶液］；30%过氧化氢（分析纯)；高锰酸钾［分析纯，配成 $c(1/5KMnO_4)=0.1mol/L$ 溶液］；邻苯二甲酸氢钾（基准试剂)；95%乙醇（分析纯)；甲基红指示剂（配成0.2%甲基红乙醇溶液)；亚甲基蓝指示剂（配成0.1%亚甲基蓝乙醇溶液)；混合指示剂（将甲基红指示剂和亚甲基蓝指示剂溶液按体积比1∶1混合制成)；酚酞指示剂（配成1%乙醇溶液)；蒸馏水（符合GB 6682中三级水规格)。

5.4.2.3 准备工作

(1) $c(NaOH)=0.02mol/L$ 氢氧化钠标准溶液的配制、标定及计算

NaOH标准溶液的配制，采用下述方法：称取3g NaOH（称准至0.01g)，将其溶解在3L蒸馏水中，摇动，充分混合，并在暗处存放一昼夜，然后倾出上层清晰层，待标定及供分析用。也可以在临用前，将浓度高的NaOH标准滴定溶液用煮沸后冷却的蒸馏水稀释，必要时重新标定后供分析用。

NaOH标准滴定溶液的标定：称取经110～115℃干燥至恒定质量的邻苯二甲酸氢钾0.08g（称准至0.0002g)。将其溶于35mL新煮沸、冷却的蒸馏水中，加入3～4滴酚酞指示液，尽快用待标定的NaOH标准滴定溶液进行滴定，直至溶液呈淡粉红色，稳定30s。

NaOH标准滴定溶液的物质的量浓度，按式(5-17)计算。

$$c_{NaOH}=\frac{1000m_1}{204.2V_1}=\frac{m_1}{0.2042V_1} \tag{5-17}$$

式中　m_1——邻苯二甲酸氢钾的质量，g；

V_1——滴定消耗的NaOH标准滴定溶液的体积，mL；

0.2042——与1.00mL 1.000mol/L NaOH标准滴定溶液相当的邻苯二甲酸氢钾的质量，即1mmol NaOH相当的邻苯二甲酸氢钾的质量，g/mol。

(2) 测定仪器的准备　在试验前，将接收器、洗气瓶、石英弯管等用蒸馏水洗净，并干燥。沿空气流入顺序，将高锰酸钾溶液、40%NaOH溶液分别注入洗气瓶中，达到其容量的一半；将医用脱脂棉装入第三个洗气瓶中。然后用橡胶管依次将它们连接起来。

(3) 装入吸收溶液并连通气路系统　用量筒量取150mL蒸馏水，用两支吸管分别量取5mL 30% H_2O_2 和7mL 0.02mol/L硫酸溶液，并注入接收器中。然后用橡胶塞将接收器塞住，该橡胶塞上带有石英弯管和一支连接水流泵的出口管。将石英弯管和石英管连接，石英管水平安装在管式炉中，石英管的另一端用塞子塞住，并将侧支管与净化系统连接起来。

(4) 检查试验装置的气密性　将接收器的支管连接到水流泵上，整个系统通入空气，然后将净化系统支管的活塞关闭。此时在接收器和空气净化系统中都不应该有空气泡出现。如

[1] ppm表示一百万份质量的溶液所含溶质的质量（即百万分之一)，该单位在我国已废除。

果遇到漏气时，可以将所有连接处涂上肥皂水，并排除漏气现象。

（5）预热　装置气密性检查合格后，打开管式炉电源开关，调节温度控制器，将石英管慢慢加热到900～950℃。将热电偶插入管式炉内，使其接合点位于炉中央，两端连接在温度控制器上，以便测量和调节炉温。

注意：如实验室空气的硫含量经常有变化，则可以在洗气瓶前连接一支装有活性炭的U形管。

5.4.2.4　试验步骤

（1）取样　按试样预计硫含量（质量分数小于2%，称取0.1～0.2g；在2%～5%间，称0.05～0.1g）在瓷舟中称入一定量试样（称准至0.0002g），使其均匀分布在瓷舟底部。

说明：①当试样硫含量大于5%时，可用白油（或医用凡士林）预先稀释至不大于5%；②高含硫样品（硫含量大于5%），准许在微量天平上称取少于0.03g试样（称准至0.00003g）；③分析石油焦时，需先在研钵中研碎。

（2）试样的燃烧　瓷舟中的试样需用预先筛选或煅烧过的细砂（或耐火黏土、石英砂）覆盖。将装有试样的瓷舟放入石英管（放在管式炉进口的前部）。然后用塞子迅速塞住石英管，连接水流泵或空气供给系统，并将空气通入整个系统。空气流速用流量计来测量，其流速约为500mL/min。

试样的燃烧在900～950℃下进行，燃烧时间为30～40min；而芳烃含量≥50%的石油产品，燃烧时间为50～60min。管式炉要逐渐移到瓷舟的位置上去（或慢慢移动石英管，使瓷舟逐渐置于炉的加热部分），试样不准点火。在燃烧完毕以后，将装有瓷舟的石英管放在管式炉中部最红的部分再焙烧15min。

（3）滴定操作　焙烧结束时，将管式炉（或石英管）逐渐移回原来位置，关闭水流泵，取下接收器。用25mL蒸馏水洗涤石英弯管，将洗涤液转入接收器中。向接收器的溶液中加入8滴混合指示剂溶液，用0.02mol/L NaOH标准滴定溶液滴定，直至红紫色变成亮绿色为止。如果试样中硫含量大于2%，则滴定时使用25mL的滴定管。

（4）空白试验　按同样条件，最好在实测试验前进行。

5.4.2.5　计算

① 试样的硫质量分数w_1按式(5-18)计算：

$$w_1=\frac{16c(V_2-V_0)}{1000m_2}=\frac{0.016c(V_2-V_0)}{m_2} \tag{5-18}$$

式中　c——氢氧化钠标准滴定溶液的实际浓度，mol/L；

V_2——滴定试样燃烧后生成物时消耗氢氧化钠标准滴定溶液的体积，mL；

V_0——滴定空白试验时消耗氢氧化钠标准滴定溶液的体积，mL；

0.016——与1.00mL氢氧化钠标准滴定溶液［c(NaOH)=1.000mol/L］相当的以g表示的硫的质量；

m_2——试样的质量，g。

② 稀释试样的硫质量分数w_2按式(5-19)计算：

$$w_2=\frac{16c(V_3-V_0)}{1000\times\frac{m_4m_5}{m_3}}=\frac{0.016c(V_3-V_0)}{m_4m_5}m_3 \tag{5-19}$$

式中　m_3——稀释时所取白油（或医用凡士林）和被测试样的总质量，g；

m_4——稀释时所取高硫含量被测试样的质量，g；

m_5——试验时所取混合物的质量，g；

V_3——滴定试样燃烧后生成物时消耗氢氧化钠标准溶液的体积，mL；

其余符号含义同前。

5.4.2.6　精密度

按下列规定判断试验结果的可靠性（95%置信水平）。

(1) 重复性　同一操作者重复测定两次结果之差，应不大于表 5-15 的数据。

(2) 再现性　由两个实验室提出的两个结果之差，应不大于表 5-15 的数据。

表 5-15　试样硫含量测定的重复性和再现性要求

硫含量 w/%	重复性/%	再现性/%	硫含量 w/%	重复性/%	再现性/%
≤1.0	0.05	0.20	>2.0～3.0	0.10	0.30
>1.0～2.0	0.05	0.25	>3.0～5.0	0.10	0.45

5.4.2.7　报告

① 取重复测定两个结果的算术平均值，作为试样硫含量测定结果。

② 试验结果修约至 0.01%。

5.5　润滑油的泡沫特性（学习任务四）

5.5.1　润滑油泡沫特性的测定

5.5.1.1　润滑油泡沫特性

润滑油在使用中产生泡沫是一种较为普遍的现象，这是由于润滑油在润滑系统油泵作用下不断地流动、搅拌或飞溅，空气被搅入油中产生泡沫；其次油中的许多添加剂也是表面活性剂，很容易产生难以消失的泡沫；还有润滑油中溶解的空气在压力变化过程中也可能产生泡沫。

润滑油中产生泡沫会对使用效果带来一系列不良影响，这些泡沫若不能及时消除，会使得润滑油的冷却散热效果下降、管路产生气阻、润滑油供应不足、油箱溢油造成油料流失或带来着火等安全问题、加速油品氧化变质等。因此，润滑油要求具有良好的抗泡沫性，在出现泡沫后应能及时消除，以保证润滑油在润滑系统中正常工作。

润滑油泡沫特性是指规定的条件下，润滑油生成泡沫的倾向和生成泡沫的稳定性能，用以表示润滑油的抗泡沫性。泡沫特性以××mL/××mL 表示，前面的××mL 是代表泡沫生成倾向的体积数值，后面的××mL 则是代表泡沫稳定性的体积数值。泡沫生成倾向是指试验在吹气 5min 结束时的泡沫体积，体积越大，越容易生成泡沫；泡沫稳定性是指吹气后静止 10min 后剩余的泡沫体积，该体积越大，表示泡沫越稳定，不容易破裂。

5.5.1.2 影响润滑油泡沫特性的因素

泡沫是气体分散在液体介质中的分散体系。润滑油泡沫生成倾向和泡沫稳定性与润滑油的成分、使用温度、黏度等因素密切有关。

润滑油中加入的清净分散剂、极压添加剂和防腐抑制剂等属于一类油溶性表面活性剂，这些表面活性剂容易使润滑油产生较多的稳定泡沫。当润滑油中清净分散剂浓度较大时，泡沫容易产生，且稳定性较好。为了消除或减小润滑油的泡沫，通常在润滑油中加入表面张力较小的消泡剂如甲基硅油或其他非硅消泡剂。

温度升高后，气泡膜中的分子运动增强，泡沫容易破裂。

黏度过大或过小都会使生成泡沫倾向和泡沫稳定性降低。因为黏度小时，形成气泡膜的液体容易流失，气泡壁易于变薄，导致气泡破裂。黏度太大时，不易形成气泡，即使形成了气泡也难于浮到表面上来。

温度和黏度这两个因素是互相关联的，对黏度不太大的润滑油来说，温度升高时黏度变小，成泡性和泡沫稳定性均下降；对较黏稠的润滑油来说，温度升高时，黏度下降到适于生成气泡的范围，反而会增大成泡倾向。

5.5.1.3 润滑油泡沫特性测定意义

① 润滑油泡沫特性能够较好地评价润滑油在常温和中等温度下泡沫生成的倾向及泡沫的稳定性，对于正确评价和使用润滑油具有指导意义。

② 测定润滑油泡沫特性对润滑油的调合研究和生产具有重要意义。考察不同基础油组成、消泡剂种类和加入量等条件下润滑油的泡沫特性，有助于合理选用基础油和添加剂用量，确定适宜的调合工艺条件。

5.5.1.4 测定仪器

GB/T 12579—2002《润滑油泡沫特性测定法》要求的试验设备由气体扩散头、量筒、水浴、空气源、流量计、温度计等部件组成。如图 5-9 所示。气体扩散头是关键部件之一，其最大孔径和渗透率按照标准附录 A 的方法测定的最大孔径不能大于 80μm，渗透率在 3000～6000mL/min 范围内。水浴温度要准确控制在（24±0.5)℃和（93.5±0.5)℃。空气流量应能控制在（94±5)mL/min，而且空气必须通过脱脂棉、干燥剂、变色硅胶等净化。商品化的试验器如图 5-10 所示。

5.5.1.5 测定基本操作

① 清洗量筒和气体扩散头等，检查气体干燥塔干燥剂颜色，确保有效。安装进气管，调整气体扩散头在量筒中位置。

② 不经摇动或搅拌，预热试样至（49±3)℃后再冷却到（24±3)℃。

③ 程序Ⅰ　第一份试样装 190mL，在 24℃恒温下以（94±5)mL/min 进气 5min 后，测量泡沫的体积（反映泡沫倾向)，量筒静置 10min 后测量泡沫体积（反映泡沫稳定性)。

④ 程序Ⅱ　第二份试样装 180mL，在 93.5℃恒温下以（94±5)mL/min 进气，同程序Ⅰ分别记录吹气结束时及静止周期结束时泡沫的体积。

⑤ 程序Ⅲ　将程序Ⅱ试验后的试样降温后再置于 24℃水浴中，同上测量两个体积的数值。

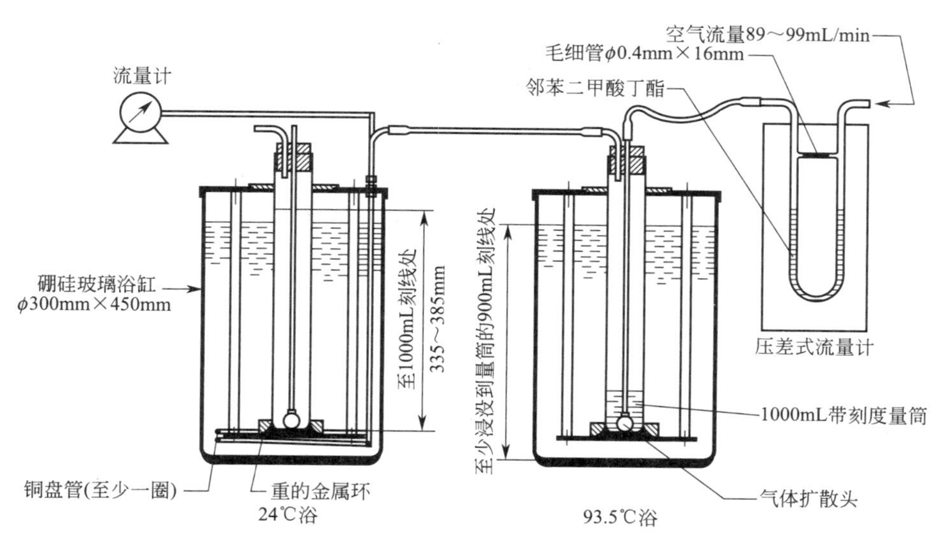

图 5-9　泡沫试验设备

图 5-10　SYD-12579 润滑油抗泡性试验器

5.5.2　润滑油泡沫特性检验操作规程（GB/T 12579—2002）

本标准规定了测定润滑油在中等温度下泡沫特性的方法，适用于加或未加用以改善或遏制形成泡沫倾向的添加剂的润滑油。

5.5.2.1　方法概要

试样在 24℃时，用恒定流速的空气吹气 5min，然后静止 10min。在每个周期结束时，分别测定试样中泡沫的体积。取第二份试样，在 93.5℃下进行试验，当泡沫消失后，再在 24℃下进行重复试验。

5.5.2.2 仪器和试剂

（1）仪器　润滑油泡沫试验器，符合 GB/T 12579 之技术要求，见图 5-10，包括下列配件：

① 量筒　1000mL，最小分度为 10mL，从量筒内底部到 1000mL 刻度线距离为 335～385mm，圆口。

② 橡胶塞　橡胶或其他合适的材质，与上述量筒的圆形顶口相匹配。塞子中心应有两个圆孔，一个插进气管，一个插出气管。

③ 扩散头　由烧结的结晶状氧化铝制成的砂芯球，直径为 25.4mm；或是由烧结的 5μm 多孔不锈钢制成的圆柱形。最大孔径不大于 80μm，渗透率 3000～6000mL/min。

④ 试验浴　透明材质，其尺寸足以使量筒至少浸至 900mL 刻线处，控温精度±0.5℃。

⑤ 空气源　从空气源通过气体扩散头的空气流量能保持在（94±5)mL/min。空气还须通过一个高 300mm 的干燥塔，干燥塔应依次按下述步骤填充：在干燥塔的收口处以上依次放 20mm 的脱脂棉、110mm 的干燥剂、40mm 的变色硅胶、30mm 的干燥剂、20mm 的脱脂棉。当变色硅胶开始变色时，则必须重新填充干燥塔。

⑥ 流量计　能够测量流量为（94±5)mL/min。

⑦ 体积测量装置　在流速为 94mL/min 时，能精确测量约 470mL 的气体体积。

⑧ 计时器　电子或手工的，分度值和精度均为 1s 或更高。

⑨ 温度计　水银式玻璃温度计，符合本标准附录的要求，或者选用全浸式，测量范围为 0～50℃和 50～100℃，最小分度值为 0.1℃。

（2）试剂　正庚烷、丙酮、甲苯、异丙醇均为分析纯，水要符合 GB/T 6682 中三级水要求。

（3）材料　清洗剂：非离子型，能溶于水。干燥剂：变色硅胶、脱水硅胶或其他合适的材料。

5.5.2.3 准备工作

每次试验之后，必须彻底清洗试验用量筒和进气管，以除去前一次试验留下的痕量添加剂，这些添加剂会严重影响下一次的试验结果。

（1）量筒的清洗　先依次用甲苯、正庚烷和清洗剂仔细清洗量筒，然后用水和丙酮冲洗，最后再用清洁、干燥的空气流将量筒吹干，量筒的内壁排水要干净，不能留水滴。

（2）气体扩散头的清洗　分别用甲苯和正庚烷清洗扩散头，方法如下：将扩散头浸入约 300mL 溶剂中，用抽真空和压气的方法，使部分溶剂来回通过扩散头至少 5 次。然后用清洁、干燥的空气将进气管和扩散头彻底吹干。最后用一块干净的布蘸上正庚烷擦拭进气管的外部，再用清洁的干布擦拭，注意不要擦到扩散头。

（3）仪器检查　安装仪器，调节进气管的位置，使气体扩散头恰好接触量筒底部中心位置。空气导入管和流量计的连接管应通过一根铜管，并使铜管至少绕冷浴内壁一圈，以确保能在 24°C 左右测量空气的体积。检查系统是否泄漏，拆开进气管和出气管，并取出塞子。

5.5.2.4 操作步骤

（1）试样处理　不经机械摇动或搅拌，将约 200mL 试样倒入 600mL 烧杯中加热至（49±3)℃，并使之冷却到（24±3)℃［对于贮存两星期以上的样品，需要按照（5）方法处理]。

(2) 程序Ⅰ　将试样倒入量筒中，使液面达到190mL刻线处。将量筒浸入24℃浴中，至少浸没至900mL刻线处，用一个重的金属环使其固定，防止上浮。当油温达到浴温时，塞上塞子，接上扩散头和未与空气源连接的进气管，扩散头浸泡约5min后，接通空气源，调节空气流速为(94±5)mL/min。通过气体扩散头的空气要求是清洁和干燥的。从气体扩散头中出现第一个气泡起开始计时，通气5min±3s。立即记录泡沫的体积（即从总体积减去液体的体积），精确至5mL。通过系统的空气总体积应为(470±25)mL。从流量计上拆下软管，切断空气源，让量筒静置10min±10s，再次记录泡沫的体积，精确至5mL。

(3) 程序Ⅱ　将第二份试样倒入清洁的量筒中，使液面达到180mL处，将量筒浸入93.5℃浴中，至少浸没到900mL刻线处。当油温达到(93±1)℃时，插入清洁的气体扩散头及进气管，同程序Ⅰ所述步骤进行试验，分别记录在吹气结束时及静止周期结束时泡沫的体积，精确至5mL。

(4) 程序Ⅲ　用搅动的方法破坏程序Ⅱ试验后产生的泡沫，将试验量筒置于室温，使试样冷却至低于43.5℃，然后将量筒放入24℃的浴中，当试样温度达到浴温后，插入清洁的进气管和扩散头，按程序Ⅰ所述步骤进行试验，在吹气结束及静止周期结束时，分别记录泡沫体积，精确至5mL。

注意：①程序Ⅰ和程序Ⅲ所述的步骤都应在前一个步骤完成后3h之内进行。程序Ⅱ中试验应在试样达到温度要求后立即进行，并且要求量筒浸入93.5℃浴中的时间不超过3h。②如果是黏性油，静止3h不足以消除气泡，可静止更长时间，但需记录时间，并在结果中加以注明。

(5) 选择步骤A　某些类型的润滑油在贮存中，因泡沫抑制剂分散性的改变，致使泡沫增多，如怀疑有以上现象，可用下述选择步骤A来进行：清洗（方法同前）一个带高速搅拌器的1L容器，将18～32℃的500mL试样加入此容器中，并以最大速度搅拌1min。在搅拌过程中，常常会带进一些空气，因此需使其静置，以消除引入的泡沫，并且使油温达到(24±3)℃。搅拌后3h之内，开始按程序Ⅰ进行试验。

(6) 简易试验步骤　对于常规试验，可以采用一种简单的试验步骤。此试验步骤仅有一点与标准方法不同。即空气通过气体扩散头，5min之内吹入的空气总体积不用测量。

5.5.2.5　精密度

按下述规定判断结果的可靠性（95%置信水平）。

(1) 重复性(r)　同一操作者使用同一仪器，在恒定的试验条件下，对同一试样重复测定的两个试验结果之差不能超过式(5-20)和式(5-21)的值。

$$r(\text{程序Ⅰ和程序Ⅱ})=10+0.22X \tag{5-20}$$

$$r(\text{程序Ⅲ})=15+0.33X \tag{5-21}$$

式中　X——两个测定结果的平均值，mL。

(2) 再现性(R)　不同的操作者在不同的实验室对同一试样得到的两个结果之差不能超过式(5-22)和式(5-23)的值。

$$R(\text{程序Ⅰ和程序Ⅱ})=15+0.45X \tag{5-22}$$

$$R(\text{程序Ⅲ})=35+1.01X \tag{5-23}$$

对于选择步骤A搅拌后测定的样品的精密度标准没有给出。

5.5.2.6 报告

报告结果精确到“5mL”，表示为“泡沫倾向”（在吹气周期结束时的泡沫体积/mL），和（或）“泡沫稳定性”（在静止周期结束时的泡沫体积/mL）。每个结果要注明程序号以及试样是直接测定或是经过搅拌后测定的。

当泡沫或气泡层没有完全覆盖油的表面，且可见到片状和“眼睛”状的清晰油品时，报告泡沫体积为“0mL”。

本 章 小 结

本章介绍了润滑油性质、组成、制备等基础知识和润滑油质量技术标准，然后选择润滑油运动黏度和黏度指数、硫含量、闪点和燃点、泡沫特性等指标作为学习内容，旨在通过这些项目的学习，使学生形成润滑油指标检验的具体工作思路，熟悉从资料准备、试验准备、试验条件控制、数据采集校正、报告结果等过程，并且能够对试验过程有关问题进行分析和处理。熟悉和理解各指标的基本概念，掌握各指标的意义、分析方法和结果计算方法，掌握各指标检验的操作技能。通过以上工作内容的学习和训练，学生应该举一反三，能够对润滑油的其他技术指标进行检验。

【阅读材料】

润滑油中的添加剂

油品生产离不开添加剂。添加剂已经成为润滑油的重要组成部分，应用添加剂是改善润滑油性能的最经济而有效的手段，加入少量的添加剂，即可大大改善某些质量指标、赋予新的性能，极大地减缓油品变质速度，延长使用寿命。润滑油添加剂种类繁多，而且随着对高性能润滑油需求的增加，对润滑油添加剂也不断提出新的要求。

1. 添加剂的分类

SH/T 0389—92(98) 将石油添加剂按照润滑油添加剂、燃料油添加剂、复合添加剂和其他添加剂分为四类。其中润滑油添加剂共分 9 组，分别是清净剂和分散剂、抗氧抗腐剂、极压抗磨剂、油性剂和摩擦改进剂、抗氧剂和金属减活剂、黏度指数改进剂、防锈剂、降凝剂、抗泡沫剂。该标准将复合添加剂分为汽油机油复合剂、柴油机油复合剂、通用汽车发动机复合剂、二冲程汽油机油复合剂、铁路机车油复合剂、船用发动机复合剂、工业齿轮油复合剂、车辆齿轮油复合剂、通用齿轮油复合剂、工业润滑油复合剂、防锈油复合剂等组。

2. 添加剂的作用

(1) 清净剂和分散剂　清净剂能够抑制或清除发动机供油系统、喷嘴等部位的沉积物。清净剂作用主要是中和润滑油氧化生成的含氧酸；洗涤油中生成的漆膜和积炭；吸附已经生成的胶质和炭粒，使之分散在油中；对沉积物前驱有增溶作用，从而阻止沉积物的生成。常见的清净剂有油溶性磺酸盐、酚盐和水杨酸盐、羧酸盐等。

分散剂能使固体污染物以胶体状态悬浮在油中，防止油泥、漆膜等物质沉积在发动机部件上。分散剂一般是具有表面活性的物质，如丁二酰亚胺、丁二酸酯类、丁二酰亚胺的硼化物等。

从一定意义上说，润滑油质量的高低，主要区别在抵抗高、低温沉积物和漆膜形成的性能上，也可以说表现在润滑油内清净分散剂的性能及加入量上，可见清净剂和分散剂对润滑油质量具有重要影响。

（2）抗氧抗腐剂　抗氧抗腐剂可以抑制或消除氧化活性物质如自由基（R·、ROO·、RO·、HO·）和氢过氧化物（ROOH）的生成，阻止氧化反应的进行。油品的氧化会导致酸度增加、金属腐蚀、油品黏度增加等，严重时会产生油泥、沉淀和漆状薄膜。

抗氧抗腐剂有酚型抗氧剂（如2,6-二叔丁基对甲酚）、芳胺型（如α-萘胺）、二烷基二硫代磷酸锌（简称ZDDP）等。

（3）极压抗磨剂　极压抗磨剂中的含硫、磷、氯等有机化合物中的活性元素，在极压条件下能和金属表面发生化学反应，形成高熔点化学反应膜，以防止发生烧结、擦伤等现象。极压抗磨剂有含氯抗磨剂（如氯化石蜡）、硫系添加剂（如硫化鲸鱼油、硫化烯烃、硫化酯等）、磷系添加剂（如亚磷酸酯、磷酸酯）、含氮化合物、含硼化合物、钼系抗磨剂（如二硫化钼、MoDTC、MoDTP）、含稀土元素抗磨剂等。

（4）油性剂和摩擦改进剂　能在边界润滑条件下形成定向吸附膜（化学反应膜、物理吸附膜、聚合物等），增加油膜强度，减少摩擦系数，降低运动部件之间的摩擦和磨损。有机摩擦改进剂有羧酸及其衍生物、酰亚胺、胺及其衍生物、磷或磷酸衍生物、有机聚合物等；其他还有金属有机化合物型摩擦改进剂（钼或铜化合物等）、油溶性摩擦改进剂（如石墨、聚四氟乙烯）。

（5）黏度指数改进剂　能够增加油品的黏度和提高油品的黏度指数，改善润滑油的黏温性能。黏度指数改进剂都是油溶性链状的高分子聚合物，其分子量有几万到几百万。当其溶解在润滑油中时，在低温时它们以丝卷状存在，对润滑油的黏度影响不大，随着润滑油温度升高，丝卷伸张，有效容积增大，对润滑油流动阻力增大，导致润滑油的黏度相对显著增大。黏度指数改进剂主要有聚异丁烯、聚甲基丙烯酸酯、乙烯-丙烯共聚物、氢化苯乙烯-双烯共聚物、苯乙烯聚醇和聚正丁基乙烯基醚等。

（6）抗氧剂和金属减活剂　具有抑制油品氧化、钝化金属（成膜或络合）使之失去催化作用，从而减少油品氧化腐蚀、延长油品储存和使用寿命。抗氧剂有酚型（如2,6-二叔丁基对甲酚等）和胺类等类型；普遍工业化的金属减活剂类型有二亚水杨酸基丙二胺、苯三唑衍生物及噻二唑衍生物等。

（7）防锈剂　能在金属表面形成牢固的吸附膜，以抑制氧及水对金属表面的接触，防止或减缓金属的腐蚀。防锈剂多是一些极性物质，分子中的极性基团对金属表面有很强的吸附力，在金属表面形成紧密的单分子或多分子保护层。防锈剂有水溶性防锈剂（阳极缓蚀剂和阴极缓蚀剂）、混合型防锈剂（如琼脂、生物碱）、油溶性防锈剂等。

（8）降凝剂　能够降低油品倾点和改善油品低温流动性。降凝剂是由长链烷基基团和极性基团组成的高分子化合物，可通过晶核作用、共晶作用和吸附作用实现降凝的目的。目前国内降凝剂有乙烯-醋酸乙烯共聚物（EVA）、三元共聚物（乙烯、醋酸乙烯和乙烯醇氧烷基聚醚共聚物）、丙烯酸酯聚合物、含氮聚合物等类型。

（9）抗泡剂　能够抑制润滑油在应用中起泡的能力，并使已形成的泡沫迅速破灭。抗泡剂有醇类（如二乙基乙醇、异辛醇等具有支链的醇）、脂肪酸及脂肪酸酯类（如蓖麻油、甘油脂肪酸酯）、酰胺类、磷酸酯类（如磷酸三丁酯）、聚醚类（低分子聚氧乙烯-聚氧丙烯嵌段共聚物）、有机硅类（如二甲基硅油、乙基硅油）、聚醚改性聚硅氧烷类等。

3. 复合添加剂

根据所调油品的质量要求，选择一定性质的基础油，加入一些可以改进某一油品特性的添加剂进行调合，是曾经广泛使用的润滑油调合技术。但近年来，随着进口汽车及引进技术生产的汽车大幅度增加，对内燃机油的质量要求也越来越高，采用单剂原料技术调合油品不仅在工艺上麻烦，而且在配方评定方面的困难也很大。所以，一些厂家在润滑油台架评定的基础上生产复合添加剂，这种复合剂具有成品油要求的多种功能，只要在指定性质的基础油中加入适当的剂量，就可以生产某一质量级别的油品。以复合剂为原料调合润滑油的生产工艺简单，操作方便，生产周期短，经济性好。

习　题

1. 术语解释

（1）开口杯闪点　（2）燃点　（3）动力黏度　（4）运动黏度

（5）黏度指数　（6）泡沫特性

2. 判断题

（1）带“W”的内燃机油表示冬用，不带“W”的油品适用于夏季或非寒区。（　　）

（2）试样含硫化合物中的硫在900℃下主要转化为三氧化硫。（　　）

（3）闪点相当于加热油品使空气中油蒸气浓度达到爆炸下限时的温度。（　　）

（4）闪点是指可燃性液体的蒸气同空气的混合物在临近火焰时能发生短暂闪火的最低温度。（　　）

（5）石油产品闪点是储存、运输和使用时的一项重要安全指标。（　　）

（6）石油产品闭口杯闪点测定用温度计的分度值为1℃。（　　）

（7）石油产品闪点测定用油杯由任意金属制造均可。（　　）

（8）在同一种低温条件下，冷启动模拟试验测出的黏度值越大，说明机油的冷启动性能越好。（　　）

（9）油品黏度与化学组成没有关系，它不能反映油品烃类组成的特性。（　　）

（10）在我国通常把黏度分为三类，即动力黏度、运动黏度和条件黏度。（　　）

（11）测定运动黏度时，黏度计的选择：务使试样的流动时间不少于200s，内径0.4mm的黏度计流动时间不少于350s。（　　）

（12）运动黏度测定中，温度计、毛细管黏度计必须定期进行检定。（　　）

（13）黏度比是同种润滑油40℃和100℃时运动黏度的比值，其值越大，油品黏温性能越好。（　　）

（14）润滑油泡沫特性测定结果中代表稳定性的体积数值越大越好。（　　）

（15）润滑油泡沫特性测定结果中代表泡沫生成倾向的体积数值代表了润滑油在使用过程中实际生成泡沫的体积。（　　）

3. 填充题

（1）润滑油由__________和__________组成。

（2）润滑油在金属表面形成__________，可以减少机械部件磨损和由于摩擦引起的__________及__________。

（3）润滑油基础油包括__________、__________和__________。

（4）内燃机油的产品标记由__________、__________和__________组成。

（5）多级油能同时满足__________和__________两个级别的要求，即在高温时能够表现出足够大的__________，在低温时又具有良好的__________。

（6）管式炉法测硫是在______～______℃下将试样中硫在______中氧化为SO_2，再用______和______溶液将生成的SO_2充分吸收，转化生成的______用氢氧化钠标准溶液滴定。

（7）应该使用__________对克利夫兰开口杯闪点仪进行经常性的校验。

（8）在规定温度下，从恩氏黏度计中流出__________试油所需要的时间与在______℃流出相同体积的蒸馏水所需时间（秒）的比值是恩氏黏度。

（9）润滑油泡沫特性测定时要求先吹气______ min后记录泡沫的体积，然后静置______ min后记录剩余泡沫的体积。

（10）润滑油泡沫特性测定时程序Ⅰ、程序Ⅱ、程序Ⅲ分别对应的水浴温度是______℃、______℃和______℃。

4. 单选题

（1）下列油品中属于汽油机/柴油机通用的油是（　　）。

A. SC　　B. SD/CC　　C. SE　　D. SD

（2）使管式炉法测硫含量的测定结果偏高的因素是（　　）。

A. 炉温过低　　B. 助燃气流速过快

C. 空气中有硫污染　　D. 正压送气供气时有漏气

（3）管式炉法测硫气路系统连接高锰酸钾溶液的目的是（　　）。

A. 去除空气中的碱性成分　　B. 去除空气中的酸性成分

C. 去除空气中的氧化性成分　　D. 去除空气中的还原性成分

（4）用有证标准样品或工作参比样品校正闪点仪的目的是（　　）。

A. 测定闪点的修正值　　B. 测定方法的偏差

C. 测定大气压力影响值　　D. 检查仪器和操作是否符合测定要求

（5）黏度是液体流动时（　　）的量度。

A. 流动速度　　B. 温度变化　　C. 内摩擦力　　D. 流动层相对

（6）运动黏度通常实际使用的单位是（　　）。

A. m^2/s　　B. m^2/s^2　　C. mm^2/s　　D. mm^2/s^2

（7）下列关于运动黏度的说法，错误的是（　　）。

A. 测定对象一般为液体　　B. 温度特定

C. 温度固定　　D. 测定时液体靠重力流动

（8）测定闪点时，如果没有脱除水分会使测定结果（　　）。

A. 偏高　　B. 偏低　　C. 不变　　D. 先低后高

（9）下列表述不正确的是（　　）。

A. 闪点是反映油品安全性的重要指标

B. 闪点是油品受热后油气浓度达到爆炸下限时的温度

C. 油品的闪点与加热速度有关

D. 油品的闪点与油品组成密切相关

（10）下列表述不正确的是（　　）。

A. 反映泡沫生成倾向的数值越小越好

B. 反映泡沫生成倾向的数值越大越好

C. 泡沫特性测定时吹气的速度控制在 (94±5)mL/min

D. 泡沫特性测定数据和水浴的温度密切相关

5. 问答题

（1）管式炉法测定硫时如果试样冒黑烟对测定有何影响？

（2）对润滑油来说，其闭口杯闪点和开口杯闪点的差值能够说明什么问题？

（3）油品黏度与化学组成的关系如何？

（4）简述如何表示油品黏度与温度的关系？

（5）简述边界泵送温度的测定原理。

6. 知识拓展题

（1）查阅相关资料，总结油品黏度测定的各种不同方法。

（2）查阅相关资料，总结油品中硫含量测定的各种不同方法。

（3）查阅相关资料，比较油品浊点、冰点、结晶点、倾点和凝点等指标的异同。

（4）查阅相关资料，归纳总结润滑油抗乳化性能表达方式及测定意义。

第6章 其他石油产品质量检验

学习指南

【知识目标】

1. 了解石油焦、石油沥青、石油蜡、润滑脂、液化石油气的种类、规格和用途；

2. 掌握石油焦、石油沥青、石油蜡、润滑脂、液化石油气指标要求及其测定意义；

3. 对指标检验方法有整体掌握，并能描述其主要操作步骤；

4. 熟悉石油焦、石油沥青、石油蜡、润滑脂、液化石油气分析常用仪器的性能、使用方法和测定注意事项。

【能力目标】

1. 能正确选择和使用常见的石油焦、石油沥青、石油蜡、润滑脂、液化石油气分析仪器；

2. 对石油焦、石油沥青、石油蜡、润滑脂、液化石油气主要指标进行分析检测；

3. 分析处理石油焦、石油沥青、石油蜡、润滑脂、液化石油气检验中的常见故障，排除试验异常现象；

4. 正确处理试验结果。

6.1 石油焦

6.1.1 种类与规格

石油焦是原油经过蒸馏将轻、重质油分离后，重质油再经热裂化过程转化而成的产品。从外观上看，石油焦为黑色或暗灰色的固体石油产品，带有金属光泽、呈多孔性无定形碳素材料。石油焦一般含碳90%～97%，含氢1.5%～8.0%，其余为少量的硫、氮、氧和金属元素。

6.1.1.1 分类及性质

石油焦通常有下列三种分类方法。

（1）按加工深度　可分为生焦和熟焦。生焦（又称原焦）由延迟焦化装置的焦炭塔得到，它含有较多的挥发分，强度较差；熟焦（又称煅烧焦）是生焦经过高温煅烧（1300℃）处理除去水分和挥发分而得。煅烧焦再经2300～2500℃下进行石墨化，使微小的石墨结晶长大，最后可以加工成电极。

（2）按硫含量的高低　可分为高硫焦（硫含量大于4%）、中硫焦（硫含量2%～4%）和低硫焦（硫含量小于2%）。硫含量增高，焦炭质量降低，其用途亦随之改变。焦炭的硫含量取决于原料的硫含量。

（3）按其显微结构形态的不同　可分为海绵焦和针状焦。海绵焦多孔如海绵状，又称普通焦。针状焦致密如纤维状，又称优质焦，它在性质上与海绵焦有显著差别，具有密度高、强度高、热胀系数低等特点。针状焦主要是从芳烃含量高且非烃含量少的原料制得。

6.1.1.2　加工方法

石油焦是以原油经蒸馏后的重油或其他重油为原料，以较高流速通过(500±1)℃加热炉的炉管，使裂解和缩合反应在焦炭塔内进行，再经生焦到一定时间冷焦、除焦生产出石油焦。

6.1.1.3　主要用途

石油焦主要用于制取碳素制品，如石墨电极、阳极弧，提供炼钢、有色金属、炼铝之用；制取碳化硅制品，如各种砂轮、砂皮、砂纸等；制取商品电石供制作合成纤维、乙炔等产品；也可作为燃料。

（1）针状焦　具有明显的针状结构和纤维纹理，主要用作炼钢中的高功率和超高功率石墨电极。由于针状焦在硫含量、灰分、挥发分和真密度等方面有严格质量指标要求，所以对针状焦的生产工艺和原料都有特殊的要求。

（2）海绵焦　化学反应活性高，杂质含量低，主要用于炼铝工业及碳素行业。

（3）弹丸焦或球状焦　形状呈圆球形，直径0.6～30mm，一般是由高硫、高沥青质渣油生产，只能用作发电、水泥等工业燃料。

（4）粉焦　由流态化焦化工艺生产，其颗粒细（直径0.1～0.4mm），挥发分高，热胀系数高，不能直接用于电极制备和碳素行业。

6.1.1.4　产品规格

石油焦是指延迟焦化装置生产的生焦，分为普通石油焦（生焦）和石油针状焦（生焦），现国内生产企业主要依据NB/SH/T 0527—2015生产（见表6-1和表6-2）。

该标准普通石油焦按硫含量大小及其用途分为1号、2A号、2B号、3A号、3B号。普通石油焦1号适用于炼钢工业中制作普通功率石墨电极，也适用于炼铝业作铝用碳素；2A号、2B号主要适用于炼铝业作铝用碳素；3A号、3B号主要适用于制作碳化物、碳素行业用原料。

石油针状焦按热膨胀系数和真密度的大小分为1号、2号和3号。1号石油针状焦主要用作超高、超功率石墨电极原料，2号、3号石油针状焦主要用作高功率石墨电极原料。

表 6-1 普通石油焦(生焦)技术要求和试验方法

项目		质量指标					试验方法
		1号	2号		3号		
			A	B	A	B	
硫含量(质量分数)/%	不大于	0.5	1.0	1.5	2.0	3.0	GB/T 387 GB/T 214—2007 GB/T 25214 SH/T 0172
挥发分(质量分数)/%	不大于	12.0	12.0	12.0	14.0	14.0	SH/T 0026
灰分(质量分数)/%	不大于	0.3	0.4	0.5	0.6	0.6	SH/T 0029
总水分(质量分数)/%	不大于	报告					SH/T 0032
真密度/(g/cm^3)	不小于	2.04					SH/T 0033
粉焦量(质量分数)/%	不大于	35	报告	报告			
微量元素/(μg/g)	不大于	300	报告				ADTM D 5600 YS/T 587.5 YS/T 63.16
硅含量		150	报告				
钒含量		250	报告				
铁含量		200	报告				
钙含量		150	报告				
镍含量 钠含量		100	报告				
氮含量(质量分数)/%	不大于	报告					SH/T 0656

表 6-2 石油针状焦(生焦)技术要求和试验方法

项目		质量指标			试验方法
		1号	2号	3号	
灰分(质量分数)/%	不大于	0.3	0.3	0.3	SH/T 0029
总水分(质量分数)/%	不大于	8	8	8	SH/T 0032
真密度/(g/cm^3)	不小于	2.12	2.11	2.10	SH/T 0033
热膨胀系数(CTE)/(10^{-6}/℃)	不大于				GB/T 3074.4
粉焦量(质量分数)/%	不大于	35	报告		附录
微量元素/(μg/g)	不大于	300	报告		ADTM D 5600 YS/T 587.5 YS/T 63.16
硅含量		150	报告		
钒含量		250	报告		
铁含量		200	报告		
钙含量		150	报告		
镍含量 钠含量		100	报告 报告		
氮含量(质量分数)/%	不大于	0.5			SH/T 0656

6.1.2 质量检验

6.1.2.1 石油焦检验法(SH/T 0313—92)

本标准规定了石油焦的采样、水分、挥发分、灰分、煅烧后密度、硫含量及粉焦量等项目的试验方法。

(1) 采样 石油焦采样法以SH/T 0229—92《固体和半固体石油产品取样法》为基础。

试样原则上应在焦流中采样,在条件不许可时也可以在运输工具(火车、汽车等)的顶部及焦堆上采取。

用于总水分测定的试样,必须在生产厂装运地点临计量前采取。

① 采样方法

a. 焦流中采样　用机械采样器或手工从焦流中采样时，应根据总焦流量计算石油焦的有效流过时间，并在该时间内等时、间隔地采样。每批样的采样份数不能少于五份，试样总量不少于10kg。

b. 运输工具顶部采样　在运输工具顶部采样时，在同一车上需至少在平均距离的五点上，从表层采取（石油焦经过长途运输或停放后，应在焦层下0.2～0.3m处采样），力求试样均匀，增加其代表性。每车的采样量不少于5kg，每批采样的车数按总车数的10%计量（但每批不能少于两车），试样总量不少于10kg。

c. 焦堆采样　焦堆的采样点分布在焦堆表面各距底和顶0.5m和焦堆半高处的三条圆周线上，并分别等间距地布置三、五、八个采样点（见图6-1）。在各采样点表层（如果长期堆放后应在焦堆层下0.2～0.3m处）采样不少于0.5kg的石油焦试样，试样总量不少于8kg。

d. 将按上述各选出的试样分成四份，取其任何相同的两份混合起来，并在钢板上用锤将其敲碎，再用四分法除掉两份，这样连续地敲碎、等分，直至焦的粒度小于10mm，总质量为1～2kg止，则得石油焦最终试样，将上述试样分成两份。一份供全项分析用，另一份密封保存两个月，作为复查仲裁用。

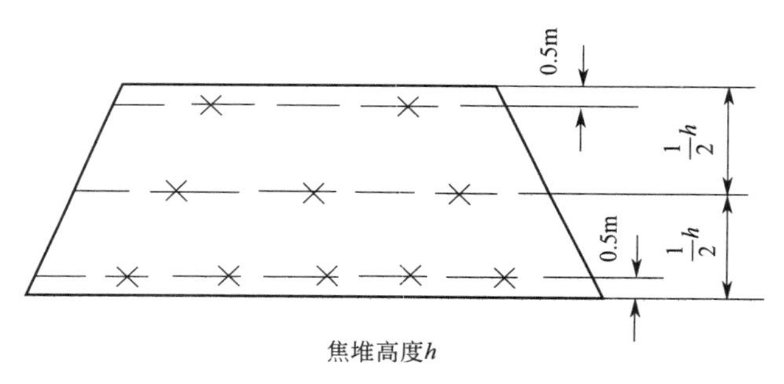

图6-1　焦堆的采样点分布

② 试样的制备　将0.5kg石油焦最终试样载于盘上，在(105±3)℃烘箱内干燥30min以上，使试样达到空气干燥程度。

将石油焦从烘箱中取出冷却后，用机械或手工将其破碎到粒度小于5mm，均匀地取出50g试样。继续破碎到能完全通过0.15mm孔径的筛子为止，此样可供石油焦硫含量、灰分和挥发分的测定用。

(2) 水分的测定（SH/T 0032—90）

① 方法概要　将称取的石油焦试样，放在烘箱内烘干至恒重，测定其质量损失。

② 测定仪器　烘箱：能在(105±3)℃下恒温；镀锌钢盘：160mm×120mm×30mm；称量瓶：带有磨口塞，直径50mm，高30mm；干燥器；水银温度计：0～150℃，分度值为1.0℃；坩埚钳，小勺。

③ 试验步骤

a. 总水分的测定　称取石油焦最终试样50.0g(精确至0.5g)于预先称量过的钢盘上，将石油焦在钢盘中铺平，放在预先加热至(105±3)℃的烘箱内，并打开烘箱的自然通风孔。1h后取出钢盘，在空气中冷却30min并称量，然后再进行干燥，每次20min，直到两次称量间的差数小于0.5g为止，取最后称量数作为计算用。

总水分X_1按式(6-1)计算：

$$X_1=\frac{m-m_1}{m}\times 100\% \quad (6\text{-}1)$$

式中 m——干燥前试样的质量，g；

m_1——干燥后试样的质量，g。

b. 内含水测定 将准备好的试样仔细搅拌，从试样的不同部位取出约 2g 的石油焦试样，放在预先恒重好的称量瓶内，将称量瓶放入（105±3)℃烘箱内干燥 1h，取出后放在干燥器内冷却 30min，并称量。然后，再进行干燥，每次 30min，直至两次称量之间的差数小于 0.001g 为止，取最后质量作计算用（精确至 0.0002g)。

注意：在烘箱内干燥时，应将盛有石油焦试样的称量瓶盖打开一半，而在干燥器内冷却及称量时则将其盖盖严。

内含水的质量分数 X_2，按总水分的计算公式计算。

④ 精密度 在石油焦水分测定中，重复测定两个结果间的差数见表 6-3。

表 6-3 水分测定重复性要求

水分	允许差数/%
总水分	0.3
内含水	0.2

⑤ 报告 取重复测定两个结果的算术平均值作为试样的水分测定结果。

(3) 挥发分的测定（SH/T 0026—90)

① 方法概要 将石油焦试样放入 850℃高温炉内加热 3min，测定其质量损失。

② 测定仪器 瓷坩埚：高（43±0.5)mm，上口外径（32±0.5)mm，底口外径（18±0.5)mm，具有内表面带有流槽状的坩埚盖，无盖时质量为 13～14g，壁厚 1.3～1.4mm；高温炉：能在（850±20)℃下恒温，炉门上应具有供挥发物逸出的孔隙，炉的后壁应具有供插热电偶的孔隙；架子：耐热金属丝制成的，供安放坩埚用，架子的高度能使安在架子上的坩埚底与炉底的距离保持在（20±2)mm；干燥器，坩埚钳，小勺，秒表。

③ 准备工作 将高温炉加热至（850±20)℃，热电偶的位置应使接点位于距炉底 20～30mm 的恒温地带。坩埚需预先在 850℃高温炉内煅烧，经干燥器冷却后称量，并放入干燥器内备用。

④ 试验步骤

a. 用小勺搅拌制备好的试样，由试样较下部取出（1.00±0.05)g 试样，放入坩埚内，轻轻摇动使坩埚内的试样摊平。将坩埚盖盖好，并把坩埚放在架子上。

b. 将盛有试样的坩埚连同架子迅速送到高温炉内的恒温地带，同时启动秒表，关上炉门，加热。当加热时间刚到 3min，就使挥发分坩埚离开恒温地带。坩埚在空气中冷却 3min 后，移入干燥器中冷却 30～40min 后称量（精确至 0.0002g)。

⑤ 计算 挥发分 X_3 按式(6-2) 计算：

$$X_3=\frac{m_2-m_3}{m_2}\times 100\%-X_2 \quad (6\text{-}2)$$

式中 m_2——石油焦试样的质量，g；

m_3——加热后石油焦残留物的质量，g；

X_2——石油焦试样内含水量,%。

注意：石油焦内含水量应和挥发分同时测定。

⑥ 精密度　在石油焦挥发分测定中重复测定两个结果间的差数，不应大于0.3%。

⑦ 报告　取重复测定两个结果的算术平均值，作为试样的挥发分测定结果。

(4) 灰分的测定（SH/T 0029—90）

① 方法概要　将石油焦试样在850℃高温炉内灰化煅烧至恒重，以测定石油焦的灰分。

② 测定仪器　高温炉：能在(850±20)℃下恒温；舟形瓷皿：长方形，上口长55～60mm、宽25～30mm，底长45～50mm、宽20～22mm，高14～16mm；干燥器，坩埚钳，小勺。

③ 试验步骤

a. 用小勺搅拌准备好的石油焦试样，从试样表面以下称取2～3g，放入预先加热恒重好的瓷皿内。

b. 将盛有石油焦试样的瓷皿，放在(850±20)℃的高温炉的炉膛前边缘上，在3min内逐渐将瓷皿移入高温炉完全灼热地带。关上炉门（炉门上的小孔应打开），煅烧2h。

c. 取出瓷皿，在空气中冷却3min，然后移入干燥器内，冷却30～40min，并称量。称量后再进行煅烧，每次30min，直至两次称量间的差数小于0.001g为止，取最后质量作计算用（精确至0.0002g）。

④ 计算　灰分 X_4 按式(6-3) 计算：

$$X_4=\frac{m_5}{m_4}\times 100\% \tag{6-3}$$

式中　m_4——石油焦试样的质量，g；

m_5——石油焦灰分残留物的质量，g。

⑤ 精密度　在石油焦灰分测定中重复测定两个结果间的差数不应大于0.05%。

⑥ 报告　取重复测定两个结果的算术平均值，作为试样的灰分测定结果。

(5) 经煅烧后密度的测定

① 测定仪器　高温炉：能保持炉膛内温度达1300℃；坩埚或舟形皿：瓷制或刚铝石制；干燥器，玛瑙臼或钢臼；金属网筛：筛网孔眼为0.1mm；密度瓶：50mL或其他容积的锥形细颈密度瓶。

② 化学试剂　无水乙醇（化学纯）

③ 准备工作

a. 煅烧　石油焦分析试样的煅烧可以在特殊的煅烧炉内或在其他能调节及保持温度在1300℃或1300℃以上的加温装置内进行。将要分析的石油焦试样放入瓷制或刚铝石的舟形皿或坩埚内，以便煅烧，装入试样的厚度不得超过60mm。

将去盖的舟形皿或坩埚放入管状炉内，煅烧时为了防止石油焦氧化，必须向炉内轻轻吹入不含氧及含痕量一氧化碳的氮气，如不可能吹入氮气，则允许在有盖的双层蒸锅内进行煅烧，外坩埚可以为金属制的，内外坩埚之间需撒入研细并煅烧过的含碳物质。

经过在温度(1300±10)℃下5h煅烧后，将试样转放在炉上较冷的地方，冷却至300℃以下后移入干燥器中。

b. 粉碎　将煅烧过的分析用的石油焦试样，放在玛瑙臼或钢臼内研碎，需研得很细，使能通过筛网孔眼为 0.1mm 的筛子。筛子上的残留物要重复研细，直至分析用试样完全通过为止。使用钢臼时，随后必须使捣细的试样脱磁，捣细时必须避免损失试料。

测定石油焦密度所取试样量依所用密度瓶容积而定，见表 6-4。

表 6-4 石油焦密度测定取样量要求

密度瓶容积/mL	取样量/g
25	2
50	3
100	5

最好使用 50mL 锥形细颈的密度瓶。

④ 试验步骤 将煅烧过的石油焦粉，从长脚小漏斗中，倒入预先已称量过的密度瓶内，称量盛有石油焦粉的密度瓶，以测定所称试样的量，精确至 0.0001g。

将无水乙醇注入盛有石油焦粉试样的密度瓶内至 2/3 容积，并放在砂浴上沸腾 3min，然后使静置于 15℃的水浴中。另外，将无水乙醇在烧瓶内沸腾 3min，也置于 15℃水浴中，留置 10min 以后，从浴中取出密度瓶及烧瓶，将无水乙醇注满密度瓶，使瓶内无水乙醇液面略低于标线，再将密度瓶及盛有沸腾过无水乙醇的烧瓶放入水浴（或恒温器）中，使在 15℃下留置 20min，经过上述时间后，从水浴中取出密度瓶及烧瓶，迅速将密度瓶注满无水乙醇至标线，然后用滤纸条仔细擦干密度瓶颈部内壁（无水乙醇液面上），而密度瓶外面则用清洁的软毛巾擦干，并在分析天平上称量。然后将密度瓶内的溶液倒出，并用无水乙醇仔细洗涤。

用沸腾过的无水乙醇注满密度瓶的标线，仔细擦干密度瓶颈部内壁，在分析天平上称量。

注意：①无水乙醇的密度及盛有无水乙醇的密度瓶质量，均在 15℃测定；②测定盛有无水乙醇的密度瓶质量，必须在每个 8h 工作班内至少进行一次。

⑤ 计算 石油焦的密度（g/cm^3）按式(6-4）计算：

$$\rho=\frac{m_6\rho_1}{m_6+m_7-m_8} \tag{6-4}$$

式中 m_6——石油焦粉试样的质量，g；

m_7——注满无水乙醇的密度瓶质量，g；

m_8——盛有无水乙醇及石油焦粉试样的密度瓶质量，g；

ρ_1——15℃时无水乙醇的密度，g/cm^3。

⑥ 精密度 重复测定两个结果间的差数不应大于 0.02g/cm^3。

⑦ 报告 取重复测定两个结果的算术平均值作为石油焦经煅烧后的密度。

（6）硫含量的测定 同 GB/T 387《深色石油产品硫含量测定法（管式炉法）》（详见 5.4 节）。

6.1.2.2 影响测定的主要因素

（1）水分

① 仪器的检查 烘箱能在（105±3)℃下恒温；镀锌钢盘清洁、干净；带有磨口塞的称量瓶；干燥器是否在良好状态，温度计是否经过校正等。

② 加热温度、时间的控制 烘干时，不得超过标准中规定的温度和时间，即石油焦样品

加热至（105±3)℃下恒温时间不超过1h，取出后放在干燥器内冷却30min，并称量。然后，再进行干燥，每次30min，直至两次称量之间的差数小于0.001g为止。加热温度过高，将使石油焦中的残余油分蒸发并激烈地进行氧化作用，使组分发生变化而改变焦的性质。

（2）灰分

① 仪器的检查　瓷坩埚，具有内表面带有流槽状的坩埚盖，无盖时质量为13～14g，壁厚1.3～1.4mm。高温炉：能在（850±20)℃下恒温，炉门上应具有供挥发物逸出的孔隙，炉的后壁应具有供插热电偶的孔隙，干燥器、坩埚钳、小勺清洁干净。

② 坩埚放入高温炉之前应细致观察挥发成分是否完全挥发完毕（无烟），不能认为熄火就可以放入高温炉中，否则，会将坩埚中的灰分带走。

③ 从高温炉内取出的坩埚，在外面放置时应注意防止空气的流动及风吹，若干燥器是真空干燥器，平衡气压时起开旋塞应轻开，以免使外部空气急骤进入而冲飞坩埚内的灰分。

④ 煅烧及恒重的操作应严格遵守规程中的有关规定。

（3）经煅烧后的密度

① 仪器的检查　高温炉：能保持炉膛内温度达1300℃；坩埚或舟形皿、金属网筛、密度瓶等试验前必须进行检查，保持仪器设备清洁。

② 加热温度、时间的控制　试样燃烧时应防止过热和煅烧时间过短，否则会影响测定结果。煅烧时应该充分，应防止石油焦氧化，必须向炉内轻轻吹入不含氧及含痕量一氧化碳的氮气，如不可能吹入氮气，则允许在有盖的双层蒸锅内进行煅烧，外坩埚可以为金属制成，内外坩埚之间需撒入研细并煅烧过的含碳物质。

③ 试样的冷却时间和温度控制　试样的冷却时间和温度是影响测定结果的主要因素之一。试样的冷却温度过低，测得的针入度偏小，反之偏大，因此试验时应严格按照标准中的规定要求控制空冷的温度和时间。

④ 在捣细时必须避免损失试料，避免无水乙醇沸腾时的损失，温度不要超过15℃。

⑤ 操作的规范程度，按规定的方法、温度、保温时间用密度瓶来测定相对密度。

6.2　石油沥青

6.2.1　种类与规格

石油沥青是原油加工过程中的一种产品，在常温下是黑色或黑褐色黏稠的液体、半固体或固体。按来源不同可分为天然沥青、矿沥青和原油生产的直馏沥青及氧化沥青四种。前两种是由天然矿物直接生产的沥青，后两种是石油经炼制加工生产的。原油分馏工艺中的减压蒸馏塔底抽出的重质渣油，即为直馏石油沥青。直馏石油沥青在270～300℃的温度下，吹入空气可制得氧化石油沥青。

6.2.1.1　分类及用途

石油沥青按其用途可分为道路沥青、建筑沥青、防水防潮沥青、电缆沥青及橡胶沥青等。石油沥青主要用于道路铺设和建筑工程上，也广泛用于水利工程、管道防腐、电气绝缘、化工原料和涂料等方面。近年来，可由石油沥青采用一定的加工工艺，制得碳素纤维、碳分子筛、活性炭、针状焦及具有特殊性能的黏结剂等材料。

石油沥青主要由重质油分、胶质和沥青质三种物质组成，其组成大致比例参见表 6-5。

表 6-5　石油沥青的组成

名　称	重质油分/%	胶质/%	沥青质/%
直馏石油沥青	35～50	40～50	20～30
氧化石油沥青	5～15	40～60	30～40

6.2.1.2　产品规格

在众多的石油沥青产品中，产量最高的、使用量最大的主要是道路沥青和建筑沥青。

（1）道路沥青　我国道路沥青按针入度分为 200 号、180 号、140 号、100 号及 60 号 5 个牌号，根据 NB/SH/T 0522—2010，其质量标准见表 6-6。

表 6-6　道路沥青质量指标

项　目		质量指标(SH 0522—2010)					试验方法
		200 号	180 号	140 号	100 号	60 号	
针入度(25℃,100g,5s)/0.1mm		200～300	150～300	110～150	80～110	50～80	GB/T 4509
延度(25℃)/cm	不小于	20	100[①]	100[①]	90	70	GB/T 4508
软化点(环球法)/℃		30～48	35～48	38～51	42～55	45～58	GB/T 4507
溶解度/%	不小于	99.0					GB/T 11148
闪点(开口)/℃	不低于	180	200	230			GB/T 267
密度(25℃)/(g/cm³)	不大于	报告					GB/T 8928
蜡含量/%	不大于	4.5					SH/T 0425
薄膜烘箱试验(165℃,5h)							
质量变化/%	不大于	1.3	1.3	1.3	1.2	1.0	GB/T 5304
针入度比/%		报告	报告	报告	报告	报告	GB/T 4509
延度(25℃)/cm		报告	报告	报告	报告	报告	GB/T 4508

① 当 25℃下，延度达不到 100cm 时，如 15℃延度不小于 100cm，也认为是合格的。

目前，还有一种适用于修筑高等级道路的石油沥青，称为重交通道路石油沥青，根据 GB/T 15180—2010，其规格指标见表 6-7。

表 6-7　重交通道路石油沥青质量指标

项　目			质量指标(GB/T 15180—2010)						试验方法
			AH-130	AH-110	AH-90	AH-70	AH-50	AH-30	
针入度(25℃,100g,5s)/0.1mm			120～140	100～120	80～100	60～80	40～60	20～40	GB/T 4509
延度(15℃)/cm		不小于	100	100	100	100	80	报告[①]	GB/T 4508
软化点(环球法)/℃			38～51	40～53	42～55	44～57	45～58	50～65	GB/T 4507
溶解度/%		不小于	99.0						GB/T 11148
闪点(开口)/℃		不小于	230					260	GB/T 267
密度(25℃)/(g/cm³)			报告						GB/T 8928
蜡含量/%		不大于	3.0						GB/T 0425
薄膜烘箱试验(163℃,5h)	质量变化/%	不大于	1.3	1.2	1.0	0.8	0.6	0.5	GB/T 5304
	针入度比/%	不小于	45	48	50	55	58	60	GB/T 4509
	延度(15℃)/cm	不小于	100	50	40	30	报告	报告	GB/T 4508

① 报告必须报告实测值。

（2）建筑石油沥青 我国建筑石油沥青按针入度分为10号、30号和40号三个牌号，根据GB/T 494—2010，其规格指标见表6-8。

表6-8 建筑石油沥青质量指标

项目		质量指标（GB/T 494—2010）			试验方法
		10号	30号	40号	
针入度（25℃，100g，5s）/0.1mm		10～25	26～35	36～50	GB/T 4509
针入度（46℃，100g，5s）/0.1mm		报告	报告	报告	
针入度（0℃，100g，5s）/0.1mm		3	6	6	
延度（15℃，5cm/min）/cm	不小于	1.5	2.5	3.5	GB/T 4508
软化点（环球法）/℃	不低于	95	75	60	GB/T 4507
溶解度（三氯乙烯）/%	不小于	99.5			GB/T 11148
蒸发损失（163℃，5h）/%	不大于	1			GB/T 11964
蒸发后25℃针入度比①/%	不小于	65			GB/T 4509
闪点（开口）/℃	不低于	260			GB/T 267
脆点/℃		报告			GB/T 4510

① 测定蒸发损失后试样的针入度之比乘以100即为蒸发后针入度比。

6.2.2 质量检验

6.2.2.1 操作规程

石油沥青的质量指标有：软化点（GB/T 4507—2014）、延度（GB/T 4508—2010）、针入度（GB/T 4509—2010）、溶解度（GB/T 11148—2008）、蒸发损失（GB/T 11964—2008）、蒸发后针入度比、闪点（GB/T 267—1988）和脆点（GB/T 4510—2017）等，其中以前三项指标为石油沥青的主要指标。

（1）软化点的测定 软化点的测定按GB/T 4507—2014《沥青软化点测定法（环球法）》的标准方法进行，该标准修改采用ASTM D36—09《沥青软化点测定法》，适用于测定软化点范围在30～157℃的石油沥青和煤油沥青。

沥青的软化点是表示沥青耐热性能的指标，也能间接评定沥青的使用温度范围。软化点低说明沥青对温度的敏感性大，延性和黏结性较好，但易变形。随着温度的升高，沥青逐渐变软，黏度降低。在规定实验条件下，沥青达到特定软化程度时的温度称为软化点。

测定时将规定温度的试样熔融并注入规定尺寸的两个铜环内，冷却后刮平表面，各上置直径9.5mm、质量为（3.50±0.05)g的钢球。于水或甘油浴中，以（5.0±0.5)℃/min的升温速度加热，沥青受热软化到使两个放在沥青的钢球落下25mm距离时的温度平均值，即为沥青的软化点，以℃表示。

① 方法概要 将规定质量的两个钢球分别置于放在盛有规定尺寸金属环的两个试剂盘上，在加热介质中以恒定的速度加热，当试样软化到足以使两个放在沥青上的钢球落下25mm距离时的温度的平均值即为试样的软化点。

② 仪器与试剂

a. 仪器 沥青软化点测定器［包括：环，两只黄铜肩环或锥环，其形状及尺寸见图6-2(a)］；支撑板（扁平光滑的黄铜板，其尺寸约为50mm×75mm）；钢球［两只，直径为9.5mm，每只质量为（3.50±0.05)g］；钢球定位器［用于使钢球定位于试样中央，其形状及尺寸见图6-2(b)］；环支撑架和支架［一只铜支撑架用于支撑两个水平位置的环，支撑架上的环的底部离下支撑板的上表面为25mm，下支撑板的下面距离浴槽底部为（16±3)mm，见图6-2(c)]；温度计（应符合GB/T 514《石油产品试验用玻璃液体温度计技术条件》中沥青软化点专用温度计的规格技术要求，即测温范围在30～180℃、最小分度值为0.5℃的全浸式温度计）；浴槽（可以加热的玻璃容器，其内径不小于85mm，离加热底部的深度不小于120mm）；电炉或其他加热器；加热介质［新煮沸过的蒸馏水（适于测定软化点为30～80℃的沥青）或甘油（适于测定软化点为80～157℃的沥青)］；隔离剂（以质量计，两份甘油和一份滑石粉调制而成）；刀（切沥青用）；筛（筛孔为0.3～0.5mm的金属网）。

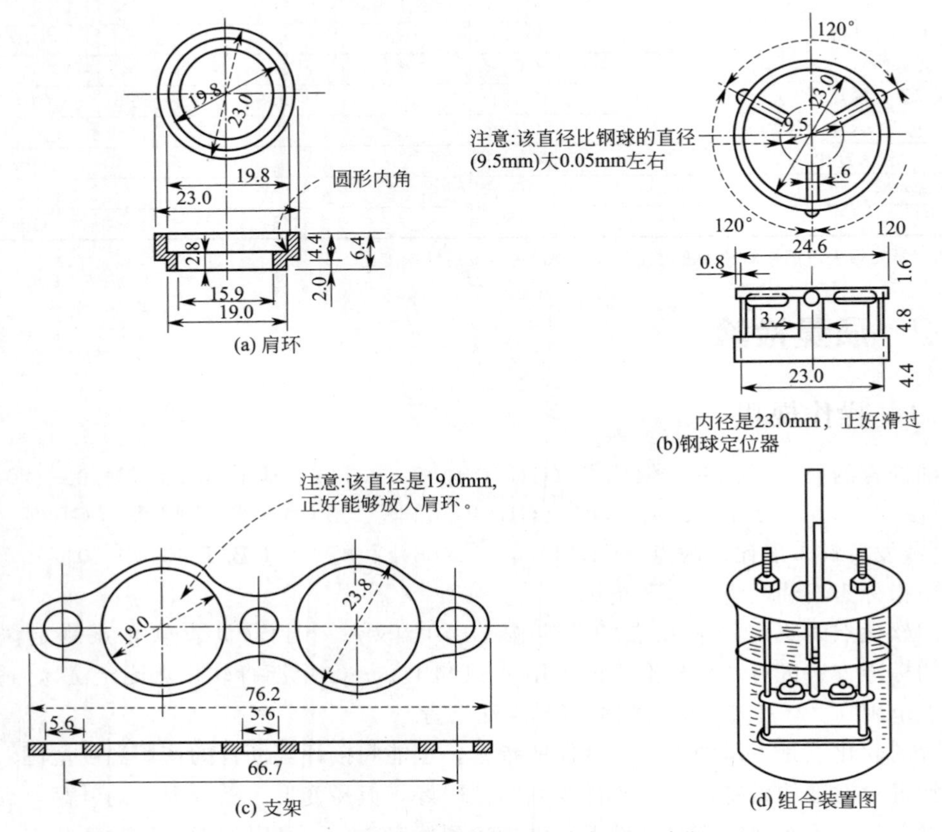

图6-2 环、钢球定位器、支架、组合装置（单位mm）

b. 试样　道路沥青。

③ 试验步骤

a. 准备工作　将试样环置于涂有一层隔离剂的金属板或玻璃板上。

b. 试样的预处理　将预先脱水的试样加热熔化，不断搅拌，以防止局部过热，加热温度不得高于试样估计软化点110℃，加热时间不得超过30min，用筛过滤。

注意：加热时小心搅拌，以免气泡进入试样中。

c. 取样及恒温处理　将试样注入黄铜环内至略高于环面为止。若估计软化点在120～157℃之间，应将黄铜环与金属板预热至80～100℃。试样在15～30℃的空气中冷却30min后，用热刀片刮去高出环面的试样，使其与环面齐平。对估计软化点不高于80℃的试样，将盛有试样的黄铜环及板置于盛满水的保温槽内，水温保持在（5.0±0.5)℃，恒温15min。对估计软化点高于80℃的试样，可将盛试样的环及板置于盛满甘油的保温槽内，甘油温度保持在（30±1)℃，恒温15min，或将盛试样的环水平地安放在中承板的孔上，然后放在盛有甘油的烧杯中，恒温15min，温度要求同保温槽的温度。

d. 测量前的准备工作　烧杯内注入新煮沸并冷却至5℃的蒸馏水（对估计软化点不高于80℃的试样)，或注入预先加热至约30℃的甘油（对估计软化点高于80℃的试样)，使水面或甘油面略低于环架连杆上的深度标记。

e. 测量　从水（或甘油）保温槽中取出盛有试样的环，放置在环支撑架的圆孔中，并套上钢球定位器把整个环架放入烧杯内，调整水面或甘油液面至深度标记，环架上任何部分均不得有气泡。将温度计由支撑板中心孔垂直插入，使水银球底部与铜环下面齐平。将烧杯移至有石棉网的三脚架或电炉上，立即加热，使烧杯内水或甘油的温度在3min后保持每分钟上升（5.0±0.5)℃。在整个测定中如温度的上升速度超出此范围，则此试验失败。

f. 软化点的测定　当两个试环的球刚触及下支撑板时，分别记录温度计所显示的温度。取两个温度的平均值作为沥青的软化点。如果两个温度的差值超过1℃，则重新做试验。

注意：无须对温度计的浸没部分进行校正；所以石油沥青试样的准备和测试必须在6h内完成。

④ 精密度（置信水平为95%）

a. 重复性　重复测定两次结果的差值不得大于1.2℃。

b. 再现性　同一个试样由两个实验室各自提供的试验结果之差不应超过2.0℃。

⑤ 报告

a. 取两个结果的平均值作为报告值。

b. 报告试验结果时，同时报告浴槽中所加热介质的种类。

(2) 延度的测定　延度的测定按GB/T 4508—2010《沥青延度测定法》标准方法进行，该标准修改采用ASTM D113：1999标准方法，适用于测定石油沥青的延度，也适用于测定煤焦油沥青的延度。测定时将熔化的试样注入专用模具中，在一定温度下，以一定的速度拉伸试样，直至拉断沥青为止，测量其距离即为沥青的延度，以cm为单位。

延度是表示沥青在一定温度下断裂前扩展或伸长能力的指标。延度的大小表明沥青的黏性、流动性、开裂后的自愈能力以及受机械应力作用后变形而不被破坏的能力。

① 方法概要　将熔化的试样注入专用模具中，先在室温下冷却，然后放入保持在试验温度下的水浴中冷却，用热刀削去高出模具的试样，把模具重新放回水浴，再经一定时间，移到延度仪中。将沥青在一定温度下以一定速度拉伸至断裂时的长度，即为沥青试样的延度。

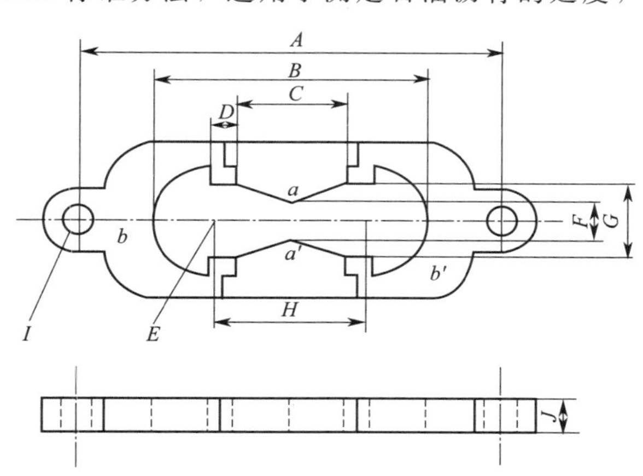

图6-3　延度仪模具

A—两端模环中心点距离（111.5～113.5mm)；B—试件总长（74.5～75.5mm)；C—端模间距（29.7～30.3mm)；D—肩长（6.8～7.2mm)；E—半径（15.75～16.25mm)；F—最小横断面宽（9.9～10.1mm)；G—端模口宽（19.8～20.2mm)；H—两半圆心间距离（42.9～43.1mm)；I—端模孔直径（6.5～6.7mm)；J—厚度（9.9～10.1mm)

② 仪器与试剂

a. 仪器　模具（试件模具由黄铜制造，由两个弧形端模和两个侧模组成，组成模具如图 6-3 所示）；水浴（水浴能保持试验温度变化不大于 0.1℃，容量至少为 10L，试件浸入水中深度不得小于 10cm，水浴中设置带孔搁架以支撑试件，搁架距浴底部不得小于 5cm）；延度仪（要求仪器在启动时应无明显的振动）；温度计（0～50℃，分度 0.1℃和 0.5℃，各 1 支）；金属网（筛孔为 0.3～0.5mm）；隔离剂［由两份甘油和一份滑石粉（以质量计）调制而成］；支撑板（金属板或玻璃板，一面必须磨光至表面粗糙度为 0.63）。

b. 试样　建筑沥青。

③ 试验步骤

a. 模具的处理　将模具组装在支撑板上，将隔离剂涂于支撑板表面及侧模的内表面，以防沥青粘在模具上。板上的模具要水平放好，以使模具的底部能够充分与板接触。

b. 装试样　小心加热试样，以防局部过热，直到完全变成液体能够倾倒。把熔化的试样过筛，在充分搅拌后，把试样倒入模具中，在组装模具时要小心，不要弄乱配件。在倒样时使试样呈细流状，自模的一端至另一端往返倒入，使试样略高出模具，将试件在空气中冷却 30～40min，然后放在规定温度的水浴中保持 30min 取出，用热的直刀或铲将高出模具的沥青刮出，使试样与模具齐平。

注意：石油沥青试样加热至倾倒温度时的时间不超过 2h，其加热温度不超过预计沥青软化点 110℃。

c. 试样温度　将支撑板、模具和试件一起放入水浴中，并在（25.0±0.5)℃的试验温度下保持 85～95min，然后从板上取下试件，拆掉侧模，立即进行拉伸试验。

d. 试样拉伸　将模具两端的孔分别套在实验仪器的柱上，然后以（5.00±0.25)cm/min 的速度拉伸，直到试件拉伸断裂。

注意：试验时，试件距水面和水底的距离不小于 2.5cm。如果沥青浮于水面或沉入槽底，则试验不正常。应使用乙醇或氯化钠调整水的密度，使沥青材料既不浮于水面，又不沉入槽底。

e. 测定　正常的试验应将试样拉成锥形，直至在断裂时实际横断面面积接近于零。测量试件从拉伸到断裂所经过的距离，以 cm 表示。如果三次试验得不到正常结果，则报告在该条件下延度无法测定。

④ 精密度　按下述规定判断试验结果的可靠性（置信水平为 95%）。

a. 重复性　同一试样，同一操作者重复测定两次结果不超过平均值的 10%。

b. 再现性　同一试样，在不同实验室测定的结果不超过平均值的 20%。

⑤ 报告　如果三个试样测定值在其平均值的 5%内，取平行测定三个结果的平均值作为测定结果。若三个试件测定值不在其平均值的 5%以内，但其中两个较高值在平均值的 5%之内，则弃去最低测定值，取两个较高值的平均值作为测定结果，否则重新测定。

(3) 针入度的测定　沥青针入度的测定按 GB/T 4509—2010《沥青针入度测定法》标准方法进行，本标准修改采用 ASTM D5—2006 标准方法，适用于测定针入度小于 350 的固体和半固体沥青材料，也适用于测定针入度为 350～500 的沥青材料。

测定时按规定加热试样并将试样倒入试样皿中，在（25.0±0.1)℃和 5s 的时间内，负荷重（100.00±0.05)g 的标准针垂直穿入沥青试样的深度，以 0.1mm 表示。

针入度是表明沥青黏稠程度或软硬程度的指标。沥青的针入度越大，说明沥青的黏稠度越小，沥青也就越软。针入度是划分沥青牌号的依据。对于道路沥青来说，根据针入度的大小可以判断沥青和石料混合搅拌的难易。

① 方法概要　石油沥青的针入度以标准针在一定的载荷、时间及温度条件下垂直穿入沥青试样的深度来表示，单位为0.1mm。除非另行规定，标准针、针连杆与附加砝码的总质量为（100.00±0.05）g，温度为（25.0±0.1）℃，时间为5s。

② 仪器与试剂

a. 仪器　针入度计［凡能使针连杆在无明显摩擦下垂直运动，并能指示穿入深度精确至0.1mm的仪器均可使用；针连杆质量应为（47.50±0.05）g砝码各1个；仪器设有放置平底玻璃皿的平台，并有可调水平的机构，针连杆应与平台垂直；仪器设有针连杆制动按钮，紧压按钮，针连杆可以自由下落；针连杆要易于拆卸，以便检查其质量］。标准针［标准针应由硬化回火的不锈钢制成（洛氏硬度为54～60，尺寸要求如图6-4所示）；针应牢固地装在箍上，针尖及针的任何部分均不得偏离箍轴1mm以上；针箍及其附件总质量为（2.50±0.05）g；每个针箍上打印单独的标志号码；为了保证试验用针的统一性，国家计量部门对每根针都应附有国家计量部门的检验单］。试样皿（金属或玻璃的圆柱形平底皿，尺寸见表6-9）。恒温水浴（容量不少于10L，能保持温度在试验温度下控制在0.1℃范围内；距水浴底部50mm处有一个带孔的支架；这一支架离水面至少有100mm；在低温下测定针入度时，水浴中装入盐水）。平底玻璃皿（平底玻璃皿的容量不小于350mL，深度要没过最大的试样皿；内设一个不锈钢三脚支架，以保证试样皿稳定）。计时器（刻度为0.1s或小于0.1s、60s内的准确度达到±0.1s的秒表）。温度计（液体玻璃温度计，刻度范围为0～50℃，分度值为0.1℃；温度计应定期按液体玻璃温度计检验方法进行校正）。筛（筛孔为0.3～0.5mm的金属网）。可控制温度的密闭电炉。熔化试样用的金属或瓷柄皿。

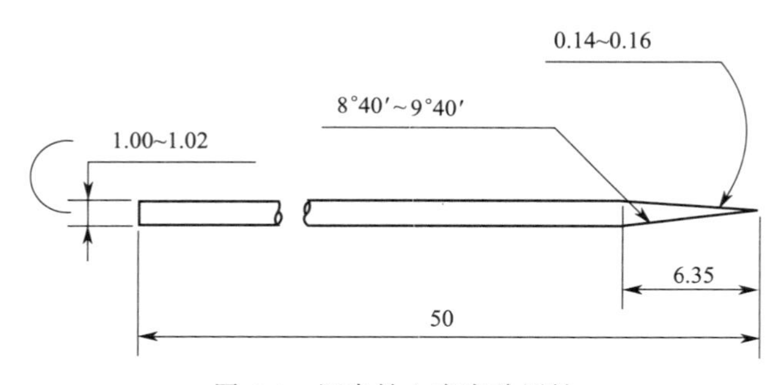

图6-4　沥青针入度实验用针

表6-9　金属或玻璃圆柱形平底皿的尺寸

针入度/0.1mm	直径/mm	深度/mm
小于200	55	35
200～350	55	70
350～500	50	60

b. 试样　道路沥青或建筑沥青。

③ 试验步骤

a. 试样的预处理　小心加热试样，不断搅拌以防局部过热，加热到使试样能够流动。加热时石油沥青不超过软化点的90℃，加热时间不超过30min。加热、搅拌过程中避免试样中进入气泡。将试样倒入预先选好的试样皿中，试样深度应大于预计穿入深度10mm。同时将试样倒入两个试样皿。

b. 试样恒温　松松地盖住试样皿以防灰尘落入。在15～30℃的室温下冷却45min～1.5h（小的试样皿）、1～1.5h（中等试样皿）或1.5～2.0h（较大的试样皿），然后将三个试样皿和平底玻璃皿一起放入恒温水浴中，水面应没过试样表面10mm以上。在规定的试验温度下冷却。试样皿恒温时间分别为45min～1.5h（小的试样皿）、1～1.5h（中等试样皿）或1.5～2.0h（较大的试样皿）。

c. 调试仪器　调节针入度计的水平，检查针连杆和导轨，确保上面没有水和其他物质。先用合适的溶剂将针擦干净，再用干净的布擦干，然后将针插入针连杆中固定。按试验条件放好砝码。

d. 测定操作　将已恒温到试验温度的试样皿和平底玻璃皿取出，放置在针入度计的平台上。慢慢放下针连杆，使针尖刚刚接触到试样的表面，必要时用放置在合适位置的光源反射来观察。拉下活杆，使其与针连杆顶端相接触，调节针入度计上的表盘读数指零。用手紧压按钮，同时启动秒表，使标准针自由下落穿入沥青试样，到规定的时间停压按钮，使标准针停止移动。拉下活杆，再使其与针连杆顶端相接触，此时表盘指针的读数即为试样的针入度，用0.1mm表示。

说明：同一试样至少重复测定三次。每一试验点的距离和试验点与试样皿边缘的距离都不得小于10mm。每次试验前都应将试样和平底玻璃皿放入恒温水浴中，每次测定都要用干净的针。当针入度超过200时，至少用三根针，每次试验用的针留在试样中，直到三根针孔完时再将针从试样中取出。针入度小于200时，可将针取下用合适的溶剂擦净后继续使用。

④ 精密度　取三次测定针入度的平均值作为实验结果（取至整数）。三次测定的针入度值相差不应大于表6-10的数值。

表6-10　针入度测定结果的允许差值

针入度/0.1mm	最大差值/0.1mm	针入度/0.1mm	最大差值/0.1mm
0～49	2	150～249	6
50～149	4	250～350	8

a. 重复性　同一试样，同一操作者利用同一台仪器测得的两次结果不超过平均值的4%。

b. 再现性　同一试样，不同操作者利用同一类型仪器测得的两次结果不超过平均值的11%。

6.2.2.2　影响测定的主要因素

（1）软化点

① 仪器的检查　钢球的质量、支撑架与下支撑板之间的距离是否符合规定值，各环的平面是否处于水平状态，温度计是否经过校正等。

② 加热温度、时间的控制　沥青试样熔化时，不得超过标准中规定的温度和时间，即石油沥青样品加热至倾倒温度的时间不超过2h，其加热温度不超过沥青预计软化点110℃；煤焦油沥青样品加热至倾倒温度的时间不超过30min，其加热温度不超过煤焦油预计软化点55℃。加热温度过高，将使沥青中的油分蒸发并激烈地进行氧化作用，使组分发生变化而改变沥青的性质，导致试样的软化点改变。

③ 升温速度的控制　升温速度过快，会使测定结果偏高，过慢会使测定结果偏低，因此要按规定的标准控制升温的速度。

④ 试样成型的状况　黄铜环内沥青试样成型的状况对测定结果也有影响。要求试样不应含有水及气泡；试样注入环中时，若估计软化点在120℃以上，应将铜环与金属板预热至80～100℃方可注入试样；黄铜环内表面不应涂隔离剂，以防试样滑落；试样达到空冷时间的温度后，用热刀片刮去高出环面的试样，使与环面平齐，不许用火烧平环面。

（2）延度

① 仪器的检查　滑板移动速度是否符合要求，尺寸刻度是否正确，电机转动时不应造成整台仪器振动等。

② 加热温度、时间的控制　沥青熔化温度过高及长时间的加热作用会导致测定结果偏低。故熔化石油沥青试样时，应注意使加热温度不得高于试样估计软化点110℃，加热至倾倒温度的时间不得超过2h；煤焦油沥青试样加热至倾倒温度的时间不超过30min，其加热温度不超过煤焦油沥青预计软化点55℃。

③ 试样成型的状况　试样在模具内成型的状况对测定结果也有影响。因此要求试样不含水及气泡；过滤后的试样应由模具的一端到另一端往返注入，同时应保持均匀，无死角并使沥青高出模具。

④ 测定温度　试样应在冷却至（25±0.5）℃的条件下进行延伸试验。若冷却温度低于规定值，则测定结果偏低，反之则偏高。因此试样应在恒温水槽中按规定的温度保持足够的时间。

⑤ 试样拉伸形状　试样拉成细线后是否呈直线延伸，对结果也会产生影响。当沥青细线浮于水面或沉入槽底，不能呈直线延伸时，应向水槽中加入乙醇或氯化钠来调整水的密度，使沥青材料既不浮出水面，又不沉入槽底。

（3）针入度

① 仪器的检查　针入度计的状况应保证完好，因此试验前必须进行检查。测深机构是否灵活、正确，应调整到使测深齿条能在无外力作用下不自行下滑，而在使其下滑时又需所加外力为最小的状态。针入度计的水平调整螺丝能自由调节，使针连杆保持垂直状态。刻度盘指针导轨中有无异物等。针连杆与砝码的质量应符合标准规定的指标等。

② 加热温度、时间的控制　试样熔化时应防止过热和受热时间过长，否则会影响测定结果。加热焦油沥青，加热温度不超过软化点60℃，石油沥青不超过软化点90℃。加热时间不超过30min，加热搅拌时避免试样中进入气泡。

③ 试样的冷却时间和温度控制　试样的冷却时间和温度是影响测定结果的主要因素之一。试样的冷却温度过低，测得的针入度偏小，反之偏大，因此试验时应严格按照标准中的控制空冷的温度和时间。

④ 制动按钮与启动秒表的协调性　测定时手压制动按钮和启动秒表应同步进行，否则影响测定的结果。

⑤ 操作的规范程度　针尖与试样表面是否恰好接触，每次穿入点的距离是否合乎规定，也影响到测定的结果。

⑥ 试样中的气泡　倒入盛试样皿中的试样若有气泡也会影响测定的结果。

6.3 石油蜡

6.3.1 种类与规格

蜡广泛存在于自然界，在常温下大多为固体，人类应用蜡约有5000年的历史，在石油蜡没有大规模出现前，其来源主要有动物蜡和植物蜡两个方面。目前，按其来源可分为动物蜡、植物蜡和从石油中得到的矿物蜡。在化学组成上，石油蜡和动物蜡、植物蜡有很大的区别，前者是烃类，而后两者则是高级脂肪酸的酯类。

石油蜡是由含蜡馏分油或渣油经加工精制而得到的一类石油产品。石油蜡包括液蜡、石油脂、特种蜡、石蜡和地蜡五个产品系列。

液蜡一般是指C_9～C_{16}的正构烷烃，它在常温下呈液态，液蜡用于生产合成洗涤剂、农药乳化剂、塑料增塑剂等化工产品。石油脂又称凡士林，通常以残渣润滑油料脱蜡所得的蜡膏为原料，按照不同稠度的要求掺入不同量的润滑油，并经过精制后制成一系列产品，广泛应用于工业、电器、医药、化妆品、食品等行业，如普通凡士林、工业凡士林、电容器凡士林、医用凡士林、化妆品用凡士林、食品用凡士林、绝缘用凡士林等。特种蜡是以石蜡和微晶蜡为基本原料，通过特殊加工或添加调合组分而制得的适应特种性能和特定食用部位要求的石油蜡，如电绝缘用蜡、橡胶防护用蜡、防锈用蜡、上光用蜡和炸药用蜡。下面重点介绍石蜡和地蜡的质量指标。

6.3.1.1 石蜡

石蜡（又称晶型蜡），它是原油经过常减压蒸馏、渣油脱沥青、常压馏分脱油、减压馏分脱油、脱沥青馏分脱油、石油蜡精制、蜡产品成型等较为复杂的工艺而生产出来的固态烃类。

（1）石蜡的组成　石蜡最主要以C_{18}～C_{36}的高分子正构烷烃为主，此外，还含有少量的异构烷烃、环烷烃和微量的芳香烃。商品石蜡的碳原子数一般为22～36，沸点范围为300～500℃，分子量为360～500。

（2）品种及应用　石蜡产品按其加工深度和熔点的不同，分为全精炼石蜡（GB/T 446—2010）、半精炼石蜡（GB/T 254—2010）、食品用石蜡（GB 7189—2010）、粗石蜡（GB/T 1202—2016）和皂用蜡［SH/T 0014—1990(2005)］五大系列共48个品种。

① 全精炼石蜡系列产品主要是以含油蜡为原料，经深度脱油精制所得到的产品。按含油量分为优级品和一级品两个等级，并各自依据熔点的不同可分为52号、54号、56号、58号、60号、62号、64号、66号、68号、70号10个牌号。全精炼石蜡主要是应用于高频瓷、复写纸、铁笔蜡纸、精密铸造、冷霜等产品。

② 半精炼石蜡是石蜡产品中产量最大、应用最广的品种。该系列产品是以油蜡为原料，经发汗或溶剂脱油。再加上白土或加氢精制所得到的产品。按熔点不同分为50号、52号、54号、56号、58号、60号、62号7个牌号。半精炼石蜡适用于蜡烛、蜡笔、蜡纸、一般电讯器材及轻工、化工原料。表6-11为半精炼石蜡的质量标准。

表 6-11 半精炼石蜡的质量指标

项目		质量指标(GB/T 254—2010)											试验方法
		50号	52号	54号	56号	58号	60号	62号	64号	66号	68号	70号	
熔点/℃	不低于	50	52	54	56	58	60	62	64	66	68	70	GB/T 2539
	低于	52	54	56	58	60	62	64	66	68	70	72	
含油量%	不大于	2.0											GB/T 3554
颜色	不低于	+18											GB/T 3555
光安定性/号	不大于	6			7								SH/T 0404
针入度(1/10mm)	(25℃,100g)	23											GB/T 4985
	(35℃,100g)	报告											
运动黏度(100℃)/(mm^2/s)		报告											GB/T 265
水溶性酸或碱		无											SH/T 0407
臭味/号	不大于	2											SH/T 0414
机械杂质及水分		无											目测①

① 初馏点不低于70℃的无水直馏汽油，并在振荡下于70℃的水浴内加热，直到石蜡熔化为止，将该溶液在70℃的水浴内放置15min后，溶液中不应该呈现眼睛可以看出的浑浊、沉淀或水分，允许溶液有轻微乳光。

③ 食品用石蜡是以含油蜡为原料精制所得到的产品。按精制深度分为食品石蜡和食品包装石蜡两个等级。并按其熔点不同各分为52号、54号、56号、58号、60号、62号6个牌号。该类产品适用于食品和药物组分以及热载体、脱模、压片、打光等直接接触食品或药物的用蜡。食品包装石蜡质量标准低于食品石蜡，主要用于与食品间接接触的容器、包装材料、浸渍用蜡以及药物封口和涂敷用蜡。表6-12为食品用石蜡的质量标准。

表 6-12 食品用石蜡质量指标

项目		质量指标(GB 7189—2010)																试验方法
		食品石蜡								食品包装石蜡								
		52号	54号	56号	58号	60号	62号	64号	66号	52号	54号	56号	58号	60号	62号	64号	66号	
熔点/℃	不低于	52	54	56	58	60	62	64	66	52	54	56	58	60	62	64	66	GB/T 2539
	低于	54	56	58	60	62	64	66	68	54	56	58	60	62	64	66	68	
含油量/%	不大于	0.5								1.2								GB/T 3554
颜色	不小于	+28								+26								GB/T 3555
光安定性/号	不大于	4								5								SH/T 0404
针入度(25℃，100g)/(1/10mm)	不大于	18				16				20				18				GB/T 4985
臭味/号	不大于	0								1								SH/T 0414
机械杂质及水分		无								无								①
水溶性酸或碱		无								无								GB/T 259
易碳化物		通过								—								GB/T 7364
稠环芳烃紫外吸光度																		GB/T 7363
280～289nm	不大于	0.15																
290～299nm	不大于	0.12																
300～359nm	不大于	0.08																
360～400nm	不大于	0.02																

① 机械杂质及水分测定：将约10g石蜡放入容积为100～250mL锥形瓶内，加入50mL初馏点不低于70℃的无水直馏汽油，并在振荡下于70℃的水浴中加热，直到石蜡溶解为止，将该溶液在70℃的水浴内放置15min后，溶液中不应呈现眼睛可以看出的浑浊、沉淀或水分，允许溶液有轻微乳光。

④ 粗石蜡系列产品是以含油蜡为原料，经发汗或溶剂脱油，不经精制脱色所得到的产品，按熔点分为50号、52号、54号、56号、58号、60号6个牌号，主要用于橡胶制品、篷帆布、火柴及其他工业材料。

⑤ 皂用蜡是由天然原油生产的含油蜡经溶剂脱油或发汗脱油而制得的产品。皂用蜡为淡黄色固体，按质量分为优级品、一级品和合格品三个等级，每个等级各有一个品种。皂用蜡主要用于催化氧化制作高级脂肪酸。

6.3.1.2 地蜡

地蜡（又称微晶蜡），它是石油减压渣油经丙烷脱沥青后进一步精制脱蜡得到的产品。微晶蜡除含正构烷烃外，还含有大量的高分子异构烷烃和带长侧链的环烷烃及极少量的带长侧链的芳烃。它的碳原子数为36～60，平均分子量为500～800，是具有较高滴熔点的细微针状结晶。

微晶蜡具有较好的延性、韧性和黏附性，其密度、黏度与折射率均明显高于石蜡，而化学安定性较石蜡差。由于其耐水防潮绝缘性能好，因而广泛用于绝缘材料、密封材料和高级凡士林的生产中等。

我国微晶蜡按产品颜色分级指标分为优级品、一级品和合格品，同时又按其滴熔点划分商品蜡牌号为70号、75号、80号、85号、90号5个牌号。表6-13为微晶蜡的质量标准。

表6-13　微晶蜡质量指标

项目		质量指标(SH/T 0013—2008)					试验方法
牌号		70号	75号	80号	85号	90号	
滴熔点/℃	不低于	67	72	77	82	87	GB/T 8026
	低于	72	77	82	87	92	
针入度/(1/10mm)	(35℃,100g)	报告					GB/T 4985
	(25℃,100g) 不低于	30	30	20	18	14	
含油量(质量分数)/%	不大于	3.0					GB/T 0638
颜色/号	不小于	3.0					GB/T 6540
运动黏度(100℃)/(mm^2/s)	不小于	6.0	10				GB/T 265
水溶性酸碱		无					SH/T 0407

6.3.2 质量检验

6.3.2.1 熔点（冷却曲线）的测定

石蜡的熔点。由于石蜡是烃类的混合物，因此它并不像纯化合物那样具有严格的熔点。石蜡的熔点是指在规定的条件下，冷却已熔化的石蜡试样时，冷却曲线上第一次出现停滞期的温度。

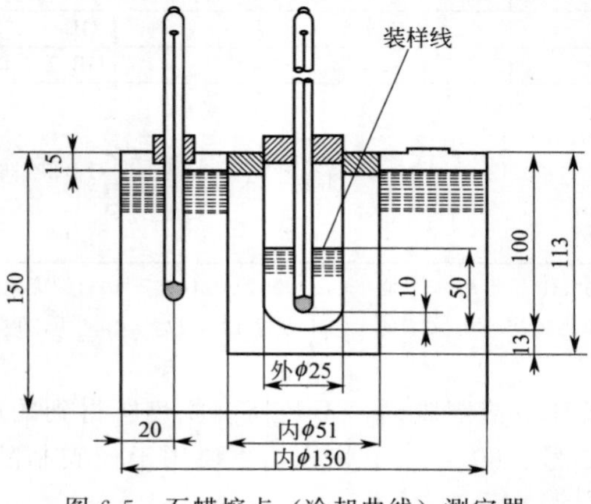

图6-5　石蜡熔点（冷却曲线）测定器

石蜡熔点按GB/T 2539—2008《石蜡熔点（冷却曲线）测定法》标准方法测定，该标准修改采用ISO 3841—1977《石油蜡熔点（冷却曲线）测定法》（英文版），适用于石蜡熔点的测定，不适用于微晶蜡和石油脂的测定。其测定仪器如图6-5所示。

（1）方法概要　在规定的条件下冷却已熔化的石蜡试样，在石蜡冷却过程中，每15s记录 1 次温度，当第一次出现 5 个连续读数的总差不超过 0.1℃时，即冷却曲线上出现停滞期时，其温度即为石蜡的熔点。以 5 个连续读数的平均值作为所测试样的熔点。

说明：本方法仅适用于石蜡熔点的测定，不适用于微晶蜡和油脂状石蜡产品的测定。

(2) 仪器与试剂

① 仪器　试管（用钠-钙玻璃制作：外径 25mm，壁厚 2～3mm，长 100mm，管底为半球形，在距试管底 50mm 高处刻一环状标线，在距试管底 10mm 处刻一温度计定位线）。空气浴（内径 51mm、深 113mm 圆筒）。水浴（内径 130mm，深 150mm，空气浴置于水浴中，要求空气浴四周与水浴壁以及底部保持 38mm 水层；水浴测温孔要使温度计离水浴壁 20mm）。熔点温度计（符合 GB/T 2539—2008 附录 A 的要求）。水浴温度计（半浸式，要求在使用范围内能准确到 1℃，2 支）。烘箱或水浴（温度控制能达到 93℃）。

② 试样　石蜡。

(3) 实验步骤

① 仪器的安装　将温度计、试管、空气浴、水浴按图 6-5 进行安装。试管配以合适的软木塞，中间开孔固定熔点温度计，温度计浸没段要插在软木塞下面。温度计插入试管，距管底 10mm。

② 准备工作　将 16～28℃的水注入水浴中，使水面与顶部距离小于 15mm。在整个实验过程中，水温保持在 16～28℃。将试样放入洁净的烧杯中，在烘箱或水浴中加热到高于估计熔点 8℃以上，或加热到试样熔化后再升高 10℃。

注意：不可用明火或电热板直接加热试样，试样处于熔化状态不超过 1h。

③ 操作　将熔化的试样装到预热的试管至 50mm 刻线处。插入带温度计的软木塞，使温度计距试管底 10mm。在保证蜡温比估计熔点至少高 8℃的情况下，将试管垂直装在空气浴中。

④ 测定　每隔 15s 记录 1 次温度，估计到 0.05℃。当第一次出现 5 个连续读数的总差不超过 0.1℃时，在试样冷却曲线上出现平稳段，即为停滞期，此时可停止实验。

(4) 计算　计算第一次出现 5 个连续读数至总差不超过 0.1℃的 5 个数的平均值，取准至 0.05℃。

(5) 精密度　取重复测定两次结果最大差值不得超过 0.1℃。

(6) 报告　取重复测定两次结果的平均值作为试样熔点。

6.3.2.2　滴熔点的测定

地蜡的滴熔点，按 GB/T 8026—2014《石油蜡和石油脂滴熔点测定法》进行，本标准修改采用 ASTM D127-08 标准方法，适用于测定石油蜡和石油脂的滴熔点。

在规定的条件下，将已冷却的温度计垂直浸入试样中，使试样黏附在温度计球上，然后将附有试样的温度计置于试管中，水浴加热至试样熔化，当试样从温度计球部滴落第一滴时温度计的读数即为试样的滴熔点。

测定时取具有代表性的试样，在洁净的烧杯中缓慢熔化，直至温度达到比预计滴熔点高 11℃左右。

将试样倒入平底耐热容器中，使其高度达到 12mm±1mm，用普通温度计计量其温度，调节样品温度至高出预期滴熔点6～11℃。把其中一支试验用的温度计冷却至约4℃，擦干，迅速小心将冷却的温度计垂直插入准备好的蜡样中，碰到容器的底部（浸没12mm)，然后立即提取温度计，垂直握住，让空气冷却至温度计球表面浑浊，然后将其放入温度为16℃±1℃的水浴中至少5min。

用合适的塞子将两只制备好试样的温度计固定于两支试管中，使温度计及管身成垂直状态并使温度计的球顶端距试管底白纸15mm，将两支试管浸入温度为（16±1)℃的水浴中至少5min，调节试管的高度时温度计的浸没线与水面平齐，将浴温以约2℃/min的速度升温至38℃，然后以约1℃/min的速度升温，直到第一滴试样脱离温度计为止，记录每支温度计第一滴试样滴落时的温度。取平行测定两次结果的算术平均值，作为蜡样的滴熔点，精确至0.1℃。

6.3.2.3 针入度的测定

针入度就是在规定条件下，标准针垂直传入固体或半固体石油产品的深度，以1/10mm表示。

石油蜡的针入度按GB/T 4985—2010《石油蜡针入度的测定法》的标准方法进行测定，该标准修改采用ASTM D 1321：04标准方法。测定仪器见图6-6。

测定时将蜡样加热至其凝点以上约17℃，倒入成型器内，在控制的条件下，置于空气中冷却1h，然后用水浴将试样控制在试验温度，用针入度计测量其针入度，将针入度计的标准针在100g负荷下刺入试样5s。取4次测定的算术平均值作为蜡样针入度，并精确到一个单位（1/10mm)。

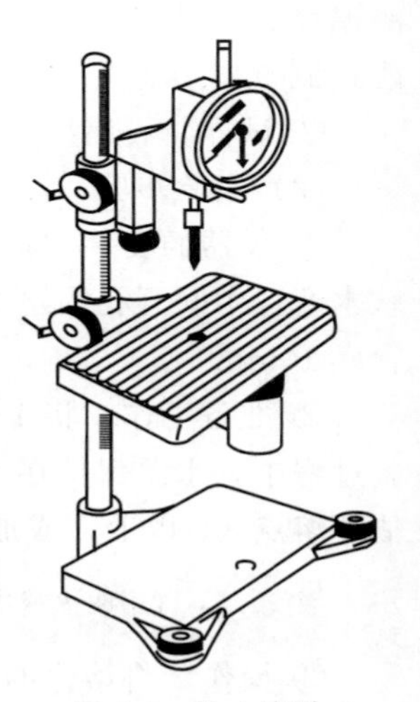

图6-6 针入度计

6.3.2.4 含油量的测定

石油蜡的含油量系指在一定的实验条件下，能用丙酮-苯（或丁酮）分离出蜡中以液态存在的环烷烃、异构烷烃、芳烃等组分的含量。石油蜡含油量是评定生产中油蜡分离程度的指标。含油量过高，会影响石蜡的色度和贮存的安定性，还会降低石蜡的硬度与熔点。因此石蜡含油量常作为石蜡生产过程中控制精制深度的指标。

石油蜡含油量的测定，按GB/T 3554—2008《石油蜡含油量测定法》进行，该方法是采用ASTM D721—2006《石油蜡含油量测定法》而制定的。测定时先将蜡样熔化，定量移入洁净干燥的试管中，加丁酮水浴加热溶解蜡样，冷却至（－31.7±0.3)℃，析出蜡结晶后，用管式浸液过滤器过滤。然后称取定量滤液，将其中的丁酮蒸出，残留油恒重。石油蜡含油量以其质量分数表示，按式(6-5）计算。

$$w=\frac{m_1 m_3}{m_2 m_4}\times 100\%-0.15\% \tag{6-5}$$

式中 w——石油蜡含量，%；

m_1——残留油分的质量，g；

m_2——蜡样质量，g；

m_3——溶剂丁酮质量，g；

m_4——蒸发熔剂质量，g；

0.15%——在−32℃时，蜡在溶剂中溶解度的平均校正值。

6.3.2.5　稠环芳烃含量的测定

由于稠环芳烃中含有强致癌性物质，食品用石油蜡中的稠环芳烃影响到人体健康，因此要求限制稠环芳烃的含量。在我国使用的食品用石油蜡中的稠环芳烃，试验控制紫外吸光度不超过规定的指标（见表6-12）。

石蜡中稠环芳烃含量的测定按GB/T 7363—87《石蜡中稠环芳烃试验法》进行，适用于检验食品用石蜡的稠环芳烃含量。

测定时，取蜡样（25±0.2)g，用二甲基亚砜为溶剂，抽出蜡样中的芳烃，再用异辛烷反抽提出溶于二甲基亚砜中的芳烃。抽提液在氮气流下吹蒸异辛烷，浓缩至每毫升异辛烷中相当于含1g试样的浓度（使总体积为25mL)，然后在280～400nm的波长范围内，以异辛烷作参比测定紫外吸光度，同时进行空白试验。空白试验和补正后蜡样的紫外吸光度若符合表6-14中的规定值，则判定第一段分离蜡样合格，报告通过。

表6-14　稠环芳烃含量测定指标

样品		每厘米光最大紫外吸光度			
		280～289nm	290～299nm	300～359nm	360～400nm
第一段分离	试样	0.04	0.04	0.04	0.04
	空白	0.15	0.12	0.08	0.02
第二段分离	试样	0.07	0.07	0.04	0.04
	空白	0.15	0.12	0.08	0.02

如果第一段分离未通过，考虑到蜡样中可能有大分子的羰基化合物和低分子的芳烃，它们的存在虽没有致癌作用，但却能产生背景吸收的干扰，使蜡样的紫外吸光值增加。为此当补正后每厘米光程紫外吸光度值不大于0.5时，可以继续做第二段分离，把羰基化合物和低分子芳烃分离除去，只测定稠环芳烃的紫外吸收值。方法是将第一段测定后的蜡样用甲醇-硼氢化钠处理，使其中的羰基化合物选择性加氢，再经过氧化镁-硅藻土色谱柱，使萘、蒽等无致癌性芳烃与稠环芳烃分离。得到的稠环芳烃配制成总体积为25mL的异辛烷溶液，再以异辛烷作参比，在280～400nm的波长范围内测定紫外吸光度，合格试样需符合表7-11规定的界限值。

6.3.2.6　光安定性的测定

石蜡的光安定性是表征石蜡精制深度和安定性的重要指标。光安定性是石油产品抵抗光照作用而保持其性质不发生永久变化的能力，它是指石蜡在光的作用下逐渐变色的性质。由于石蜡中含有部分在精制过程中未能完全脱除的微量硫、氮、不稳定的芳烃和烯烃组分，因此当石蜡置于日光或散光下时，颜色会逐渐变暗或发黄，因此光安定性较差。相反，石蜡精制的深度愈深，光安定性愈好。光安定性按SH/T 0404—1996(2008)《石蜡光安定性测定法》进行，适用于食品用石蜡、全精炼石蜡以及半精炼石蜡。

测定时将注满熔化蜡样的试样皿置入恒温室，在温度为（90.0±1.0)℃，照度稳定在（12.0±0.3)mW/cm^2 的条件下照射45min后，用色板比色仪进行液体比色（标准色板共分10个色号），熔化后石蜡的颜色与标准色板哪一号颜色相同，即可定为石蜡光安定性的号。

注意：紫外线伤害皮肤和眼睛，在测定过程中应尽量避免紫外线的直接照射，尤其注意保护眼睛，操作者在测定时要戴上紫外线防护眼镜。

石蜡的其他评定指标还有水分、水溶性酸和碱、机械杂质、色度 [SH/T 0403—92(2004)]、臭味（SH/T 0414—2004）和易碳化物（GB/T 7364—2006）等。

6.4 润滑脂

6.4.1 种类与规格

6.4.1.1 润滑脂的组成

润滑脂是一种在常温下呈油膏状（半固体）的塑性润滑剂。润滑脂具有很高的黏附力，较强的润滑性，在摩擦表面上不易流动，其作用主要是润滑、密封和保护。润滑脂广泛应用于航空、汽车、纺织、食品等工业机械和轴承的润滑。

但是润滑脂的黏滞性强，使设备的启动负荷增大；流动性差，散热冷却效果不好，且供脂、换脂不便。因此，限制了其在高温（大于 250℃）、高转速（超过 2000r/min）条件下的使用。润滑脂的上述特性是由其组成决定的。

润滑脂由基础油（75%～95%）、稠化剂（5%～20%）及添加剂（5%以下）三部分组成。基础油为润滑油（矿物油和合成油），它对润滑脂的使用性能起重要作用（见表 6-15）。稠化剂是一些有稠化作用的固体物质，它是润滑脂的骨架，能把基础油吸附在骨架内，使其失去流动能力而成为膏状（半固体）物质，稠化剂的性质和含量决定润滑脂的稠度及耐水耐热等使用性能。稠化剂分为皂基稠化剂和非皂基稠化剂两大类，目前常用的润滑脂多由皂基稠化基础油制成。添加剂有两类，一类是润滑脂所特有的，称为胶溶剂，有水、甘油及三乙醇胺等，它能使基础油与皂基稠化剂结合更加稳定，如钙基润滑脂中一旦失去水，其胶体结构就会被破坏，而甘油在钠基润滑脂中可以调节脂的稠度；另一类与润滑油相似，有抗氧化剂、极压抗磨剂、防锈剂及结构改善剂等，但用量比润滑油多。为提高润滑脂抵抗流失和增强润滑能力，常添加一些石墨、二硫化钼和炭黑等作为填料。

表 6-15 基础油性质与润滑脂性能的关系

基础油性质	对润滑脂性质的影响	基础油性质	对润滑脂性质的影响
氧化安定性	使用寿命和高温储存寿命	烃类组成	胶体安定性和结构
凝点	低温泵送性和启动性能	黏度和黏度指数	泵送性和黏温性

6.4.1.2 润滑脂分类

润滑脂种类复杂，牌号繁多，一般采用以下三种分类方法。

（1）按稠化剂分类 润滑脂的性能特点主要决定于稠化剂的类型，用稠化剂命名可以体现润滑脂的主要特性。按该法分类，润滑脂分为皂基脂和非皂基脂两大类。

以高级脂肪酸的金属盐类作为稠化剂而制成的润滑脂称为皂基润滑脂。皂基润滑脂占润滑脂产量的 90%左右。按稠化剂的不同，皂基润滑脂又分成单皂基润滑脂（如钙基、钠基、锂基等)、混合皂基润滑脂(如钙-钠基)和复合皂基润滑脂(如复合钙基、复合铝基等)。非皂基润滑脂又分为烃基润滑脂、无机润滑脂和有机润滑脂。

(2)按润滑脂使用性能分类 润滑脂根据某种主要使用性能分为减摩润滑脂、防护润滑脂、密封润滑脂和增摩润滑脂。

(3)按国家标准分类 其分类依据是GB/T 7631.8—90《润滑剂及有关产品(L类)的分类 第八部分:X组润滑脂》。该标准修改采用ISO 6743/9—1987,是根据润滑脂应用时的操作条件、环境条件及需要润滑脂具备的各种使用性能进行分类的方法。每种润滑脂用5个大写字母组成的代号表示,其标记顺序和分类方法见表6-16、表6-17,其中水污染情况的确定见表6-18,润滑脂稠度等级见表6-19。

表6-16 润滑脂代号的字母标记顺序

L	X(字母1)	字母2	字母3	字母4	字母5	黏度等级
润滑剂类	润滑脂组别	最低温度	最高温度	水污染(抗水性、防锈性)	极压性	稠度号

表6-17 润滑脂分类

字母代号(字母1)	总的用途	使用要求									标记
		操作温度范围				水污染	字母4	负荷EP	字母5	稠度	
		最低温度①/℃	字母2	最高温度②/℃	字母3						
X	用润滑脂的场合	0 −20 −30 −40 <−40	A B C D E	60 90 120 140 160 180 <180	A B C D E F G	在水污染的条件下润滑脂的润滑性、抗水性和防锈性	A B C D E F G H I	在高、低负荷下表示润滑脂的润滑性和极压性,A表示非极压型脂,B表示极压型脂	A B	可选用以下稠度号 000 00 0 1 2 3 4 5 6	一种润滑脂的标记代号是由字母X和其他4个字母及稠度等级号联系在一起来标记的

① 设备启动或运转时,或泵送润滑脂时,所经历的最低温度。

② 使用时,被润滑部件的最高温度。

表6-18 水污染(字母4)情况的确定方法

环境条件①	防锈性②	字母4	环境条件①	防锈性②	字母4
L	L	A	M	H	F
L	M	B	H	L	G
L	H	C	H	M	H
M	L	D	H	H	I
M	M	E			

① L表示干燥环境;M表示静态潮湿环境;H表示水洗。

② L表示不防锈;M表示淡水存在下的防锈性;H表示盐水存在下的防锈性。

表6-19 润滑脂稠度等级划分方法

NLGI级①	000	00	0	1	2	3	4	5	6
锥入度/(1/10)mm	445~475	400~430	355~385	310~340	265~295	220~250	175~205	130~160	85~115

① NLGⅠ级为美国润滑脂协会的稠度编号。

6.4.1.3 产品规格

为正确评定使用性能，合理使用润滑脂，必须了解其性能、用途。现以几种典型润滑脂为例，介绍其规格、性能及用途。

（1）钙基润滑脂　钙基润滑脂俗称“黄油”，是由动植物油与氢氧化钙反应生成的钙皂为稠化剂，稠化中等黏度润滑油而制成的。合成钙基润滑脂则是用合成脂肪酸钙皂稠化中等黏度的润滑油而制成。

钙基润滑脂按锥入度划分为 1 号、2 号、3 号和 4 号四个牌号。号数越大，脂越硬，滴点也越高。其质量指标见表 6-20。

表 6-20　钙基润滑脂的质量指标

项　目		质量指标(GB/T 491—2008)				试验方法
		1 号	2 号	3 号	4 号	
外观		淡黄色至暗褐色均匀油膏				目测
工作锥入度/(1/10)mm		310～340	265～295	220～250	175～205	GB/T 269
滴点/℃	不低于	80	85	90	95	GB/T 4929
腐蚀(T_2 铜片,室温,24h)		铜片上没有绿色或黑色变化				GB/T 7326
水分/%	不大于	1.5	2.0	2.5	3.0	GB/T 512
灰分/%	不大于	3.0	3.5	4.0	4.5	SH/T 0327
钢网分油量(60℃,24h)/%	不大于	—	12	8	6	SH/T 0324
延长工作锥入度(1 万次)与工作锥入度的差值/(1/10)mm	不大于	—	30	35	40	GB/T 269
水淋流失量(38℃,1h)/%	不大于	—	10	10	10	SH/T 0109

钙基润滑脂耐水性好，遇水不易乳化变质，能在潮湿环境或与水接触的情况下使用；胶体安定性好，储存中分油量少。但其抗热性能差，使用寿命短，是在国际上趋于淘汰的产品。

我国目前用量仍很大。主要应用于中小型电机、水泵、拖拉机、汽车、冶金、纺织机械等中等转速、中等负荷滑动轴承的润滑，使用温度范围为－10～60℃。

（2）钠基润滑脂　钠基润滑脂是以中等黏度润滑油或合成润滑油与天然脂肪酸钠皂稠化而成的。按锥入度划分为 2 号、3 号，质量指标见表 6-21。

表 6-21　钠基润滑脂的质量指标

项　目		质量指标(GB/T 492—89)		试验方法
		2 号	3 号	
滴点/℃	不低于	160	160	GB/T 4929
锥入度/(1/10)mm				GB/T 269
工作		265～295	220～250	
延长工作(10 万次)	不大于	375	375	
腐蚀试验(T_2 铜片,室温,24h)		铜片无绿色或黑色变化		GB/T 7326
蒸发量(99℃,22h)/%	不大于	2.0	2.0	GB/T 7325

钠基润滑脂具有良好的耐热性，长时间在较高温度下使用也能保持其润滑性；对金属的附着能力较强；但抗水性能差，遇水易乳化。

可用于振动大、温度较高（－10～120℃）的滚动或滑动轴承上，如汽车的离合器轴承、传动轴中间支承轴承等，不适用于与水相接触的润滑部位。

（3）锂基润滑脂　锂基润滑脂是以天然脂肪酸锂皂稠化中等黏度的润滑油或合成润滑

油，并添加抗氧剂、防锈剂和极压剂而制成的多效长寿命通用润滑脂。它是取代钙基、钠基及钙钠基润滑脂的换代产品，质量指标见表6-22。

表6-22 通用锂基润滑脂的质量指标

项目		质量指标(GB/T 7324—2010)			试验方法
		1号	2号	3号	
外观		浅黄至褐色光滑油膏			目测
工作锥入度/0.1mm		310～340	265～295	220～250	GB/T 269
滴点/℃	不低于	170	175	180	GB/T 4929
腐蚀(T_2铜片,100℃,24h)		铜片无绿色或黑色变化			GB/T 7326 乙法
钢网分油(100℃,24h)/%	不大于	10	5		SH/T 0324
蒸发量(99℃,22h)/%	不大于	2.0			GB/T 7325
杂质(显微镜法)/(个/cm^3)					SH/T 0336
10μm以上	不大于	2000			
25μm以上	不大于	1000			
75μm以上	不大于	200			
125μm以上	不大于	0			
氧化安定性(99℃,100h,0.760MPa)压力降/MPa	不大于	0.070			SH/T 0325
相似黏度①(−15℃,$10s^{-1}$)/Pa·s	不大于	800	1000	1300	SH/T 0048
延长工作锥入度(10万次)/(1/10)mm	不大于	380	350	320	GB/T 269
水淋流失量(38℃,1h)/%	不大于	10	8		SH/T 0109
防腐蚀性(52℃,48h)/级	不大于	合格			GB/T 5018

通用锂基润滑脂具有良好的抗水性、耐温性、机械安定性、防腐蚀性和胶体安定性。适用于工作温度−20～120℃范围内各种机械设备的滚动轴承及其他摩擦部位的润滑。

(4) 复合铝基润滑脂 复合铝基润滑脂是由硬脂酸、另一种有机酸或合成脂肪酸及低分子有机酸的复合铝皂稠化中等黏度的润滑油而制成。复合铝基润滑脂的质量指标见表6-23。

表6-23 复合铝基润滑脂的质量指标

项目		质量指标(SH/T 0381—92)				试验方法
		1号	2号	3号	4号	
外观		浅褐色至暗褐色均匀软膏				目测
滴点/℃	不低于	180	190	200	210	GB/T 4929
工作锥入度/0.1mm		310～340	265～295	220～250	175～205	GB/T 269①
腐蚀(钢片、黄铜片,100℃,3h)		合格	合格	合格	合格	SH/T 0331②
杂质(酸分解法)		无	无	无	无	GB/T 513
水分/%	不大于	报告	报告	报告	报告	GB/T 512
压力分油/%	不大于	10	8	6	4	GB/T 392

① 根据用户需要，1号脂的工作锥入度可改变到350。

② 腐蚀试验用含碳0.4%～0.5%的钠片和含铜57%～61%的黄铜片。

复合铝基润滑脂的滴点较高，具有热可逆性，使用时稠化度变化较小，加热不硬化，流动性能好，还具有良好的抗水性和胶体安定性。因此适用于−20～150℃温度范围的各种机械设备的高温、高速、高湿条件下的滚动轴承上。

6.4.1.4 产品储存、选用注意事项

（1）润滑脂的储存　润滑脂受温度的影响比润滑油大，长期暴露于高温下，可使润滑脂所含的油类分离。因此，润滑脂必须优先入库，密封储存，以减少温度、水分、阳光等对润滑脂的影响，避免蒸发或机械杂质及水分的进入，防止氧化、分油。

不允许用木制或纸制的包装直接盛润滑脂，防止吸油使脂变硬。

（2）润滑脂的选用

① 工作温度　工作温度是选择润滑脂的重要依据。一般认为润滑点工作温度超过润滑脂温度上限后，每升高 10～15℃，润滑脂寿命降低 1/2。润滑脂的耐温性能，不仅是看其滴点的高低，还要考虑基础油的类型。对于 160～200℃的温度要求，一般应选用以复合皂、聚脲、膨润土为稠化剂，酯类油、合成烃、硅油作基础油的润滑脂；温度要求在 250℃，应选用以脲类有机物、氟化物为稠化剂，以苯基硅油、全氟聚醚为基础油的润滑脂；对于要求在低温下工作的润滑脂，一般低于－30℃，就必须使用以合成油为基础油的润滑脂，合成油润滑脂的最低极限温度是－70℃。

② 速度及负荷　润滑部件相对运动速度越高、负荷越重，润滑脂承受的剪切应力越大，致使稠化剂纤维骨架受到的破坏越大，脂的使用寿命越短。此种条件下，应选用基础油黏度高、稠化剂含量高、具有较高极压性和抗磨性的润滑脂。

③ 环境条件　润滑部位所处的环境与接触的介质对润滑脂的性能有极大影响。通常，在潮湿、与水、水蒸气、海水有接触的环境，适宜使用抗水性比较好的复合铝基润滑脂；接触酸或酸性气体的部位，适宜选用抗酸性比较好的复合钡基或脲基润滑脂；长期接触化学溶剂或强酸、强碱、强氧化剂的部位，则应使用全氟聚醚润滑脂。

除了以上几点外，在选用润滑脂时，还要考虑使用时的经济性，综合分析使用此润滑脂的润滑周期、加注次数、脂消耗量、轴承的失效率和维修费用等。

（3）润滑脂的使用

① 润滑脂的更换　润滑脂在使用中由于氧化变质、基础油减少、混入杂质及流失等原因，其使用性能将会变差，因此必须定期更换，以满足润滑需要。更换时应注意新旧润滑脂不能混用，因为旧润滑脂内含有大量的有机酸和杂质，会加速润滑脂氧化变质，故更换润滑脂时，一定要将零部件清洗干净，方可重新加入新润滑脂。

② 润滑脂的代用　基础油相同的同类型润滑脂可以混用，如钙基脂与钠基脂、锂基脂与复合锂基脂等混合后，性能变化不大，不影响使用。但极压型润滑脂不能混合使用，否则会发生添加剂干扰，使润滑脂胶体安定性或机械安定性变差，影响其使用性能。

③ 润滑脂变硬后处理　多数润滑脂储存一段时间后会变硬，即稠度（锥入度值）变大。若不超过一个稠度号，可以直接使用，否则会增加动力消耗与磨损。当其他理化性质变化不大时，可在生产厂加入相同的基础油，再经均化处理并检测合格后，可以继续使用，而一般用户不具备均化处理工序条件，不可随意调入基础油进行软化处理，否则会破坏润滑脂的胶体安定性。

④ 润滑脂的填充量　润滑脂填充必须适量。若加脂过多，会使轴承摩擦转矩增大，引起轴承温度升高，导致润滑脂漏失。若过少，润滑脂油膜修补性不强，会发生干摩擦而损坏轴承。通常，以装到轴承内部空腔的 1/2～3/4 为宜，其中水平轴承填充内腔空间的 2/3～3/4；垂直安装的轴承填充内腔空间的 1/2（上侧），3/4(下侧)；在容易污染的环境中，对于低速或中速的轴承，要把轴承盒里全部空间填满；高速轴承在装脂前应先将轴承放在优质润滑油中，一般是用所装润滑脂的基础油浸泡一下，以免在启动时因摩擦面润滑脂不足而引起轴承烧坏。

6.4.2 质量检验

润滑脂的主要质量指标有滴点、锥入度、析油量等。

6.4.2.1 滴点［GB/T 4929—85(91)］

滴点测定按GB/T4929—85(91)《润滑脂滴点测定法》进行，它修改采用国际标准建议草案ISO/DP2176—1979。测定仪器见图6-7。

滴点测定操作规程如下。

(1) 方法概要　将润滑脂装入滴点计的脂杯中，在规定的标准条件下加热，测定润滑脂在试验过程中达到一定流动性的最低温度。

(2) 仪器与试剂

① 仪器　脂杯（镀铬黄铜杯）；试管（带边耐热硅酸硼玻璃试管，在圆周上有用来支撑脂杯的三个凹槽）；温度计［分浸，符合如下规格要求：范围，−5～300℃；浸入深度，76mm；分度值，1℃；长线刻度，5℃；大格刻度，10℃；刻度误差不超过1℃；总长度，(390±5)mm；棒径，(6.5±0.5)mm；水银球长，10～15mm；球直径，(5.5±0.5)mm；球底部到0℃刻线距离，100～110mm；球底部到300℃刻线距离，329～358mm］；油浴（由一只600mL烧杯和合适的油组成）；抛光金属棒（直径为1.2～1.6mm，长度为150mm）；加热器（一个由控制电压调节的浸入式电阻加热器）；搅拌器；环形支架和环（用来支撑油浴）；温度计夹；软木塞。

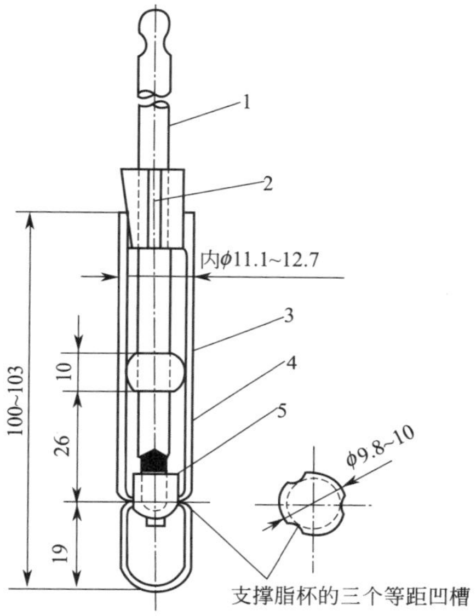

② 试样　润滑脂。

图6-7　润滑脂滴点测定仪

1—温度计；2—软木塞上的透气槽口；3—软木导环（环与试杯之间的总间隙为1.5mm）；4—试管；5—脂环

(3) 准备工作　仪器的安装。将两个软木塞套在温度计上，调节上面软木塞的位置，使温度计球的顶端离脂杯底约3mm。在油浴中吊挂第二支温度计，使其球部与试管中温度计的球部大致处于同一水平面上。

> 注意：在试管里的温度计球部顶端的位置不是关键，只要不堵塞脂杯的小孔即可；由于脂杯内表面涂有脂膜，温度计球不能和试样相接触。

(4) 实验步骤

① 装试样　取下脂杯，并从脂杯大口压入试样，直到装满为止。用刮刀除去多余的试样。在底部小孔垂直位置拿着脂杯，由上向下穿入金属棒，直到伸出约25mm。使棒压住脂杯的上下圆周边缘，用食指旋转棒上脂杯，呈螺旋状向下运动。以除去棒上附着的呈圆锥形的试样，当脂杯最后滑出棒的末端时，在脂杯内侧应留下一厚度可重复的光滑脂膜。

② 固定脂杯　将脂杯和温度计放入试管中，把试管挂在油浴里。使油面距试管边缘不超过6mm。应适当地选择试管里固定温度计的软木塞，使温度计上的76mm浸入标记与软木塞的下边缘一致。把组合件浸入到这一点。

③ 油浴加热　搅拌油浴，按 4～7℃/min 的速度升温，直到油浴温度达到比预期滴点约低 17℃的温度。然后，降低加热速度，使在油浴温度再升高 2.5℃以前，试管里的温度与油浴温度的差值在 2℃或低于 2℃范围内。继续加热，以 1～1.5℃/min 的速度加热油浴，使试管内温度和油浴温度的差值维持在 1～2℃之间。

④ 测定　当温度继续升高时，试样逐渐从脂杯孔露出。从脂杯孔滴出第 1 滴液体时，立即记录两个温度计的温度。

注意：某些脂（如一些铝基脂），在熔融时滴出的流体不发生断裂，总是呈线状，遇到这种情况时以线状顶端到达试管底部时的温度定为滴点。

（5）精密度　用以下规定来判断结果的可靠性（95%置信度）。

① 重复性　同一操作者在同一台仪器上对同一试样重复测定，两次结果间的差数不应超过 7℃。

② 再现性　不同操作者在不同实验室对同一试样进行测定，各自提出的结果之差不应超过 13℃。

（6）报告　以油浴温度计与试管内温度计的温度读数平均值作为试样的滴点。

6.4.2.2　锥入度（GB/T 269—91）

锥入度反映润滑脂在低剪切速率条件下的变形与流动性能，依此可划分润滑脂稠度等级。锥入度的测定按 GB/T 269—91《润滑脂和石油脂锥入度测定法》进行，该法修改采用 ISO 2137—1985，锥入度测定计见图 6-8。

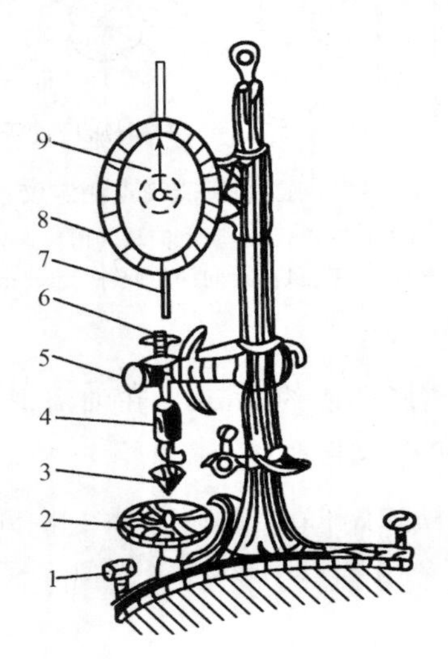

图 6-8　锥入度测定计

1—调节螺丝；2—旋转工作台；3—圆锥体；4—筒状砝码；5—按钮；6—枢轴；7—齿杆；8—刻度盘；9—指针

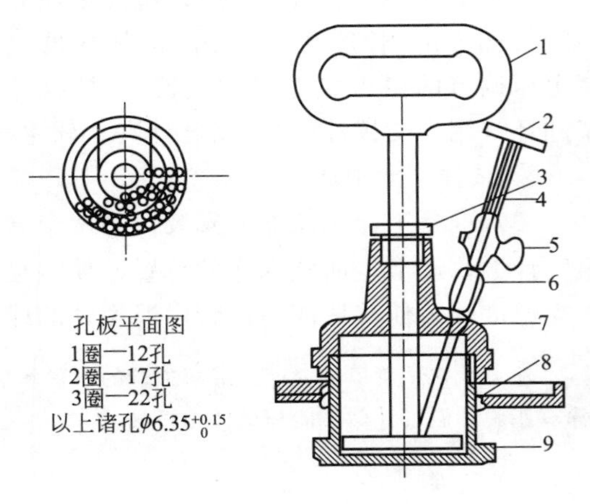

图 6-9　润滑脂捣脂器

1—把手；2—温度计；3—密封螺帽；4—温度计衬套；5—排气阀；6—接头；7—盖；8—切开的橡皮管；9—孔板

按测定方法不同，锥入度又分为工作锥入度、非工作锥入度、延长工作锥入度和块锥入度，通常采用工作锥入度。

① 工作锥入度　指试样在其工作器（捣脂器）中经过 60 次全程往复工作后，在规定的温度下立即测定的锥入度，并从指示盘中读出其数值。它用于检测润滑脂经机械作用后的触

变性能。

捣脂器（见图6-9）是装有一片带孔金属板的脂杯，孔的大小位置和数目都有规定，多孔板在脂杯内上下运动时，润滑脂通过小孔受到剪切作用。这种轻微的剪切，对润滑脂起到充分的搅拌作用，可使润滑脂分散得更均匀。

② 不工作锥入度　指试样不经捣动直接测定的锥入度值。

③ 延长工作锥入度　指试样在其工作器中经过多于60次全程往复工作后测定的锥入度。

④ 块锥入度　指试样在没有容器的情况下，具有保持其形状的足够硬度时测定的锥入度。

锥入度测定操作规程如下。

（1）方法概要　润滑脂锥入度是在25℃时，将锥体组合件从锥入度计上释放，使锥体下落5s，并测定其锥入度，其单位以0.1mm表示。

（2）仪器与试剂

① 仪器　锥入度计（如图6-8所示。锥入度计的锥体组合件或平台必须能精确地调节锥尖位于润滑脂平面上时其指示器读数指零。当释放锥体时，至少能下落62mm，且无明显摩擦。锥尖应不能碰击试样容器底部。仪器应带有水平调节螺丝和酒精水平仪，以保持锥杆处于垂直位置）；全尺寸锥体和锥杆［锥体由镁或其他适宜材料制造的圆锥体和可拆卸的淬火钢尖组成，锥体总质量为（102.5±0.05）g，锥杆质量为（47.5±0.05）g，由刚性杆组成的锥杆其上端有一“台阶”，其下端有一连接锥体的适当结构，外表面应抛光，使其非常光滑］；1/2比例、1/4比例锥体和锥杆（规格略）；全尺寸润滑脂工作器［工作器可制成手工操作或机械操作，工作速度应达到（60±10）次/min，工作行程为67～71mm，工作器应带有一支在25℃校正的温度计，通过排气阀插入］；1/2比例和1/4比例润滑脂工作器（规格略）；溢流环；润滑脂切割器；水浴［能够维持在（25±0.5)℃，配备25℃校正过的温度计］；石油脂试料容器［直径（100±5)mm，深度65mm或大于65mm的平底圆筒形的容器，用厚度至少为1.6mm的金属制造］；秒表；刮刀等。

② 试样　钙基润滑脂试样。

（3）准备工作　按半固体取样标准方法进行采样，然后将足够量的实验室样品移入清洁的润滑脂工作器脂杯中，使之填满（其中心部分堆起高约13mm)，用刮刀压紧以避免混入空气。装填过程中不时地振动纸杯，以除去任何混入的空气。

（4）实验步骤

① 不工作锥入度的试验步骤

a. 取试样　取足够试样（至少0.5kg)，以装满润滑脂工作器脂杯。如果试料锥入度大于200单位（或1/4锥入度大于47单位，1/2锥入度大于97单位），则取样量至少需要3倍装满脂杯的量。

b. 装试样　将装配好的空润滑脂工作器及装在金属容器中适量的试样置于保持在(25±0.5)℃的水浴中足够长时间，使试样温度达到（25±0.5)℃。最好是整块地从容器中将试样转移到脂杯或内部尺寸相同的金属容器中，使装样量满过容器。在转移时，应使试样尽量少受搅动。振动容器以除去混入的空气，并用刮刀压紧试样，在尽量少搅动的情况下，取得一满杯没有空气穴的试样。斜持刮刀，使之与移动方向成45°角，横刮过脂杯边缘，以除去高出脂杯的多余试样，在整个测定不工作锥入度期间，对表面不需做进一步刮平或刮光滑，立即进行锥入度测定。

说明：①软润滑脂的锥入度与容器直径有关。因此，不工作锥入度大于 265 单位的润滑脂，锥入度测定必须在与工作器脂杯直径相同的容器中进行。如果容器直径超过工作器脂杯直径，则对锥入度值小于 265 单位的润滑脂测定结果无很大影响。②如果试样的初始温度与 25℃相差约大于 5℃或如果使用调节试样到 25℃的另外方法时，则允许适当延长时间，以保证试料在测定前达到 (25±0.5)℃。此外，如果试样数量超过 0.5kg，也允许适当延长时间，以保证试料温度达到 (25±0.5)℃。如果试料稳定在 (25±0.5)℃，则可进行测定。

c. 清洗锥体和锥杆　每次试验前仔细地清洗锥入度计的锥体。在清洗时，为避免将锥杆扭弯，可将锥杆牢固地固定在升高位置。除去锥杆上所有脂或油，因这些物质在锥杆上会引起阻力。不要转动锥体，这样会造成释放机构磨损。

d. 锥入度测定　把脂杯放在锥入度计平台上，应调节到完全水平位置，使脂杯确实不摇动。调节测定机构使锥体保持于“零”位。仔细地调节仪器，使锥尖刚好与试料表面接触。观察锥尖影子有助于精确调节，对于锥入度大于 400 单位的试料，锥尖必须对准脂杯中心，偏差应在 0.3mm 以内。迅速释放锥杆，使其落下 (5.0±0.1)s，并在此位置再夹住锥杆，释放机构不应对锥杆有阻力，轻轻地压下指示器杆直至被锥杆挡住为止，从指示器刻度盘上读出锥入度值。

如果试料锥入度超过 200 单位（或 1/4 锥入度大于 47 单位，1/2 锥入度大于 97 单位），则应小心地把锥体对准容器中心，此试料只能作一次试验。如果试料的锥入度不大于 200 单位（或 1/4 锥入度不大于 47 单位，1/2 锥入度不大于 97 单位），则可在同一容器中进行 3 次试验。3 次试验的测定点位于容器各隔 120°的 3 个半径（容器中心到边缘）的中点上。这样，锥体既碰不到容器边缘，也不会碰到上一次测定所形成的扰动区域。

对试料总共进行 3 次测定，或在一个容器中进行 3 次测定，并记录测定数值。

② 工作锥入度的试验步骤

a. 取试样　取足够的试样（至少 0.5kg）以满过润滑脂工作器脂杯（全尺寸、1/2 比例或 1/4 比例）。

b. 装试样　将试样移入清洁的润滑脂工作器脂杯中，使之填满（全尺寸杯中心部分堆起高约 13mm，1/2 比例和 1/4 比例杯中心部分堆起高约 6mm），用刮刀压紧以避免混入空气。装填过程中不时地振动脂杯，以除去任何混入的空气。装配好孔板处于提升位置的润滑脂工作器，打开排气阀，将孔板压到杯底。从排气阀插入温度计，使温度计顶端位于试样中心（1/2 比例和 1/4 比例工作器不用温度计）。

c. 制备工作过的试样　将装配好的润滑脂工作器放入保持在 (25±0.5)℃的水浴中，直到温度计指示出润滑脂工作器及试样的温度达到 (25±0.5)℃。从水浴中取出润滑脂工作器，擦去工作器表面所沾的水，取出温度计，关上排气阀。使试样在约 1min 内经受孔板 60 次全程往复工作。然后使孔板返回到其顶部位置，打开排气阀，取下顶盖和孔板，将沾在孔板上易刮下的试样尽量刮回脂杯内。

说明：如果把脂杯连盖浸入水中，则要求盖子能密封防水，以免水进入工作器中。要求强烈振动，以除去混入的空气，但勿使试样溅出脂杯。在这些操作中，应尽量减少搅动，因任何搅动会使试样受到增加工作次数而超过规定的 60 次的作用。特别是在试验软的试样时，保留从脂杯中刮出的试样，以便在下次试验时用来填满脂杯。保持脂杯边缘外部的清洁，这样可将被锥体挤出脂杯外的试样刮回脂杯中进行下一次试验。

d. 锥入度测定　在脂杯中制备工作过的试样，以获得均匀的和结构可再现的润滑脂。

在凳子上或地板上强烈振动脂杯，用刮刀装填试样以填满孔板留下的孔穴以及除去任何空气穴。用刮刀保持倾斜45°角沿着脂杯边移动，刮去并保留高出脂杯边缘多余的试样。立刻在同一试料中相继地进行两次以上的测定。首先，将先前用刮刀刮下的试料放回脂杯中，进行操作，记录得到的3次测定值。

③ 延长工作锥入度的试验步骤

a. 试料准备　保持实验室温度在15～30℃，不需要进一步控制润滑脂工作器温度。但在实验前，试样要在实验室里放置足够时间，以使脂温达到15～30℃。

b. 制备工作过的试样　在干净工作器脂杯中填满试样，装好工作器，试样按规定或商定次数进行往复工作。

注意：在工作过程中，为了减少漏失，必须要将工作器盖子上的压帽封严。

c. 锥入度测定　完成对试样的工作后，立即将润滑脂工作器放在恒温的空气浴或水浴中，使试样在1.5h内达到（25±0.5)℃。从恒温浴中取出工作器，使试样在约1min内再进行60次往复工作。按规定进行试料准备和测定锥入度。

④ 块锥入度的试验步骤

a. 试料准备　要取足够数量的润滑脂试样，试样必须足够硬，以保持其形状。以便从其上切出一块边长为50mm的立方体作为试样。

b. 预热试样　用润滑脂切割器在室温下把实验试样切成边长约为50mm的立方体作为试样。按住试样，切割时使切割器刀的不倾斜的边朝着试样，在一个角接邻的3个面上各切去一层厚约1.5mm试样，为便于辨认可以截去这个角的角顶。注意不要触动新暴露面上用作试验的那些部分，也不要把制备好的面放到切割器底板或切割器导向器上。把制备好的试样放入保持在（25±0.5)℃恒温空气浴中至少1h，使试样达到（25±0.5)℃。

说明：在3个表面上进行测定是考虑在测定纤维性润滑脂时补偿纤维定向性对最终数据的影响。当有关单位互相同意时，对光滑结构非纤维性润滑脂可只在一个表面上进行测定。

c. 锥入度测定　将试样放在已调节至完全水平的锥入度计平台上，使试样的一个试验面朝上，并压其余各角，使试样保持水平并稳固地放在平台上，以防试样在试验时摇动。调节测定机构使锥体处于“零”位，并仔细地调节仪器使锥尖刚好接触试样的中心表面。按规定所述测定锥入度。在试样的一个暴露面上总共进行3次测定。测定点至少距边6mm，并尽可能远离也碰不到任何被触动过的地方、空气孔或表面上其他明显的缺陷。如果其中任一结果与其他结果的差值超过3个单位，则应进行补充试验，直到所得的3个数值的差值不超过3个单位。将这3个数据的平均值作为受试表面的锥入度值。

d. 补充测定　在试样的另两个试验面上进行重复测定，记录得到的平均值。

(5) 精密度　按下述规定判断试验结果的可靠性（95%置信水平）。

① 重复性　同一操作者，重复测定两个结果之差，不应大于表6-24和表6-25中规定的数值。

表6-24　润滑脂全尺寸锥体

锥入度种类	锥入度值①	重复性	再现性
不工作	85～475	6	18
工作	130～475	5	14
延长	130～475	7②	23②
块	85以下	3	7

① 锥入度在475单位以上的精密度尚未确定。

② 室温在21～29℃范围内，往复工作6万次测定的锥入度。

表 6-25 润滑剂 1/2 比例和 1/4 比例锥体

锥入度种类	锥体比例	重复性①	再现性①
不工作	1/2	5(10)	13(26)
工作	1/2	3(6)	10(20)
不工作	1/4	3(11)	10(38)
工作	1/4	3(11)	7(26)

① 括号中的数字表示相应的换算成全尺寸锥入度的数值。

② 再现性 不同实验室，各自提出的两个结果之差，不应大于表中规定的数值。

(6) 报告

① 计算在测定中所得记录值的平均值。其结果修约到最接近整数单位（0.1mm）。

② 需要时，以 1/2 比例和 1/4 比例锥体测定的锥入度可换算成全尺寸锥入度。

6.4.2.3 析油量

润滑脂的析油量是评价润滑脂胶体安定性的指标。油的析出量越大，说明胶体的安定性越差，当润滑脂的析油量超过 5%～20%时则不能使用。析油量的测定方法有以下三种。

(1) GB/T 392—77(90)《润滑脂压力分油测定法》 该法是利用规定的加压分油器在规定的温度（15～25℃）和一定的荷重（1000±10)g 下，30min 内从润滑脂内压出油的质量，以质量分数表示。

(2) SH/T 0321—92《润滑脂漏斗分油测定法》 该法测定时是先将滤纸放入漏斗中并使滤纸紧贴在漏斗壁上，将捣脂器内搅拌好的试样放入有滤纸的漏斗内，并将试样紧密地放在滤纸上，利用滤纸的毛细作用在规定的温度下（一般为 50℃或 70℃），经一定的时间（24h）后测定其析出的油量，以质量分数表示。

(3) SH/T 0324—2010《润滑脂钢网分油测定法（静态法）》 该标准非等效采用美国联邦试验方法标准 FED 791 C 321.3—86《润滑脂分油测定法（静态法）》，适用于测定润滑脂在提高温度下的分油倾向。该法测定时将约 10g 试样装在金属丝钢网中，在静止状态下(100±1)℃，经 30h 后，测定经过钢网流出油的质量分数。

润滑脂其他质量指标还有抗磨性［SH/T 0204—92《润滑脂抗磨性能测定法》（四球机法)］；贮存安定性（SH/T 0452—92《润滑脂贮存安定性试验法》）；极压性［SH/T 0203—92《润滑脂极压性能测定法》（梯姆肯试验机法)］；抗水淋性（SH/T 0109—92《润滑脂抗水淋性能测定法》）；高温性（SH/T 0428—92《高温下润滑脂在抗磨轴承中工作性能测定法》）等。

6.5 液化石油气

6.5.1 种类与规格

6.5.1.1 液化石油气的组成

液化石油气（英文缩写为 LPG）是以 C_3、C_4 为主的烃类混合物，常温常压下为气体，在常温或低温下施加至一定压力时，转变为液态，减压后又能变成气体。液化石油气的来源主要是：原油二次加工过程中产生的石油分解产物；从天然气或油田伴生气中回收的 C_3、C_4 等组分。

原油在催化裂化、热裂化等加工过程中，产生含有大量石油分解产物的气体，其组成因加工条件不同有很大差别，除含有烷烃外，普遍含有烯烃（铂重整气除外）和氢气，加工温度愈高，压力愈低，气体产率愈高，同时气体中氢气、甲烷及烯烃等含量也越多。油田伴生气或湿天然气中含有少量的 C_3～C_7 组分，用油吸收或低温冷凝后经分馏得到液化石油气。

6.5.1.2　液化石油气的种类

液化石油气是油品之一，是由炼油厂石油气（炼厂气）或天然气（油田伴生气）加压、降温、液化得到的一种无色挥发性气体。由炼厂气所得的液化石油气，主要成分为丙烷、丙烯、丁烷、丁烯，同时含有少量戊烷、戊烯和微量硫化物杂质；由天然气所得的液化石油气中基本不含烯烃。

根据组成不同，液化石油气可分为商品丙烷、商品丁烷、商品丙烷与丁烷混合物三类，其中商品丙烷与丁烷混合物又可分为通用、冬用及夏用三种。

无论气温多么低，一遇火种就燃烧，容易引起火灾。如果发生火灾，应首先切断气源，否则气体会聚集到爆炸浓度。

6.5.1.3　产品用途和安全要求

（1）主要用途　液化石油气由于具有污染少（能全部燃烧，无粉尘污染）、发热量高（相同质量相当于煤的2倍）、易于运输（液体可用车、船在陆上和水上运输）等优点，被广泛用作工业、商业和民用燃料。

① 家庭用　液化石油气在生活上用量占很大比例，靠近炼油厂或油田的城市，都已开展使用，并在逐渐实现城市燃气化，方便人民生活和防止大气污染有利于人民的健康。

② 工业用

a. 用作燃料。蒸汽锅炉、工业加热炉等大量使用时，一般从加压大罐直接通过管线供给燃烧器使用。

b. 用作城市煤气调配。在城市煤气供应不足时，可混入部分丁烷（一般用1容积的丁烷和7.3容积的空气混成混合气）或完全使用丁烷，其发热量大体上和一般城市煤气相当。

c. 用作钢材光辉处理。钢材的热处理在空气中进行时，由于表面氧化造成变色、脱碳和表面粗糙，会降低钢件的质量。因而要求在非氧化性气体中，进行渗碳、淬火和退火（称为光辉热处理）。

③ 用作发动机燃料　我国汽车从1956年就开始试用液化石油气作为发动机燃料。国外也大量使用液化石油气作为汽车燃料。液化石油气作为汽车燃料有许多优点：

a. 燃烧性能好，燃烧完全，烟少，可防止大气污染；

b. 挥发性高，冬季寒区冷启动性能好；

c. 辛烷值高，适用于高压缩比发动机，并可提前点火，节省燃料，提高功率；

d. 没有稀释和污染发动机润滑油的问题，可使润滑油的使用寿命延长。不会发生火花塞结焦等现象。

（2）安全要求　液化石油气是一种极易燃烧爆炸的物质，燃烧液化气需了解并注意其使用方法，以保证安全。不管是用管道输送或用钢瓶供应，都要求输送和供应容器符合安全规定，保证耐压强度，不得有漏气，GB 18218—2018《危险化学品重大危险源辨识》将其列为重大危险易燃物质。其安全使用要求如下。

① 严防液化石油气的外泄。凡盛装液化石油气的容器和管道应具有足够的耐压能力和可靠的密封性。与液化石油气相关的设备及其建筑物、构筑物要有满足要求的防范保护设施和防火间距。

② 凡与液化石油气相关的站区和环境要杜绝明火、电火花及静电火花的产生，并应具有良好的通风条件，不得有使液化石油气集聚、存积的地方。

③ 储罐、钢瓶等容器储装液化石油气时，要按规定的储装量充装，严禁过量超装。

6.5.1.4　产品规格

GB 11174—2011《液化石油气》，规定了液化石油气的技术要求及试验方法（见表 6-26）。为确保安全使用液化石油气，要求液化石油气具有可以觉察的臭味，必要时加入硫醇、硫醚等硫化物配制的加臭剂。

表 6-26　液化石油气质量指标及试验方法

项目		质量指标			试验方法
		商品丙烷	商品丙丁烷混合物	商品丁烷	
密度（15℃）/（kg/m^3）		报告			SH/T 0221①
蒸气压（37.8℃）/kPa	不大于	1430	1380	485	GB/T 6602②
组分					SH/T 0230
C_3 烃类组分（体积分数）/%	不小于	3.0			
C_4 及 C_4 以上烃类组分（体积分数）/%	不小于	2.5			
（C_3+C_4）烃类组分（体积分数）/%	不小于		95	95	
C_5 及 C_5 以上组分含量（体积分数）/%	不大于		3.0	2.0	
残留物					SY/T 7509
蒸发残留物/（mL/100mL）	不大于	0.05			
油渍观察		通过③			
铜片腐蚀/级	不大于	1			SH/T 0232
总硫含量/（mg/m^3）	不大于	343			SH/T 0222
硫化氢					
乙酸铅法		无			SH/T 0125
色谱法	不大于				SH/T 0231
游离水		无			目测④

① 密度也可用 GB/T 12576 方法计算，但仲裁按 SH/T 0221 测定。

② 蒸气压也可用 GB/T 12576 方法计算，但仲裁按 GB/T 6602 测定。

③ 按 SY/T 7509 方法所述，每次以 0.1mL 的增量将 0.3mL 溶剂残留物混合物滴到滤纸上，2min 后在日光下观察，无持久不退的油环为通过。

④ 在测定密度的同时用目测法测定试样是否存在游离水。因此没有单独规定的游离水测定标准。将液化石油气充入一透明的玻璃或塑料材质的密封压力装置中，观察装置中的液体是否有分层现象。如果有分层现象，则表明有游离水存在；否则，即无游离水。

6.5.2 质量检验

按照 GB 11174 规定，液化石油气出厂检验项目有 6 个指标：组分含量、密度、蒸气压、总硫含量、硫化氢和游离水。

6.5.2.1 组分含量测定

（1）分析标准　根据国家标准 GB 11174—2011《液化石油气》的规定，液化石油气烃类组分含量的检验采用气相色谱法。在室温 25℃和压力 0.1MPa 条件下，C_1～C_4 的直链烷烃是气体，C_5 以上的直链烷烃是液体或固体；而且随着碳链的增加，烷烃的沸点和熔点也随之升高。目前，我国的液化石油气组成测定法标准有两个，即 GB/T 10410—2008《人工煤气和液化石油气常量组分气相色谱分析法》和 NB/SH/T 0230—2019《液化石油气组成的测定　气相色谱分析》，均采用气相色谱法来测定液化石油气组成。

按 NB/SH/T 0230—2019《液化石油气组成的测定　气相色谱分析》分析组分时，柱温规定在常温下，那些挥发性差的重组分很难流过色谱柱，即使标准规定用反吹法，但重组分（例如不汽化的部分）用载气在常温下根本不可能带入检测器，因此用这种方法只是测定了常温下可汽化的组分，而对于在常温下不汽化的那些重组分是检不出来的。建议限定液化石油气中 C_5 及 C_5 以上组分含量，用直接规定液化石油气的组分的质量分数代替，即规定丙烷、丁烷含量，限制总烯烃、丁二烯、戊烷及以上含量。

（2）分析方法　GB/T 10410—2008 非等效采用了其他国家标准 JIS K2301：1992。该方法是根据烃类在色谱柱中的吸附性不同，分离出 C_2～C_4 及总 C_5 烃类。方法要求在色谱仪恒温箱内加装四通阀，如图 6-10 所示。这样当 C_4 组分出完后，转动四通阀 90°，载气反吹色谱柱，可使出峰较慢的 C_5 组分尽早出峰，节约分析时间。试样容器中的液体经过图 6-11 所示管路和水浴，可以完全汽化为气体。

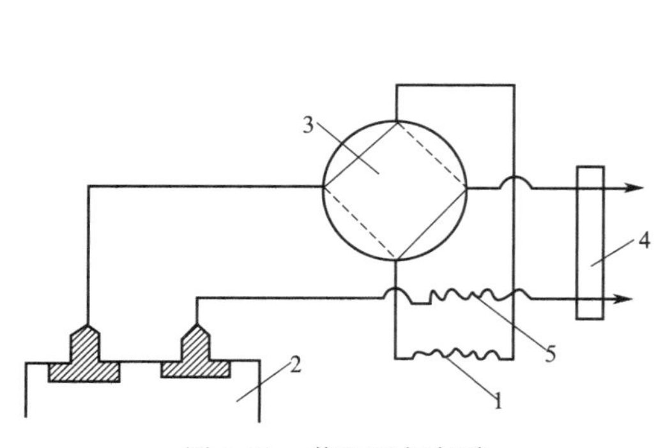

图 6-10　装四通阀气路

1—色谱图；2—汽化室；3—四通阀；4—检测器；5—平衡柱

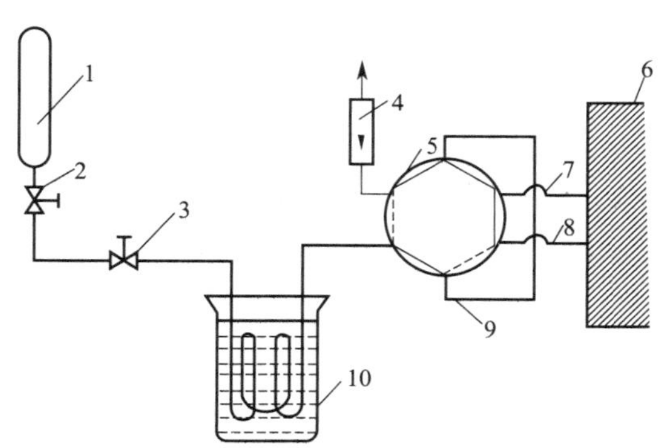

图 6-11　装六通阀气路

1—试样钢瓶或聚乙烯管；2—容器阀；3—流量调节阀；4—转子流量计；5—定量进样六通阀；6—色谱仪；7—载气；8—接汽化室；9—定量管；10—水浴

当试样为 C_2～C_4 时水浴温度调节到 40～60℃，若含 C_5 时水浴温度为 60～80℃。按照给定的工作条件调节仪器并使之达到稳定，分析时先将定量进样六通阀转向取样位置，打开试样容器阀，再慢慢打开流量调节阀，避免有液体冲出。控制汽化速度为 20～30mL/min，排出的冲洗管路的气体应引出室外。冲洗 5～10min，关闭流量调节阀，这时六通阀的定量管中已充满试样蒸气，再立即转动定量进样六通阀于进样位置，组分进入色谱柱进行分离，得到谱图。

使用不同色谱柱时得到的谱图略有差别。也可以使用毛细管柱而不需反吹色谱柱完成分析过程。本方法推荐两种色谱柱，采用直接汽化进样。用面积归一法计算各组分的百分含量。

① 邻苯二甲酸二丁酯色谱柱的制备

a. 按邻苯二甲酸二丁酯色谱柱的配比，在天平上称取邻苯二甲酸二丁酯12g，溶于适量的乙醚中，然后慢慢加入40g 6201载体，搅拌均匀，将其置于红外灯下烘干或让其自然风干，直至没有乙醚气味为止。即可作为色谱柱的填充物，色谱柱要求填充紧密均匀。

b. 把填充好的色谱柱按图6-10与四通阀相接。

c. 色谱柱安装好以后，通入经干燥的载气，然后将恒温箱温度升至40～50℃。

d. 进液化石油气试样后，可得色谱图，如图6-12所示。

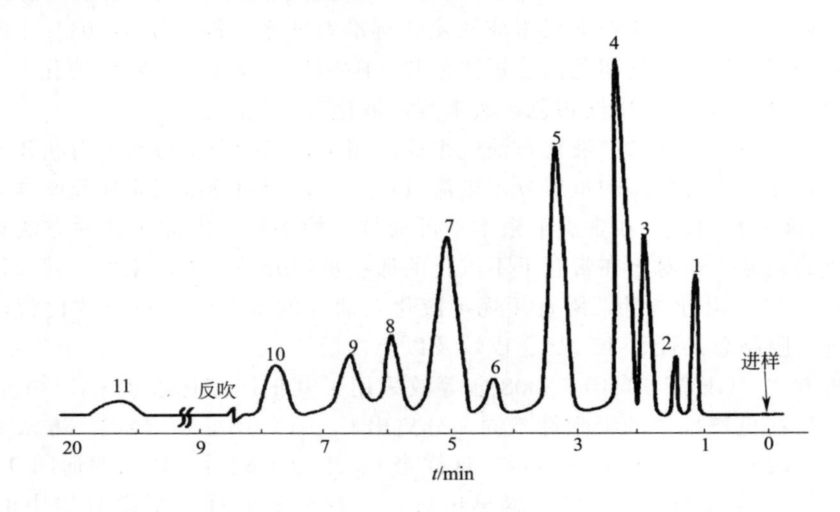

图6-12 试样在邻苯二甲酸二丁酯柱上的色谱图

1—空气＋甲烷；2—乙烷、乙烯、二氧化碳；3—丙烷；4—丙烯；5—异丁烷；6—正丁烷；7—正丁烯＋异丁烯；8—反-2-丁烯；9—顺-2-丁烯；10—异戊烯；11—C_5 合峰

② 十二醇/多孔硅珠（HDG-202A）色谱柱的制备

a. 把十二醇/多孔硅珠（HDG-202A）色谱固定相在色谱柱中填充紧密均匀，按图6-10将色谱柱与四通阀连接。

b. 通入经过装有变色硅胶及分子筛干燥管干燥的载气，然后将色谱柱恒温箱温度升至80℃，老化4～8h。

c. 注意每次分析完毕后，色谱柱柱温应降至室温，封闭出口，防止水分浸入色谱柱内。

d. 进液化石油气试样后，可得色谱图，如图6-13所示。当色谱柱对丙烷和丙烯，或正丁烷和正丁烯的分离变坏时将色谱柱柱温升至80℃吹4h以上，仍可变好。

③ 计算　试样中某组分含量 V_i（体积分数）用面积归一法按式(6-6)计算：

$$V_i=\frac{A_i f_{V_i}}{\sum_{i=1}^{n} A_i f_{V_i}}\times 100\% \tag{6-6}$$

式中　A_i——某组分峰面积（为峰高与半峰宽的乘积）；

f_{V_i}——某组分体积（或摩尔）校正因子，见表6-27。

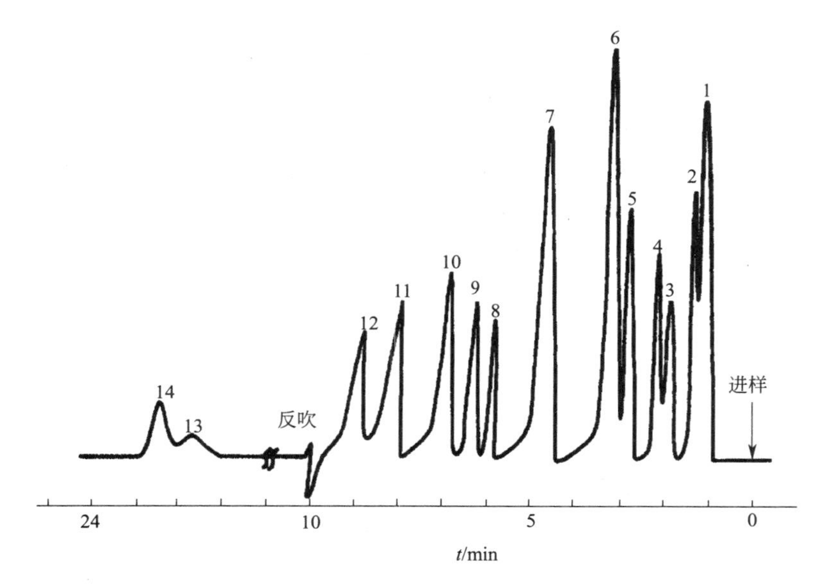

图6-13　试样在十二醇/多孔硅珠（HDG-202A）柱上的色谱图

1—空气；2—甲烷；3—乙烯；4—乙烷；5—丙烷；6—丙烯；7—异丁烷；8—正丁烷；9—正丁烯；10—异丁烯；11—反丁烯；12—顺丁烯；13,14—C_5合峰

注意：对于面积的测量要注意有足够的精密度。必要时调节仪器衰减挡使峰高尽量在记录纸的1/2以上，峰宽对C_3组分应在3mm以上。或用相应的精确测量仪器。

表6-27　校正因子

组分	甲烷	乙烷	乙烯	丙烷	丙烯	异丁烷	正丁烷
摩尔校正因子 f_{V_i}	2.8	1.96	2.08	1.55	1.55	1.22	1.18
组分	正丁烯	异丁烯	反丁烯	顺丁烯	异戊烷	正戊烷	戊烯
摩尔校正因子 f_{V_i}	1.23	1.22	1.18	1.15	0.98	0.95	1.02

（3）测定意义　随着C_5以上组分含量的增加，液化石油气的汽化程度会降低，使得真正能够被利用的液化石油气达不到要求。造成罐内残余增多，损害用户利益。因此液化石油气C_5及C_5以上组分含量是判断液化石油气是否合格的重要指标。

（4）影响测定的主要因素

① 气相色谱仪的灵敏度对本试验的结果有直接的影响；

② 恒温水浴温度的控制；

③ 色谱柱的制备是否标准。

6.5.2.2　残留物的测定

（1）分析标准　液化石油气残留物的测定一般体现在以下两个方面。

① 液化石油气在37.8℃充分挥发后的残余量，这表示在液化石油气中不易挥发烃类的含量。

② 油渍观察值，表示在液化石油气中重质烃类的含量，一般由输送泵润滑油的混入或液化石油气储存容器长期积累重质烃类而造成的。

现行液化石油气残留物检验标准一般为 ASTM D 158《液化石油气残留物测定法》，我国现行的行业标准 SY/T 7509—1996《液化石油气残留物测定法》也是等效采用该标准的。

根据《液化石油气残留物测定法》的规定，检验液化石油气中残留物及油渍的结果要求残留物含量≤0.05mL/100mL；油渍检测通过。

在 SY/T 7509—1996《液化石油气残留物测定法》中由于对蒸发残留物的蒸发时间及蒸发温度没有规定具体范围值，致使许多实验室在分析蒸发残留物的量时存在实验室之间的较大误差。建议蒸发温度和蒸发时间最好选择在 25℃，4h 左右为宜。

（2）定义

① 残留物　在规定的条件下，100mL 试样 38℃挥发后所余物质的体积，精确到 0.05mL。

② R 值　残留物体积数乘以 200。

③ 油渍观察值　在规定的条件下，在指定的滤纸上产生能保持 2min 油环所需的溶剂与残留物混合液的体积。

④ O 值　10 除以油渍观察值。

（3）分析方法　液化石油气中残留物及油渍测定方法具体如下：将冷却塔中盘管冷却至−55℃，尺寸如图 6-14 所示，在−55℃的情况下将 100mL 液化石油气试样置于离心管中，如图 6-15 所示，用干净软木塞塞住管口，插入一铜丝防止突沸，然后在 38℃下挥发并记录遗留下的残留物体积。同时记录下以一定量的溶剂与残留物混合液以递增的方式滴加在滤纸上所产生的现象，即每次以 0.1mL 的增量将 0.3mL 溶剂与残留物混合液滴到滤纸上，2min 后在日光下观察，无持久不退的油环为通过。因为钢瓶内液化石油气只在常温下挥发（非 38℃），而且要经过减压阀后达到燃具要求的 2.8kPa，钢瓶内有一定的压力，其挥发程度远没有试验中完全，所以燃具不能正常燃烧时钢瓶内残留物含量远远大于 0.05%。残留物沸点高于液化石油气，接近低组分油品物质的沸点，所以还要通过油渍观察试验。

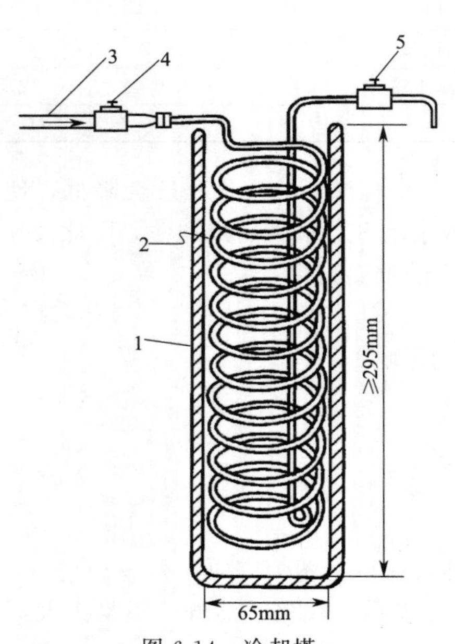

图 6-14　冷却塔

1—金属或玻璃冷却器；2—冷却盘管；3—取样管线；4—入口阀；5—针形阀

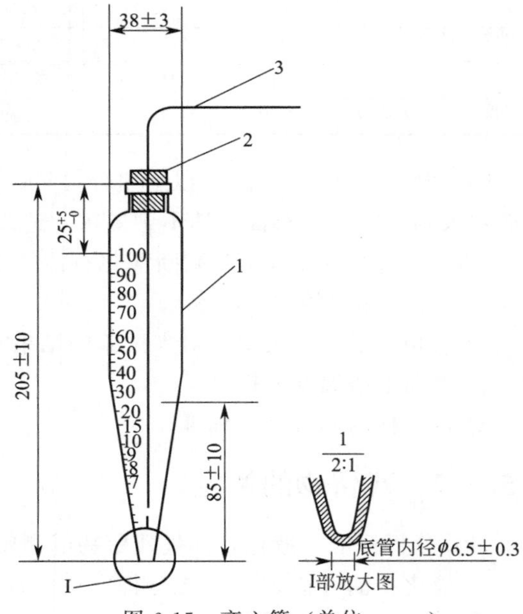

图 6-15　离心管（单位：mm）

1—离心管（100mL）；2—软木塞；3—铜丝

（4）测定液化石油气残留物的意义　残留物或油渍在液化石油气中过多的存在，将会在使用过程中对管道及灶具燃烧头形成污染，缩短灶具燃烧头的使用寿命，甚至会使管道及灶具燃烧头发生堵塞并有可能引发管道及灶具爆裂。

（5）影响测定的主要因素

① 必须快速将样品注入离心管，防止过热发生突沸。

② 玻璃器皿必须干净无污物。

③ 蒸发温度与蒸发时间都会直接影响蒸发残留物的含量。

6.5.2.3　铜片腐蚀

（1）分析标准　液化石油气的铜片腐蚀试验，主要是测定液化石油气的腐蚀性程度。该试验根据石油化工行业标准SH/T 0232—2004《液化石油气铜片腐蚀试验法》的规定，检验液化石油气中的铜片腐蚀。根据技术标准要求，检验结果要求铜片腐蚀≤1级。

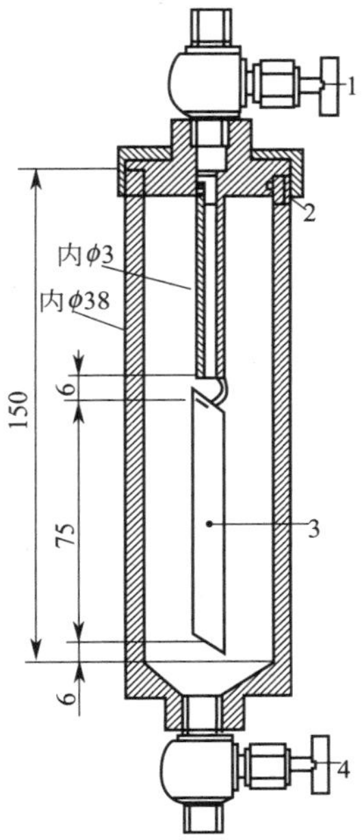

（2）分析方法　将一块磨光的铜片全部浸入装有已被水饱和的100mL具有适宜的工作压力（≥7.0MPa）的试验圆筒中，如图6-16所示，在40℃温度下放置1h，到时取出铜片，用铜片腐蚀标准色板比较，给出腐蚀级别。

（3）测定意义　铜片被腐蚀主要是由于液化石油气中含有氧化物质，使铜变成氧化铜或氧化亚铜，在有酸性物质存在的情况下，铜片发黑变薄。长期使用铜片腐蚀不合格的液化石油气，会对管道及灶具燃烧头造成腐蚀，甚至造成管道破裂漏气或灶具使用过程中爆裂。

（4）影响测定的主要因素

① 试片的表面是否干净光滑；

② 试验圆筒必须干净；

③ 水浴的温度与时间对试验结果起决定作用。

内φ3
内φ38
150
6
75
6
1
2
3
4

图6-16　铜片腐蚀试验圆筒（单位：mm）（圆筒和针形阀均为不锈钢）

1—6mm针形阀A；2—氯丁橡胶O形密封圈；3—铜片；4—6mm针形阀B

6.5.2.4　总硫含量的测定

（1）分析标准　由于液化石油气本身是一种无色无味的物质，为了确保安全使用液化石油气，加入了含硫的臭味剂。同时，由于生产中脱硫不完全，液化石油气中可能也存在一定的硫，其主要以硫化氢的形式存在。总硫含量的测定方法有SH/T 0222—92《液化石油气总硫含量测定法（电量法）》和SY/T 7508—2016《油气田液化石油气中总硫的测定氧化微库仑法》两种。这两种方法的主要区别是：前者采用电量法，根据微库仑仪中发生化学反应时电位的变化，得到总硫含量，仪器显示的是电量，适用范围为总硫含量在10～10000mg/m^3；后者采用氧化微库仑仪器，显示的是硫的数值，适用范围为1～400mg/m^3。两者检验硫含量的原理基本一致，操作也相近，只是在进样方法上有所不同。SY/T 7508—2016采用液态定量进样法，在最后的结果计算中又涉及试样的密度和平均摩尔质量（需测定组成），比较复杂，所以本节着重介绍SH/T 0222—92《液化石油气总硫含量测定法（电量法）》。根据技术标准要求，检验结果要求总硫含量≤343mg/m^3。

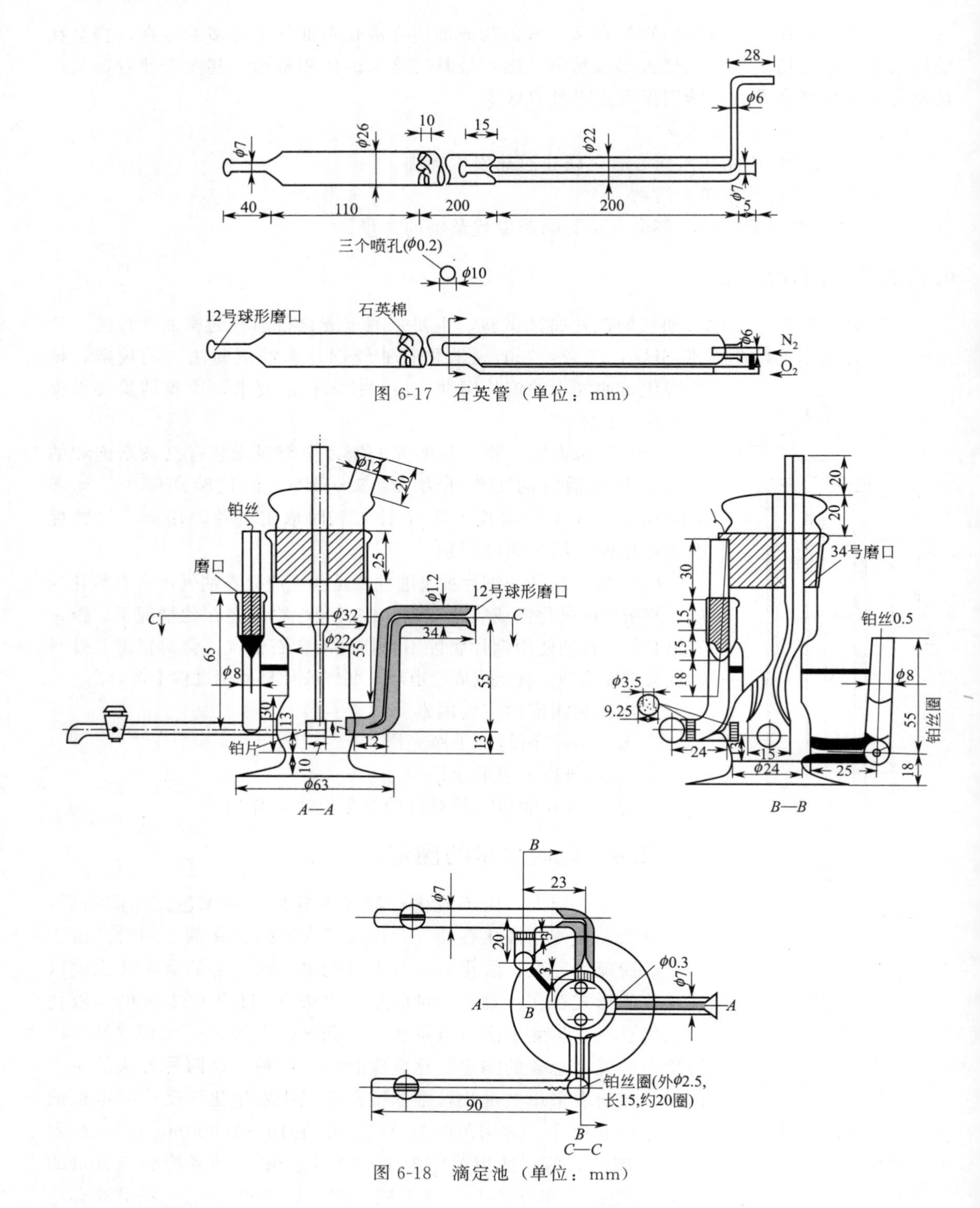

图 6-17 石英管（单位：mm）

图 6-18 滴定池（单位：mm）

（2）分析方法

① 用氮气带入一定量的液化石油气试样，使其进入维持在约 600℃的氮气气流中，经石英管喷嘴流出，尺寸如图 6-17 所示，进入 900℃的氧气气流中燃烧，使试样中的硫化物转变为二氧化硫，并随气流进入滴定池，如图 6-18 所示，与 I_3^- 氧化还原反应，使 I_3^- 三碘离子

浓度降低。由于I_3^-三碘离子的消耗，使指示-参比电极对产生一个偏差信号输入库仑仪。库仑仪根据信号大小控制电解电流，以补充所消耗的I_3^-三碘离子，达到最初的平衡状态。用生成I_3^-三碘离子所消耗的总电量来确定进入滴定池中二氧化硫的量。经过标样校正后，即可计算出试样中的总硫含量。

② 在滴定池中发生的化学反应：

$$I_3^- + SO_2 + H_2O = SO_3 + 3I^- + 2H^+$$

电解产生I_3^-三碘离子的电极反应：

$$3I^- \longrightarrow I_3^- + 2e^-$$

③ 液化石油气试样必须以液体的形式流出采样器，并在60～70℃下全部汽化，然后进入处于恒温下的采样阀定量管中，用氮气带入石英管。

④ 用已知硫含量的液体标样，在同样条件下注入石英燃烧管中，根据它消耗的电量来校正试样中的硫含量。

（3）测定意义　液化石油气未燃烧时，硫化氢与铁反应生成硫化亚铁。液化石油气燃烧时，硫化氢与空气中的氧气发生反应，氧气不足时生成二氧化硫，氧气充足时生成三氧化硫。因此，液化石油气中总硫含量过高，在不燃烧时易腐蚀运输和储存设备；燃烧时产生的气体也易腐蚀燃具而造成燃气泄漏等事故，危害人身安全。

（4）影响测定的主要因素

① 氧气与氮气的纯度；

② 各种标准溶液的配制；

③ 采样阀中的定量体积管必须经校正并保证无污染。

（5）标样中硫的回收率S_3。按式(6-7)计算：

$$S_3 = \frac{Q \times 16}{96500 m_4 S_2 \times 10^{-3}} \times 100 = \frac{Q \times 16}{96.5 \times m_4 S_2} \times 100 \tag{6-7}$$

式中　Q——测定的总电量，μC；

16——1/2mol硫的质量，g；

96500——法拉第电解常数；

m_4——注入标样的质量，mg；

S_2——标样中的硫含量，μg/g；

10^{-3}——毫克转换为克的系数。

（6）连续两个测定结果符合重复性规定时，按式(6-8)计算校正因子F(ng/μC)，并取其算术平均值：

$$F = \frac{m_4 S_2}{Q_1} \tag{6-8}$$

式中　Q_1——库仑仪显示的电量，μC。

（7）标准状态下试样的硫含量S_4(mg/m³)，按式(6-9)计算：

$$S_4 = \frac{Q_2 F (273 + t) \times 760}{V_2 p_2 \times 273} \tag{6-9}$$

式中　V_2——试样体积，mL；

p_2——大气压，mmHg；

t——气态试样恒定温度，℃；

Q_2——分析试样库仑仪显示的电量，μC；

F——校正因子，mg/μC。

6.5.2.5 液化石油气的挥发性能

（1）分析标准　液化石油气要具有良好的挥发性能，同时若要保证安全使用，一般在标准中用蒸气压来表示其挥发性能。如液化石油气标准规定在37.8℃时蒸气压不能大于1380kPa。挥发性还可以用试样被汽化95%（体积分数）时的温度来表示，挥发性的试验结果，可预测各种类型液化气中较高沸点组分的大致含量。测定液化石油气的挥发性使用蒸气压测定法。

（2）分析方法　GB 6602—89《液化石油气蒸气压测定法（LPG法）》规定在测定仪压力和37.8～70℃试验温度下，测定液化石油气蒸气压的方法。分析对象是沸点高于0℃、烃的体积含量小于5%，在37.8℃时其蒸气压不大于1550kPa的液化石油气。该标准参照采用ASTM D1267—1984《液化石油气蒸气压测定法（LPG法）》。

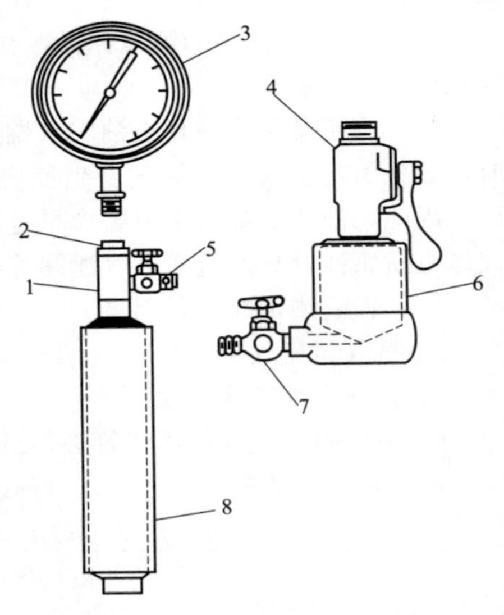

图6-19　蒸气压测定仪

1—放空阀接头；2—压力表接头；3—压力表；4—直通阀；5—放空阀；6—下室；7—入口阀；8—上室

蒸气压测定仪结构如图6-19所示，与汽油测定器结构类似，由可相互连接的上、下两室和一个压力表所组成，为方便冲洗，在上室与表的连接头侧面装配一个放空阀。

GB 6602与GB/T 8017测定过程基本相同，均要求仪器密封良好，水浴温度稳定，压力表显示准确。二者试样装入量及装入方法不同。

液化气装样方法：仪器置于垂直，用取样连接管连接试样源和入口阀，开启试样源出、入口阀，小心打开放空阀，直至仪器充满液体试样。依次关闭放空阀和入口阀，迅速倒转仪器，打开放空阀，使液体及残余蒸气全部排出，仪器内外压力相同，关闭放空阀。将仪器恢复垂直放置，打开入口阀，至仪器表压和试样源压力相同时，立即打开放空阀，液体试样很快出现（如试样不是很快出来，则需重新清洗仪器后再取样），按顺序关闭放空阀、入口阀和试样源出口阀，卸下取样连接管。迅速关闭直通阀，仪器置于垂直，打开入口阀，放出下室的试样，当没有液体试样溢出时，关闭入口阀，并立即打开直通阀。如果需要放掉40%的试样时，则要用20%下室按照上述过程排放两次试样。可见液化气测定时装入的液体体积较多，空气较少；而GB/T8017测定时油料在低温下只装满燃料室即可，装入量较少。

用式(6-10)将试样蒸气压换算到标准大气压（101.325kPa）时试样的蒸气压：

$$p=p_1-(101.3\text{kPa}-p_2) \tag{6-10}$$

式中　p_1——压力表读数或经校正后的试样蒸气压，kPa；

p_2——环境大气压，kPa。

（3）测定意义　蒸气压是确保安全性的重要指标，对产品安全处置和正确设计贮存容器、运输容器、用户使用设备等有着重要意义。

（4）影响因素

① 试验仪器的安装、密封与接地；

② 水浴温度的控制；

③ 测定器的清洗、放空与连接；

④ 压力表的校正。

本 章 小 结

本章详细地介绍了石油焦、石油沥青、石油蜡、润滑脂、液化石油气的来源、种类、规格和用途；在熟悉上述石油产品性能的前提下，引入国标检测方法或行业检测方法，对其特定性能进行测定，了解测定石油焦、石油沥青、石油蜡、润滑脂、液化石油气指标要求及其测定的意义；能正确地操作相关实验设备，准确测定实验参数；能对石油焦、石油沥青、石油蜡、润滑脂、液化石油气主要指标进行分析检测；分析处理石油焦、石油沥青、石油蜡、润滑脂、液化石油气检验中的常见故障，排除试验异常现象；正确处理试验结果并撰写实验报告。

【阅读材料】

石油蜡深加工的几种典型产品

我国作为世界石油蜡生产大国，年产量在 160 万吨以上，绝大部分是石蜡。虽然我国是石油蜡的生产大国，但深加工技术却落后于国外，特别是欧美国家。所以，每年约 50 万吨石油蜡，只能以原材料的价格出口国外。而这部分石油蜡，在国外深加工后，其中有相当一部分又以高附加值的产品形式或随设备、配件、仪表、电器返销回国内。由于我国从总体上说，对石油蜡的深加工还没有提出更高的要求。比如应用于照明、娱乐、祭祀等的石蜡，大多消费者对厂家供应的产品质量没有自己的要求，对蜡烛燃烧中冒黑烟、流泪、变软的现象习以为常。而一些发达国家早就有了比我们更高的质量要求，我国现在有些场所使用的高档蜡烛产品，有火焰圆小而明亮、不落泪、质底光滑而坚硬、无异味等优点，基本上都是借鉴国外经验生产或直接从国外进口的。

石油蜡的深加工，在欧美是很发达的，其产品种类繁多，应用范围几乎覆盖了社会的所有领域。美国霍尼韦尔公司有 200 种以上的产品，而我国目前石油蜡深加工产品品种最多的南阳石蜡精细化工厂，其形成市场能力的产品也只有 22 种。

特种蜡：所谓特种蜡就是以石蜡和微晶蜡（统称基础蜡）为原料，通过特殊加工或添加其他组分进行调合，生产出适应特种性能和特定使用部位要求的蜡产品。目前市场上广泛销售的是炸药复合蜡、橡胶防护蜡、相变蜡、地板防潮蜡等产品。在特种蜡产品中，有市场年需求量近 10 万吨的炸药复合蜡，也有需求量小到数吨的电子电容器用蜡，甚或更有小到年需求量几十千克的国防用蜡。总之，特种蜡以其独特的近乎苛刻的性能要求和较小的市场需求量为生产企业提出了很高的要求。如果说企业要在特种蜡行业占有一席之地，首先要克服的就是市场需求品种多、质量要求高、需求数量小给企业带来的困难。

橡胶防护蜡：橡胶防护蜡是由石油蜡及各种助剂加工制取，是橡胶制品的软化剂、防老剂和脱模剂，可提高橡胶的塑性、润滑性、防潮性、耐臭氧、耐热老化性等，如在用于绝缘电缆的乙丙橡胶中以该蜡作软化剂，可以改善硫化滞后性，提高绝缘性。

炸药复合蜡：炸药专用复合蜡是石油蜡与组分油的混合物，具有良好的储存稳定性。作为生产炸药的膨化剂，能提高炸药的爆炸性能及使用安全性。在国家限用梯恩梯炸药的环境下，它是民爆行业生产所必需的原材料。

地板防潮蜡：地板防潮蜡是以石油蜡为原料、经深加工后与高分子成膜剂等调合精制而成的新一代最佳地板防水材料。该材料渗入密度板表面微孔可形成连续、致密、柔性极好的网状及片状混合结构的防水密闭层。地板防潮蜡主要用于对强化地板企口进行密封处理，阻挡水汽的侵入，解决了地板胀、翘的难题，同时封住密度板中甲醛释放，增强地板的环保性，并使地板企口润滑、静音，大大延长了地板的使用寿命。

家禽拔毛蜡：家禽拔毛蜡是用于禽类宰杀脱去羽毛后拔除细、小绒毛的一种特种蜡。家禽拔毛蜡是由石油蜡调配而成的一种新型家禽拔毛材料，具有无毒、无味、无污染、拔毛率高等特点，是替代松香拔毛的理想环保产品。随着人民生活水平的提高及国家标准对食品加工的严格要求，该产品的市场潜力比较大。

包装蜡：包装蜡是以石油蜡为原料进行深加工，调整其各组分含量，为适应工业包装和食品包装而专门开发生产的特种蜡产品。其中工业包装用蜡包括设备零件防锈、纸涂料、纸张防潮等，其特点是制取简便，价格低；食品包装用蜡主要应用于软食品包装、饮料杯、纸容器等，其特点是产品可塑性和韧性好，熔点高，且符合食品蜡质量指标要求。

习　题

1. 术语解释

(1) 针状焦　(2) 生焦　(3) 沥青针入度　(4) 沥青延度　(5) 石蜡

(6) 蜡熔点　(7) 微晶蜡　(8) 钙基润滑脂　(9) 皂基润滑脂　(10) LPG

2. 判断题

(1) 沥青试样升温速度过快，所测得软化点偏高，反之则偏低。(　　)

(2) 石蜡熔化试样时温度过高，则硬度增加，使测定结果偏高。(　　)

(3) 石油蜡制备的试样中如果有气泡，对其性能的测定没有任何影响。(　　)

(4) 沥青试样熔化时温度过高对针入度、延度和软化点的测定会有一定的影响。(　　)

(5) 石蜡由液态变为固态，体积缩小15%～20%。(　　)

(6) 石蜡按含油量和精制深度定品种，按熔点划分牌号。(　　)

(7) 油品的温度越高，黏度越大。(　　)

(8) 针入度数是表征沥青的温度稳定性指标，针入度指数较大，路用性能较优。(　　)

(9) 黏稠石油沥青针入度越大，软化点越高，延度越大。(　　)

(10) 沥青中蜡的存在使得沥青路面的抗滑性降低，影响行车安全性。(　　)

3. 填充题

(1) 根据石油焦结构和外观，石油焦产品可分为________、________、________和________。

(2) 沥青的针入度是以标准针在一定的________、________及________条件下垂直穿入沥青试样的深度来表示，以1/10mm为一个针入度单位。

(3) 石蜡的熔点是指在规定条件下，冷却已熔化的石蜡试样时，冷却曲线上__________出现停滞期的温度。

(4) 在规定条件下，将已冷却的温度计垂直进入微晶蜡试样中，使试样黏附在温度计球上，然后将附有试样的温度计置于试管中，水浴加热至试样________，当试样从温度计球部滴落________时温度计的读数即为试样的滴熔点。

(5) 石蜡精制的深度________，光安定性________。

(6) 根据硫含量的不同，石油焦可分为________（硫含量3%以上）和________（硫含量3%以下）。

(7) 沥青老化后，在物理力学性质方面，表现为针入度________，延度________，软化点________，绝对黏度________，脆点________等。

(8) 石油沥青的牌号越低，其黏性________；塑性________；温度敏感性________。

(9) 在同一品种黏稠石油沥青中，牌号愈大，沥青________，此时针入度________，延度________，软化点________。

(10) 石油沥青主要由________、________及________三种物质组成。

4. 单选题

(1) 焦化原料中（　　）含量高，可以得到高质量的石油焦产品。

A. 丁烯　B. 芳香烃　C. 烯烃　D. 环烷烃

(2) 石油焦煅烧前需进行（　　）等预处理。

A. 煅烧　B. 除铁和破碎　C. 破碎和加热　D. 除铁和煅烧

(3) 焦化装置全面停产后，管线的吹扫顺序是（　　）。

A. 渣油 蜡油 清油　B. 蜡油 清油 渣油

C. 清油 渣油 蜡油　D. 无顺序

(4) 我国重交通道路石油沥青，按（　　）试验项将其划分为五个标号。

A. 针入度　B. 软化点　C. 延度　D. 密度

(5) 评定沥青塑性的指标是（　　）。

A. 针入度　B. 软化点　C. 闪点　D. 延度

(6) 蜡广泛地存在于自然界，在常温下多为（　　）。

A. 固态　B. 液态　C. 气态　D. 无法确定

(7) 石蜡是烃类的（　　）。

A. 混合物　B. 化合物　C. 纯净物　D. 单质

(8) 影响石蜡安定性的主要因素是含有微量的非烃化合物和（　　）。

A. 烷烃　B. 稠环芳烃　C. 烯烃　D. 环烷烃

(9) 全精炼石蜡又称为（　　），是经过深度脱油精制而成的。

A. 白石蜡　B. 精白蜡　C. 食品蜡　D. 粗石蜡

(10) 针入度表示黏稠沥青的（　　）性能。

A. 柔度　B. 溶解度　C. 稠度　D. 硬度

第7章 生物燃料质量检验

学习指南

知识目标：

1. 了解生物燃料的基本分类以及生物燃料的应用领域；
2. 熟悉生物燃料相关技术要求和试验方法

能力目标：

能够比较和区分不同油品技术要求的差异性；

能够针对生物柴油等具体产品进行综合实训设计，协作完成全面质量检验。

7.1 信息导读

7.1.1 生物燃料

按 HJ 517—2009《燃料分类代码》类目名称规定，燃料可分为固体燃料（f100）、液体燃料（f200）和气体燃料（f300）三大类别。其中，属于生物燃料的有：固体燃料中的“生物质固体燃料（f140）”，如原生生物木质和草本以及秸秆（f141）等；液体燃料中的“生物液体燃料（f240）”，如生物柴油（f241）和醇类（生物乙醇、生物甲醇）燃料（f242）；气体燃料中的“有机物发酵分解后制取的燃气 f350）”，如沼气（f351）。在固体燃料中，还有“核燃料（n160）”，如核燃料（n161）和乏燃料（n162）。上述燃料的基本属性代码“f”“n”分别表示普通燃料（fuel）与核燃料（nuclear fuel）。

由于生物乙醇燃料、生物甲醇燃料，可分别作为石油制品的车用汽油和柴油的调合组分油，本身属于可再生资源且毒性小、易于生物降解，故本书也将车用乙醇汽油（E10、E85）、B5 柴油等一并给予适当介绍。

7.1.2 车用乙醇汽油调合组分油

所谓的车用乙醇汽油调合组分油是指调合车用乙醇汽油所使用的基础汽油组分。一般由炼油厂或石化企业以石油为原料制取的液体烃类或由石油制取的液态烃类及改善使用性能的添加剂组成。车用乙醇汽油调合油中不能含有可能导致汽车无法正常运行的添加剂或污染物，其中含有的添加剂应无公认的有害作用，并按推荐的适宜用量使用；其中也不得人为加入甲缩醛、苯胺类以及含卤素、磷、硅等化合物。以这种调合组分油为基础，添加一定量变性燃料乙醇和若干改善性能的添加剂可生产车用乙醇汽油（E10）。

按GB/T 22030—2017《车用乙醇汽油调合组分油》规定，按研究法辛烷值可将其分为89号、92号、95号、98号四个牌号。GB/T 22030分别对车用乙醇汽油调合油（Ⅴ）、车用乙醇汽油调合油（ⅥA）、车用乙醇汽油调合油（ⅥB）、98号车用乙醇汽油调合油（Ⅴ）、98号车用乙醇汽油调合油（ⅥA/ⅥB）的技术要求和试验方法作了明确的要求。与车用汽油类似，考虑到国内某些地区环保的特殊需求及企业生产实际，该标准也分别规定了几种调合油技术标准的过渡期，其中拟于2023年1月1日全面实施的车用乙醇汽油调合油（ⅥB）产品质量标准如表7-1所示。

表7-1　车用乙醇汽油调合组分油（ⅥB）的技术要求和试验方法

项目		质量指标			试验方法
		89	92	95	
抗爆性：					
研究法辛烷值(RON)	不小于	87.0	90.0	93.5	GB/T 5487
抗爆指数[(RON+MON)/2]	不小于	82.5	85.5	89.0	GB/T 503、GB/T 5487
铅含量/(g/L)	不大于	0.005			GB/T 8020
馏程：					GB/T 6536
10%回收温度/℃	不高于	70			
50%回收温度/℃	不高于	113			
90%回收温度/℃	不高于	190			
终馏点/℃	不高于	205			
残留量(体积分数)/%	不大于	2			
蒸气压/kPa：					GB/T 8017
11月1日～4月30日	不大于	40～78			
5月1日～10月31日	不大于	35～58			
胶质含量/(mg/100mL)					GB/T 8019
未洗胶质含量(加清净剂前)	不大于	30			
溶剂洗胶质含量	不大于	5			
诱导期/min	不小于	540			GB/T 8018
硫含量/(mg/kg)	不大于	10			SH/T 0689
硫醇(博士试验)		通过			NB/SH/T 0174
铜片腐蚀(50℃,3h)/级	不大于	1			GB/T 5096
水溶性酸或碱		无			GB/T 259
机械杂质及水分		无			GB/T 511,GB/T 260
有机含氧化合物含量(质量分数)/%	不大于	0.5			NB/SH/T 0663
苯含量(体积分数)/%	不大于	0.8			SH/T 0713
芳烃含量(体积分数)/%	不大于	38			GB/T 30519
烯烃含量(体积分数)/%	不大于	16			GB/T 30519
锰含量/(g/L)	不大于	0.002			SH/T 0711
铁含量/(g/L)	不大于	0.010			SH/T 0712
密度(20℃)/(kg/m³)		720～772			GB/T 1884、1885

7.1.3 车用乙醇汽油（E10）

车用乙醇汽油（E10）是指向上述的车用乙醇汽油调合组分油中，加入10%（体积分数）的变性燃料乙醇（加入变性剂后不能饮用的燃料乙醇）及改善性能的添加剂后得到的用作车用点燃式发动机的燃料。

与车用乙醇汽油调合组分油对应，GB 18351—2017《车用乙醇汽油（E10）》也按照研究法辛烷值将车用乙醇汽油（E10）分为89号、92号、95号和98号4个牌号，标准也包括了车用乙醇汽油（E10）（Ⅴ）、车用乙醇汽油（E10）（ⅥA）、车用乙醇汽油（E10）（ⅥB）、98号车用乙醇汽油（E10）、98号车用乙醇汽油（E10）（ⅥA/ⅥB）的技术要求和试验方法等。车用乙醇汽油（E10）（Ⅴ）技术要求和试验方法见第2章表2-2。

7.1.4 车用乙醇汽油（E85）

车用乙醇汽油（E85）则是在变性燃料乙醇中加入汽油调合成乙醇含量在65%～85%（体积分数）的专用点燃式内燃机的汽车燃料。车用乙醇汽油E85是目前可供选择的汽车燃料中二氧化碳排放量最低的一种，作为调合基础成分的变性燃料乙醇又被称为纤维素乙醇，是利用麦秆、草、木屑等农林废弃物的纤维素生产而成的，它摆脱了生物乙醇原料过度依赖玉米等粮食作物的弊端。

GB 35793—2018《车用乙醇汽油E85》技术要求和试验方法见表7-2。

表7-2 车用乙醇汽油E85技术要求和试验方法

项目		质量指标	试验方法
乙醇含量(体积分数)/%		65～85	ASTM D5501
蒸气压/kPa： 11月1日～4月30日 5月1日～10月31日		40～85 40～65	GB/T 8017
酸度(以乙酸计)/(mg/L)	≤	40	GB 18350—2013附录D
硫含量/(mg/kg)	≤	10	SH/T 0689
甲醇含量(体积分数)/%	≤	0.5	GB 18350—2013附录A
溶剂洗胶质/(mg/100mL)	≤	5	GB/T 8019
未洗胶质/(mg/100mL)	≤	20	GB/T 8019
pH		6.5～9.0	GB 18350—2013附录F
无机氯/(mg/L)	≤	1	ASTM D7328,ASTM D73219
水分(质量分数)/%	≤	1.0	GB 18350—2013附录B
铜含量/(mg/L)	≤	0.07	GB 18350—2013附录E
铜片腐蚀试验(50℃,3h)/级	≤	1	GB/T 5096

7.1.5 BD100生物柴油

生物柴油是由动植物油与醇（如甲醇或乙醇）经酯交换反应制得的脂肪酸单烷基酯，最典型的是脂肪酸甲酯（fatty acid methylesters，FAME），以BD100表示（其中BD指biodiesel blend stock for diesel engine fuels）。生物柴油的原料主要来源于油料作物、油料林木果实、油料水生植物以及动物油脂、废餐饮油等。常用的油料作物主要有大豆和油菜籽，油料林木果实主要是油棕和黄连木，油料水生植物主要指工程微藻等。生物柴油与石油制取的柴油比，具有可再生、清洁和安全三大优势。

GB 25199—2017《B5柴油》附录C规定了柴油机燃料调合用生物柴油的术语和定义、分类、技术要求和试验方法、检验规则及标志、包装、运输和储存。BD 100生物柴油按照硫含量分为S50和S10两个类别，分别是指硫含量不超过50mg/kg和10mg/kg的生物柴油。BD100生物柴油作为调合组分可按一定的体积混合比例加到石油制品的柴油中，从而制得作为压燃式柴油机燃料的B5柴油。BD100生物柴油的技术要求和试验方法如表7-3所示。

表7-3 BD100生物柴油技术要求和试验方法

项目		质量指标		试验方法
		S50	S10	
密度(20℃)/(kg/m³)		820～900		GB/T 13377
运动黏度(40℃)/(mm²/s)		1.9～6.0		GB/T 265
闪点(闭口)/℃	不低于	130		GB/T 261
冷滤点/℃		报告		SH/T 0248
硫含量/(mg/kg)	不大于	50	10	SH/T 0689
残炭(质量分数)/%	不大于	0.050		GB/T 17144
硫酸盐灰分(质量分数)/%	不大于	0.020		GB/T 2433
水含量/(mg/kg)	不大于	500		SH/T 0246
机械杂质		无		GB/T 511
铜片腐蚀(50℃,3h)/级	不大于	1		GB/T 5096
十六烷值	不小于	49	51	GB/T 386
氧化安定性(110℃)/h	不小于	6.0		NB/SH/T 0825
酸值(以KOH计)/(mgKOH/g)	不大于	0.50		GB/T 7304
游离甘油含量(质量分数)/%	不大于	0.020		SH/T 0796
单甘酯含量(质量分数)/%	不大于	0.80		SH/T 0796
总甘油含量(质量分数)/%	不大于	0.240		SH/T 0796
一价金属(Na+K)含量/(mg/kg)	不大于	5		EN 14538
二价金属(Ca+Mg)含量/(mg/kg)	不大于	5		EN 14538
脂肪酸甲酯含量(质量分数)/%	不小于	96.5		NB/SH/T 0831
磷含量/(mg/kg)	不大于	10.0		EN 14107

7.1.6 B5柴油

B5柴油是在一定规格的石油柴油（占95%～99%，体积分数）中加入1%～5%（体积分数）的BD100生物柴油调合而成。B5柴油按用途分为B5普通柴油和B5车用柴油两个系列，B5车用柴油又分为B5车用柴油（Ⅴ）和B5车用柴油（Ⅵ）。B5普通柴油适用于拖拉机、内燃机车、工程机械、内河船舶和发电机组等压燃式发动机；B5 车用柴油则适合于压燃式发动机汽车使用。

B5 柴油中不得含有任何可导致发动机无法正常工作的添加物或污染物，也不能人为加入甲醇等。调合 B5 普通柴油时采用的石油柴油除润滑性外的其他指标要满足 GB 252《普通柴油》的技术要求；调合 B5 车用柴油时采用的石油柴油除润滑性外的其他指标要满足 GB 19147《车用柴油》的技术要求。

GB 25199—2017《B5 柴油》规定了由 BD100 生物柴油和石油柴油调合的 B5 柴油的术语和定义、分类和标记、要求和试验方法、检验规则及标志、包装、运输和贮存及安全等。该标准包括 B5 普通柴油、B5 车用柴油（Ⅴ）和 B5 车用柴油（Ⅵ）等三个类别产品的技术要求和试验方法，其中属于过渡期的 B5 车用柴油（Ⅴ）已经废止，目前有效实施的 B5 车用柴油（Ⅵ）的技术要求如表 7-4 所示。

表 7-4　B5 车用柴油（Ⅵ）技术要求和试验方法

项目		质量指标			试验方法
		5 号	0 号	−10 号	
氧化安定性(总不溶物)/(mg/100mL)	不大于	2.5			SH/T 0175
硫含量/(mg/kg)	不大于	10			SH/T 0689
酸值(以 KOH 计)/(mg/g)	不大于	0.09			GB/T 7304
10%蒸余物残炭(质量分数)/%	不大于	0.3			GB/T 17144
灰分(质量分数)/%	不大于	0.01			GB/T 508
铜片腐蚀(50℃,3h)/级	不大于	1			GB/T 5096
水含量(质量分数)/%	不大于	0.030			SH/T 0246
总污染物含量/(mg/kg)		24			GB/T 33400
运动黏度(20℃)/(mm^2/s)		2.5～8.0			GB/T 265
闪点(闭口)/℃	不低于	60			GB/T 261
冷滤点/℃	不高于	8	4	−5	SH/T 0248
凝点/℃	不高于	5	0	−10	GB/T 510
十六烷值	不小于	51			GB/T 386
密度(20℃)/(kg/m^3)		810～845			GB/T 1884 GB/T 1885
馏程： 50%回收温度/℃ 90%回收温度/℃ 95%回收温度/℃	 不高于 不高于 不高于	 300 355 365			GB/T 6536
润滑性： 校正磨痕直径(60℃)/μm	 不大于	460			SH/T 0765
脂肪酸甲酯(FAME)含量(体积分数)/%	大于 不大于	1.0 5.0			GB/T 23801
多环芳烃含量(质量分数)/%	不大于	7			GB/T 25963

B5 柴油取样按照 GB/T 4756 进行，取 4L 作为检验和留样用。出厂检验的结果全部符合表中的技术要求时则判定该批产品合格。

生物柴油的有关标准是一个系统工程，不仅包括生物柴油（BD100）本身的产品质量标准，还包括与石油柴油不同体积混合比的产品质量标准、原料储存标准、生物柴油加工设备的规范等一系列完备体系。目前，国际上已有法国、日本等国家由政府强制执行了B5、B10或B20标准，即强制将生物柴油按5%、10%或20%体积混合比例加入石油制品的柴油中使用。随着GB/T 25199的具体实施以及我国生物柴油的产量、市场销售情况和汽车业反应等综合因素，将会有更多规格的生物柴油产品标准制定和实施。

7.2 B5普通柴油综合实训设计

将班级学生分成4个实训小组（每组8～10人），每组分别针对B5普通柴油的“基本理化性能”、“蒸发和低温流动性能”、“腐蚀性能”和“杂质”四个检验领域，确定各自的具体实训项目（一般取3个测定项目为宜[1]，见表7-5）。

表7-5 B5普通柴油技术要求和试验方法

项目		质量指标			试验方法
		5号	0号	-10号	
色度/号	不大于	3.5			GB/T 6540
氧化安定性，总不溶物/(mg/100mL)	不大于	2.5			SH/T 0175
硫含量/(mg/kg)	不大于	10			SH/T 0689
酸值(以KOH计)/(mg/g)	不大于	0.09			GB/T 7304
10%蒸余物残炭(质量分数)/%	不大于	0.3			GB/T 17144
灰分(质量分数)/%	不大于	0.01			GB/T 508
铜片腐蚀(50℃,3h)/级	不大于	1			GB/T 5096
水含量(质量分数)/%	不大于	0.030			SH/T 0246
机械杂质		无			GB/T 511
运动黏度(20℃)/(mm^2/s)		3.0～3.8			GB/T 265
闪点(闭口)/℃	不低于	60			GB/T 261
冷滤点/℃	不高于	8	4	-5	SH/T 0248
凝点/℃	不高于	5	0	-10	GB/T 510
十六烷值	不小于	45			GB/T 386
密度(20℃)/(kg/m^3)		报告			GB/T 1884 GB/T 1885
馏程：					GB/T 6536
50%回收温度/℃	不高于	300			
90%回收温度/℃	不高于	355			
95%回收温度/℃	不高于	365			

[1] 建议：基本理化性能，检验密度、运动黏度和闪点（闭口）项目等；蒸发与低温流动性能，检验馏程、凝点和冷滤点项目等；腐蚀性能，检验酸值、硫含量和铜片腐蚀项目等；杂质，检验灰分、10%蒸余物残炭和机械杂质项目等。

续表

项目		质量指标			试验方法
		5号	0号	-10号	
润滑性 校正磨痕直径(60℃)/μm	不大于	460			SH/T 0765
脂肪酸甲酯(FAME)含量(体积分数)/%		1~5			GB/T 23801

(1) 实训任务(一)查阅并调用资料

① B5 柴油产品质量标准;

② B5 柴油试验方法标准。

(2) 实训任务(二)确定实训项目

每组各选 3 项。

(3) 实训任务(三)制订检验方案

包括所需仪器设备、试剂,详细操作步骤以及操作规程中的难点与注意事项等。

(4) 实训任务(四)课堂讨论

① 各小组讨论,优化实训方案;

② 班级集中讨论,相互沟通、熟知整体实训方案。

(5) 实训任务(五)实训准备

熟悉仪器设备,配制试剂等。

(6) 实训任务(六)实训操作

① 组外监督(每组出 1 人,检查其他组实训操作情况);

② 指导教师巡视、答疑,检查各组实训操作情况;

③ 教师和各组监督人员,对每一检验项目的违规操作进行扣分并对实训准备、安全、卫生等情况进行打分;

④ 按组提交"基本理化性能"、"蒸发和低温流动性能"、"腐蚀性能"和"杂质"检验报告。

(7) 实训任务(七)实训评价

① 自我评价;

② 小组相互评价;

③ 班级集中信息反馈,指导教师点评;

④ 布置下一阶段任务。

本章小结

本章介绍了车用乙醇汽油调合组分油、车用乙醇汽油(E10、E85)、BD100 生物柴油、B5 柴油等生物燃料的组成、种类、技术要求和试验方法。由于绝大部分指标的测定方法及相关知识已在前面课程中学习,本章以 B5 普通柴油综合实训设计为例,提出针对具体油品进行综合性实训设计的基本框架,抛砖引玉,以期通过综合性训练提升学生油品分析检验的综合能力。

习　题

1. 术语解释

（1）生物燃料　　（2）车用乙醇汽油调合组分油

（3）车用乙醇汽油（E10）　　（4）变性燃料乙醇

（5）BD100生物柴油　　（6）B5柴油

2. 知识拓展题

（1）查阅相关资料，写出车用乙醇汽油中乙醇含量测定方法。

（2）查阅相关资料，写出生物柴油中脂肪酸甲酯含量测定方法。

附　录

附录A　油品指标测定记录单及评分标准

表 A-×为油品指标测定记录单（正面）；表 B-×为油品指标测定评分标准（背面）。

表 A-1　水溶性酸碱测定记录单

样品名称						
采样地点						
采样时间						
方法标准						
分析时间						
甲基橙显色						
酚酞显色						
判断结果						
报出结果						
分析人						
核对人						
班长						

表 B-1　水溶性酸碱测定评分标准

序号	考核内容	考核要点	配分	评分标准	检测结果	扣分	得分
1	准备工作	正确取样	10	取样前未摇匀试样扣 5 分			
2				用量筒量取样品操作不正确扣 5 分			
3		仪器准备	15	分液漏斗不干净扣 5 分			
4				用量筒量取蒸馏水操作不正确扣 5 分			
5				需要预热的样品未预热扣 5 分			

续表

序号	考核内容	考核要点	配分	评分标准	检测结果	扣分	得分
6	测定和结果	测定	50	振荡分液漏斗操作不正确扣5分			
7				振荡分液漏斗时间不够扣5分			
8				振荡后出现乳化未改用1∶1 95%乙醇水溶液重新进行试验扣10分			
9				静置后未过滤就用试管取抽提物扣5分			
10				加入指示剂量不正确扣5分			
11				用甲基橙做指示剂时未进行空白对照扣10分			
12				未能正确判断结果扣10分			
13		记录和结果	20	未正确写记录,记录涂改一处扣2分			
14				更换记录一张扣3分			
15				重复测定结果之差>0.3%扣10分			
16	台面	台面	5	操作过程中台面乱扣3分			
17				操作后未将各种仪器洗涮干净扣2分			
合计			100				

表 A-2　汽油馏程测定记录单

样品名称			采样地点			大气压/kPa		
方法标准								
次数								
温度计号								
项目	观察温度	温度计补正值	大气压补正值	补正后温度	观察温度	温度计补正值	大气压补正值	补正后温度
初馏点								
5%回收温度								
10%回收温度								
45%回收温度								
50%回收温度								
85%回收温度								
90%回收温度								
终馏点								
残留量								
损失量								
10%蒸发温度								
50%蒸发温度								
90%蒸发温度								
计算公式								
报出平均结果	初馏点	10%蒸发温度	50%蒸发温度	90%蒸发温度		终馏点		残留量
分析人			核对人			班长		

表 B-2　汽油馏程测定评分标准

考核内容	考核要点	配分	评分标准	检测结果	扣分	得分
准备工作	玻璃仪器选取	5	不检查温度计、量筒及蒸馏瓶是否合格扣5分			
	取样	15	取样时试样不均匀扣2分			
			不量试油温度扣3分			
			观察试样体积时视线不与下弯月面相切扣3分			
			观察试样体积时量筒不垂直扣2分			
			向蒸馏烧瓶中加试样时，蒸馏瓶支管向下扣5分			
	仪器安装	20	温度计安装不符合要求扣5分			
			蒸馏瓶安装倾斜扣3分			
			蒸馏烧瓶支管插入冷凝管中深度＜25mm或靠壁扣2分			
			冷凝管出口插入量筒深度＜25mm或低于100mL标线扣3分			
			不擦拭冷凝管内壁扣2分			
			安装时，前后管顺序颠倒扣2分			
			量筒不盖棉垫扣1分			
			冷凝管出口在初馏后不靠量筒壁扣2分			
	记录大气压	5	未记录大气压和室温扣5分			
测定	测定过程	35	初馏时间不足5分钟或超过10分钟扣5分			
			初馏点到回收5%的时间不足60s或超过75s扣5分			
			馏出速度过快或过慢扣5分			
			蒸馏后不冷却就取下蒸馏瓶扣5分			
			观察温度时视线不水平扣5分			
			漏看规定温度一次扣5分			
			没量残馏量扣3分			
			试验结束后没关电源扣2分			
结果	结果与重复性考察	10	结果报出不是整数扣2分			
			平行结果之差超过重复性要求扣10分			
记录	记录	5	作废记录纸一张扣5分			
			记录书写无涂改无空项每处扣1分			
台面	仪器使用与台面	5	试验中打破仪器扣5分			
			试验台面不整洁扣5分			
合计		100				

表 A-3　汽油饱和蒸气压测定记录单

检验项目			
试验室温度		试验室大气压	
试样名称		试样编号	
采样地点		采样时间	
执行试验方法标准		检验批次	
所用仪器型号		完成检验时间	
检验结果			
分析人员签字		检查员签字	
技术负责人签字			
检验单位盖章			

表 B-3　汽油饱和蒸气压测定评分标准

序号	考核内容	考核要点	配分	评分标准	检测结果	扣分	得分	备注
1	准备	取样、试样转移	20	未进行压力表校正扣 5 分				
				取样不符合规程扣 3 分				
				盛试样的容器和在容器中的试样未冷却到 0～1℃扣 10 分				
		汽油室的准备		未做容器中试样的空气饱和扣 5 分				
				汽油室放置时间不足 10min 扣 5 分				
		空气室的准备		不符合规定每一项扣 5 分				
2	安装	仪器的安装	40	试样的转移不符合规程扣 5 分				
				汽油室试样不溢出扣 5 分				
				试验温度不在(37.8±0.1)℃扣 5 分				
				仪器安装不正确扣 5 分				
				不试漏扣 5 分				
				水浴液面高出空气室顶部少于 25mm 扣 5 分				
				测定器放入水浴每一步骤不符合规程扣 5 分				
3	测定	测定过程	20	测定步骤每一项不符合规程扣 5 分				
4	结果	记录和重复性考察	15	记录涂改勾抹一处扣 5 分				
				平行结果超差扣 10 分				
5	台面	清理台面	5	操作过程中台面乱扣 3 分				
				桌面未清理干净扣 5 分				
6	合计		100					

表 A-4　水分测定记录单

样　　品				
采样地点	月　　日　　时		月　　日　　时	
采样时间	月　　日　　时		月　　日　　时	
方法标准				
溶剂类别				
试样取量/mL				
溶剂用量/mL				
蒸馏开始时间				
蒸馏终了时间				
水分/%				
平均结果/%				
分 析 人				
核 对 人				
班 长				

表 B-4 水分测定评分标准

试题名称			柴油水分的测定				
序号	考核项目	评分要素	配分	评分标准	扣分	得分	备注
1	柴油水分的测定	检查仪器、试样、溶剂，并混匀试样	10	一项未按规定，扣 2 分			
2		于蒸馏烧瓶中量取 100mL 试样和 100mL 溶剂，混合	10	一项未按规定，扣 2 分			
3		仪器安装；冷凝管的内壁要用棉花擦干；冷凝管与接收器的轴心互相重合；冷凝管下端的斜口切面要与接收器的支管管口相对；在冷凝管的上端用棉花塞住	20	一项未按规定，扣 5 分			
4		缓慢加热；控制回流速度，使冷凝管的斜口每秒滴下 2～4 滴液体；正确判定蒸馏结束时间；回流时间不超过 1h	20	一项未按规定，扣 5 分			
5		停止蒸馏：冷却后，刮净冷凝管壁上的水珠；读取接收器中收集的水的体积；进行平行试验	20	一项未按规定，扣 5 分			
6		报告结果，两次收集水的体积差数不应超过接收器的一个刻度；正确书写记录	10	超差，扣 5 分；书写记录一处不符合规定，扣 1 分			
7	文明生产	台面整洁，摆放有序	5	操作不正确，一处扣 2 分			
8	安全生产	能正确使用各种仪器，正确佩戴劳动保护用品	5	操作不正确或不符合规定，一处扣 2 分			
合计			100				

表 A-5 机械杂质测定记录单

方法标准：____________

样品名称	采样地点	采样时间	分析时间	判定结果	分析人	核对人	班长

表 B-5 机械杂质测定评分标准

序号	考核项目	评分要素	配分	评分标准	扣分	得分	备注
1	柴油机油机械杂质的测定	检查各试剂及仪器	15	一项未查扣 3 分			
2		检查试样和计量器具	15	一项未查扣 3 分			
3		正确选择滤纸	10	不能正确选择滤纸，扣 5 分			
4		对滤纸进行恒重	5	不按标准操作，扣 5 分			
5		准确称量试样	15	不按要求称量试样，扣 4～6 分			
6		加入试剂使试样溶解，按规定过滤试样	15	一项不按标准操作，扣 2～4 分			
7		将带有沉淀的滤纸进行恒重	10	一项不按标准操作，扣 2～4 分			
8		根据称量数据计算结果	5	不能正确计算，扣 5 分			
9	文明生产	操作完成后仪器洗净、摆放好，台面整洁	5	操作不正确，一处扣 2 分			
10	安全生产	能正确使用各种仪器；正确佩戴劳动保护用品	5	操作不正确或不符合规定，一处扣 2 分			
合计			100				

表 A-6　灰分测定记录单

样　　品				
采样时间	月　日　时		月　日　时	
采样地点				
方法标准				
坩埚号				
试样质量/g				
坩+炭·灰分/g				
炭·灰分/g				
计算结果	____×100 = %	____×100 = %	____×100 = %	____×100 = %
平均结果				
分析人				
核对人				
班长				

表 B-6　灰分测定评分标准

试题名称			柴油灰分的测定				
序号	考核项目	评分要素	配分	评分标准	扣分	得分	备注
1	柴油灰分的测定	检查仪器、试样、溶剂	10	一项未按规定,扣 2 分			
2		清洗煅烧坩埚,准确称量	10	一项未按规定,扣 2 分			
3		仪器安装:准确量取试样,准确求取试样用量	15	一项未按规定,扣 5 分			
4		定量滤纸卷成圆锥状,剪好尺寸放入坩埚内,把试样大部分表面盖住	15	一项未按规定,扣 5 分			
5		测定含水的试样时,缓慢加热,获得干性碳化残渣,火焰高度 10 cm,保证试样不溅出	15	一项未按规定,扣 5 分			
6		试样燃烧之后,将坩埚转移到高温炉中(775±25)℃,到残渣完全成为灰烬	10	超差,扣 5 分;书写记录一处不符合规定,扣 1 分			
7		残渣成灰后,将坩埚放在空气中冷却 3min,准确称量至 0.0001g。重复煅烧保证连续两次称量间的差数不大于 0.0005g	15	超差,扣 5 分;书写记录一处不符合规定,扣 1 分			
8	文明生产	台面整洁,摆放有序	5	操作不正确,一处扣 2 分			
9	安全生产	能正确使用各种仪器,正确佩戴劳动保护用具	5	操作不正确或不符合规定,一处扣 2 分			
合计			100				

表 A-7　残炭测定记录单

样　　品				
采样时间	月　日　时		月　日　时	
采样地点				
方法标准				
坩 埚 号				
试样质量/g				
坩+炭·灰分/g				
炭·灰分/g				
计算结果	____×100 = %	____×100 = %	____×100 = %	____×100 = %
平均结果				
分析人				
核对人				
班长				

表 B-7　残炭测定评分标准

序号	考核项目	评分要素	配分	评分标准	扣分	得分	备注
试题名称			柴油水分的测定				
1	柴油残炭的测定	检查仪器、试样、溶剂	5	一项未按规定，扣 2 分			
2		瓷坩埚和玻璃珠的准备，瓷坩埚应在 800℃的高温炉中煅烧 1.5～2h	5	一项未按规定，扣 2 分			
3		称量：两个瓷坩埚称准至 0.0001g	5	未按规定，扣 5 分			
4		取样：有代表性，混合均匀	5	未按规定，扣 5 分			
5		仪器安装：瓷坩埚放在内坩埚的中间，外坩埚平铺沙子，将内坩埚放在外坩埚的中间	20	一项未按规定，扣 5 分			
6		预热燃烧阶段：强火加热不能冒烟，控制火焰高度不能超过火桥，燃烧时间控制在 13min±1min	20	一项未按规定，扣 5 分			
7		确定残炭量：煅烧 7min 后，移开喷灯冷却 40min，准确称到 0.0001g	20	一项未按规定，扣 5 分			
8		报告结果，计算残炭量	10	超差，扣 5 分；书写记录一处不符合规定，扣 1 分			
9	文明生产	台面整洁，摆放有序	5	操作不正确，一处扣 2 分			
10	安全生产	能正确使用各种仪器，正确佩戴劳动保护用具	5	操作不正确或不符合规定，一处扣 2 分			
合计			100				

表 A-8　铜片腐蚀测定记录单

样品名称				
采样地点				
采样时间	月　日　时		月　日　时	
分析时间	月　日　时		月　日　时	
方法标准				
测定温度/℃				
开始时间	时　分	时　分	时　分	时　分
终了时间	时　分	时　分	时　分	时　分
腐蚀时间				
判定结果				
分析人				
校对人				
班 长				

表 B-8　铜片腐蚀测定评分标准

试题名称			柴油水分的测定				
序号	考核项目	评分要素	配分	评分标准	扣分	得分	备注
1	柴油铜片腐蚀的测定	检查仪器、试样、溶剂	10	一项未按规定，扣 2 分			
2		试片的准备：把铜片打磨抛光	10	一项未按规定，扣 2 分			
3		取样：对铜片造成影响的各种试剂应盛放在深色瓶中	20	未按规定，扣 5 分			
4		铜片的检查：比较时要求铜片和腐蚀标准色板对光线成 45°折射，进行观察	20	一项未按规定，扣 5 分			
5		结果的表示：当铜片腐蚀程度恰好处于两个相邻的标准色板之间时，则按变色或失去光泽较为严重的腐蚀级别给出测定结果	20	一项未按规定，扣 5 分			
6		结果的判断：两次结果不同，重新试验，仍不同则按变色严重的腐蚀级别判断	10	超差，扣 5 分；书写记录一处不符合规定，扣 1 分			
7	文明生产	台面整洁，摆放有序	5	操作不正确，一处扣 2 分			
8	安全生产	能正确使用各种仪器，正确佩戴劳动保护用具	5	操作不正确或不符合规定，一处扣 2 分			
合计			100				

表 A-9　柴油凝点测定记录单

样品名称								
采样地点								
采样时间								
方法标准								
温度计号								
凝固点/℃	第一次							
	第二次							
	平　均							
温度计补正/℃								
报出结果/℃								
分析人								
核对人								
班　长								

表 B-9　柴油凝点测定评分标准

序号	考核项目	评分要素	配分	评分标准	扣分	得分	备注
1	测定柴油凝点	检查温度计合格	5	一项未检查，扣 2 分			
2		取样前摇匀试样	2	未摇匀，扣 2 分			
3		试管应清洁、干燥	2	不符合要求，扣 2 分			
4		取样量应符合要求	2	取量不准，扣 2 分			
5		温度计安装前应干净	2	不干净，扣 2 分			
6		温度计安装应正确	10	不符合要求，扣 5～10 分			
7		加热水浴应恒温在 50℃±1℃范围内	2	不符合要求，扣 2 分			
8		试样应预先加热至 50℃±1℃	2	不符合要求，扣 2 分			
9		试样预热后应在室温中降温至 35℃±5℃	2	不符合要求，扣 2 分			
10		冷浴温度比预期凝点低 7～8℃	5	不符合要求，扣 5 分			
11		观察凝固点操作正确	10	不符合要求，扣 2～10 分			
12		重复试验温度选择正确	2	不符合要求，扣 2 分			
13		试验过程中无不安全事故发生	20	发生不安全事故，扣 10～20 分			
14		合理使用记录纸	2	作废记录纸一张，扣 1 分			
15		记录无涂改、漏写	2	一处不符，扣 1 分			
16		试验结束后关闭电源	10	未关电源，扣 5 分			
17		试验台面应整洁	5	不整洁，扣 5 分			
18		正确使用仪器	5	打破仪器，扣 2～5 分			
19		结果应准确	10	结果超差，扣 5～10 分			
合计			100				

表 A-10　柴油冷滤点测定记录单

样品名称								
采样地点								
采样时间								
方法标准								
温度计号								
冷滤点/℃	第一次							
	第二次							
	平　均							
温度计补正/℃								
报出结果/℃								
分析人								
核对人								
班　长								

表 B-10　柴油冷滤点测定评分标准

试题名称		柴油冷滤点的测定					
序号	考核项目	评分要素	配分	评分标准	扣分	得分	备注
1	柴油冷滤点的测定	检查仪器:各部件齐全;水浴30℃±5℃;冷浴温度−17℃±1℃是否符合要求;U形管压差计,压差指示1.961kPa(200mm H_2O)	10	一处未检查,扣2分			
2		检查试样,取样前将试样混匀	5	没按规定,扣5分			
3		在试杯中取试样45mL,将冷滤点测定器安装于试杯中,使温度计垂直,温度计底部应离试杯底部1.3~1.7mm,过滤器也应恰好垂直放于试杯底部	15	取试样不正确,扣5分 安装不正确,一处扣3分			
4		将试杯置于预先恒温的水浴中,使油温达到30℃±5℃	5	油温未到,扣5分			
5		将试杯垂直放入在冷浴中冷却到预定温度的套管内,试样开始降温,使抽空系统与吸量管连接	5	没按规定操作,扣5分			
6		当试样冷却到比预期冷滤点高5~6℃时,开始第一次测定,启动抽空开关同时用秒表计时,当试样上升到吸量管20mL刻线处,关闭开关,同时秒表停止计时,让试样自然流回试杯;每降1℃重复上述操作,直至1min通过过滤器的试样不足20mL为止,记下此时温度即为试样的冷滤点;重复操作进行平行试验	30	计时不准,扣5分; 温度计读数不准确,扣5分;操作不正确,一处扣2分; 没做平行试验,扣5分			
7		结果计算,做出报告	10	计算不正确,扣5分;结果超差1℃,扣5分			
8		试验结束后,将试杯从套管中取出,加热熔化,倒出试样,洗涤试验设备,用轻油将试杯、过滤器、吸量管分别洗净,吹干	10	操作不正确,一处扣2分			
9		能正确使用各种仪器,正确佩戴劳动保护用具	10	不符合规定,一处扣2分			
合计			100				

表 A-11　油品浊点和结晶点测定记录单

样品名称		样品来源	
方法标准			
结晶点试验器型号		试样脱水情况	
测定次数编号	1	2	3
浊点测量值/℃			
校正后浊点/℃			
浊点平均值/℃			
重复性检查/℃			
结晶点测定值/℃			
校正后结晶点/℃			
结晶点平均值/℃			
重复性检查			

备注:

分析人		核对人		班长	

表 B-11　油品浊点和结晶点测定评分标准［SH/T0179—92（2000）］

序号	考核内容	考核要点	配分	评分标准	检测结果	扣分	得分	备注
1	准备	冰点试管和配件检查	10	检查结晶点试管外观，清洗并干燥。未检查扣5分				
				检查调整搅拌器。未检查扣5分				
		温度计检查	5	检查结晶点温度计测量范围和鉴定证书。检查不完全或未检查扣5分				
		结晶点试验仪器检查	15	熟悉结晶点试验器结构和控制方法。不熟悉仪器结构或操作扣5～10分				
				检查冷槽。未检查扣5分				
2	测定	取样及仪器安装	15	振荡试样瓶，使其混合均匀。未振荡扣5分				
				装样。装样过多或过少扣5分				
				调整温度计位置。未调整或不符合要求扣5分				
		浊点测定	5	设定冷槽温度比预期浊点低15℃±2℃。未设定或不符合要求扣5分				
			15	测定浊点。判断不准或失误扣5～10分，试样取出时间过长扣5分				
		结晶点测定	15	测定结晶点。试样取出判断时间不得超过12s。结晶点判断不准或失误扣5～10分，取出时间过长扣5分				
3	记录与结果	数据记录	10	正确记录测定结果。记录数据不符合要求扣2分				
				记录涂改勾抹一处扣3分				
				重复测定结果之差不大于2℃。结果超差扣5分				
4	文明与安全生产	台面卫生及试验后整理	10	台面整洁，仪器摆放有序，结束后整理仪器和台面。杂乱未整理扣5～10分				
				试验过程同组成员配合默契，操作合理，无仪器破损。否则酌情扣1～5分				
5	总分		100					

表 A-12　喷气燃料冰点测定记录单

样品名称		样品来源	
方法标准			
冰点试验器型号		室温/℃	
测定次数编号	1	2	3
试样冰点/℃			
温度计校正值/℃			
校正后冰点/℃			
冰点平均值/℃			
重复性检查			

备注：

分析人		核对人		班长	

表 B-12　喷气燃料冰点测定评分标准

序号	考核内容	考核要点	配分	评分标准	检测结果	扣分	得分	备注
1	准备	冰点试管和配件检查	15	检查冰点试管外观，清洗并干燥。未检查扣 5 分				
				检查压盖或防潮管。未检查扣 5 分				
				检查搅拌器。未检查扣 5 分				
		温度计检查	10	检查冰点温度计测量范围和鉴定证书。检查不完全或未检查扣 5～10 分				
		冰点试验仪器检查	15	熟悉冰点试验器的结构和控制方法。不熟悉仪器结构或操作扣 5～10 分				
				检查冷槽冷却液体的量，若不足须补充。未检查扣 5 分				
2	测定	取样及仪器安装	15	量取 25mL 试样于冰点试管里。未量取或样品洒落扣 5 分				
				调整温度计使水银球位于试样中心。未调整或不符合要求扣 5 分				
				调整搅拌器。未调整扣 5 分				
		冰点测定	25	测定过程中不断搅拌试样。未搅拌扣 5 分				
				观察试样开始呈现肉眼可见的晶体时的温度，记录为结晶点。结晶点判断不准或失误扣 5～10 分				
				缓慢升温的同时搅拌试样，记录至烃类结晶完全消失时的温度。冰点判断不准或失误扣 5～10 分				
3	记录与结果	数据记录	10	正确记录测定结果。取值准确至 0.5℃。记录数据不符合要求扣 2 分				
				记录涂改勾抹一处扣 3 分				
				平行结果超差扣 5 分				
4	文明与安全生产	台面卫生及试验后整理	10	台面整洁，仪器摆放有序，结束后整理仪器和台面。杂乱或未整理扣 5～10 分				
				试验过程同组成员配合默契，操作合理，无仪器破损。否则酌情扣 1～5 分				
5	总分		100					

表 A-13　油品密度（密度计法）测定记录单

样品名称		样品来源			
样品外观					
方法标准					
密度计型号		读数修正值		试验温度	
测定次数	1		2		3
测定数据					
密度温度系数					
标准密度					
标准密度平均值					
重复性检查					

备注：(计算过程)

分析人		核对人			班长	

表 B-13　油品密度（密度计法）测定评分标准

序号	考核内容	考核要点	配分	评分标准	检测结果	扣分	得分	备注
1	准备	试样准备与处理	10	检查试样温度和流动性，未检查扣5分				
				充分混合均匀试样，未摇匀扣5分				
		密度计检查	10	检查密度计检定证书，未检查扣5分				
				检查密度计基准点，确定密度计刻度在干管正确位置，未检查扣5分				
		温度计和量筒检查	5	检查温度计证书，未检查扣2分				
				选择符合测定要求的量筒，选择错误扣3分				
2	测定过程	试样处理和恒温	15	在试验温度下转移试样，避免损失。转移试样有损失扣3分				
				用滤纸除去液面上的气泡，未除气泡扣2分				
				用温度计搅拌试样，使试样密度和温度均匀，记录温度。不符要求扣5分				
		密度测定	20	把合适的密度计放入液体中，至平衡位置放开，使密度计自由漂浮。放入过深或未自由漂浮扣5分				
				把密度计按到平衡点以下1mm或2mm，松开，观察弯月面形状，反复观察至弯月面形状不变。按下过深或未按扣5分，弯月面形状若改变扣5分				
				按下密度计约两个刻度，轻轻转动一下放开，密度计静止时读数，读数应准确至最接近刻度间隔的1/5。读数精度不符扣5分				
		数据记录	10	正确记录密度值和温度值及密度计的读数方式修正值。记录值缺一项扣2分，至本项扣完为止				
3	数据处理	数据记录和修正	20	将测量密度换算为标准密度，修正后记录到 $0.0001g/cm^{-3}$，否则扣5分				
				记录涂改勾抹一处扣5分				
				平行结果超差扣10分				
4	文明与安全生产	台面卫生及试验后整理	10	台面整洁，仪器摆放有序，结束后整理仪器和台面。杂乱未整理扣5～10分				
				同组成员配合默契，操作合理，无仪器破损。否则酌情扣1～5分				
5	总分		100					

表 A-14　喷气燃料碘值测定记录单

试油名称		试油来源			
方法标准					
试油密度		平均沸点		平均分子量	
硫代硫酸钠标液浓度					
测定次数编号	空白		1		2
m_1					
m_2					
试油取样量					
消耗滴定剂体积					
试油碘值					
碘值平均值					
重复性检查					
烯烃含量					

备注：（计算过程）

表 B-14 喷气燃料碘值测定评分标准［SH/T0234—92］

序号	考核内容	考核要点	配分	评分标准	检测结果	扣分	得分	备注
1	准备	检查和洗涤玻璃仪器	10	检查需用玻璃仪器的规格和数量并洗涤干净。未检查或清洗不干净酌情扣1～5分				
				用标准溶液润洗滴定管。滴定管漏液或润洗不当酌情扣1～5分				
		试样准备与称取	10	检查试样含水情况，必要时过滤。未检查或过滤扣5分				
				准确在已加入15mL 95%乙醇碘量瓶中称取0.3～0.4g试样。称量失误或重称每次扣5分				
2	安装测定	试样反应	20	用吸管取25mL碘乙醇溶液注入碘量瓶中，密闭瓶塞，小心摇动碘量瓶。然后加入100mL蒸馏水，密闭瓶塞。碘乙醇取液失误每次扣5分				
				保持温度在20℃±5℃，旋转式摇动5min，120～150r/min，静置5min。摇瓶太慢扣5分，时间控制不当扣5分				
		滴定	25	加碘化钾溶液，用蒸馏水冲洗瓶塞及瓶颈。加液或冲洗不充分酌情扣1～5分				
				滴定。记录体积。滴定操作失误或终点判断失误每次扣5分				
				进行空白试验。空白试验失误扣5分				
3	记录与结果计算	数据记录	20	完整记录试验数据。记录涂改勾抹一处扣2分				
				计算试样碘值和烯烃含量。计算错误扣5～10分				
				重复测定结果之差符合要求。结果超差扣5分				
4	文明与安全生产	台面卫生及试验后整理	15	台面整洁，仪器摆放有序，结束后整理仪器和台面。杂乱或未整理扣5～10分				
				试验过程同组成员配合默契，操作合理，无仪器破损。否则酌情扣1～5分				
5	总分		100					

表 A-15 喷气燃料烟点测定记录单

样品名称		样品来源			
样品外观					
方法标准					
烟点灯编号		室温/℃		大气压力	
样品测定数据					
标准燃料的组成					
标准燃料的标准值					
标准燃料的实测值					
仪器校正系数					
试样烟点修正值					
修正后烟点平均值					
重复性检查					

备注：

分析人		核对人		班长	

表 B-15 喷气燃料烟点测定评分标准

序号	考核内容	考核要点	配分	评分标准	检测结果	扣分	得分	备注
1	准备	烟点灯的准备	25	熟悉烟点灯各部件作用，确保空气导孔干燥、畅通。仪器不熟悉每项扣2分。导孔不符要求者扣5分。扣分合计不超过10分				
				检查灯芯长度，并用石油醚或直馏汽油洗涤，在100～105℃下干燥30min备用。灯芯过短、过细或未洗涤干燥每项扣3分，扣分不超过10分				
				用试样湿润灯芯，装入灯芯管中。灯芯未用试样湿润扣2分				
				用石油醚或直馏汽油洗涤贮油器，用空气吹干。未洗涤贮油器扣3分				
		试样处理	5	试样保持室温，如呈雾状或有杂质用定量滤纸过滤。未处理扣5分				
2	烟点测定	装样并调整灯芯	10	用量筒往贮油器中装样20mL。样品有损失扣5分				
				剪平灯芯，并使灯芯高出灯芯管3mm。未剪平或高度不当扣5分				
		调整火焰及读数	15	点燃灯芯，并调整火焰高度为10mm，燃烧5min。未调整或预燃时间不够扣5分				
				平稳降低火焰高度，至正确的火焰状态。读取烟点值。火焰状态调整不当每次扣5分，总扣分不超过10分				
		校正因子测定	15	用滴定管配制甲苯和异辛烷标准混合燃料，并使一个烟点值比试样稍高，另一个稍低。燃料配制不当，扣5分				
				调整火焰状态，正确读数。火焰状态调整不当每次扣5分				
				计算仪器校正系数，计算不当扣5分				
3	记录与结果	数据记录与校正	20	正确记录和计算平行测定结果。取值准确至0.1mm。计算错误扣5分。保留位数不符扣2分				
				记录涂改勾抹一处扣5分				
				平行结果超差扣10分				
4	文明与安全生产	台面卫生及试验后整理	10	台面整洁，仪器摆放有序，结束后整理仪器和台面。杂乱或未整理扣5～10分				
				试验过程同组成员配合默契，操作合理，无仪器破损。否则酌情扣1～5分				
5	总分		100					

表 A-16 喷气燃料热值测定记录单（弹热值）

样品名称		样品来源	
方法标准			
氧弹量热计型号		量热计水值/(J/g)	
试油质量		引火丝质量	
胶片或聚乙烯管质量		引火丝热值	
胶片或聚乙烯热值		室温/℃	
初期温度顺序记录			
主期温度顺序记录			
终期温度顺序记录			
量热计热修正系数			
试油弹热值			

备注：(计算过程)

分析人		核对人		班长	

表 B-16　喷气燃料热值测定评分标准（仅弹热值部分）

序号	考核内容	考核要点	配分	评分标准	检测结果	扣分	得分	备注
1	准备	氧弹量热计的准备	20	熟悉氧弹量热计各部件组成及调节方法。根据熟悉和掌握程度酌情扣分。合计不超过5分				
				检查氧弹等配件，检查氧气表和连接充气装置等。未检查扣5分				
				记录量热计水值、胶片或安瓿瓶、引火丝等的热值。未记录和核查扣5分				
				擦干容器，将蒸馏水倒入量热计中，称准至0.5g。加水不准确扣5分				
2	弹热值测定	胶片封样	10	称量小皿质量，黏结胶片，称取胶片的质量。称量失误或黏结不好扣5分				
				从侧孔注入0.5～0.6g试样，塞住侧孔，称取试样质量。注入失误扣5分				
		氧弹安装	15	氧弹中准确加入1mL蒸馏水，将小皿连接引火线与电极。不会连接扣5分				
				旋紧氧弹，连接充气装置向氧弹中充入氧气。充氧气压力不够扣5分				
				将氧弹放入装水的量热容器中，连接电极引线。未连接或安装失误扣3分				
				插入温度计和搅拌器，盖好容器盖，平衡5min。未平衡扣2分				
		量热试验	20	记录初期温度5次，1次/min。少记录一次扣1分，漏记扣5分				
				通电，记录主期温度，1次/0.5min。少记录一次扣1分，扣分不超过10分				
				记录终期温度10次。少记录一次扣0.5分，扣分不超过5分				
	结束工作	测定酸	15	取出氧弹放气，清洗，收集洗液。洗涤不完全或洗涤液损失酌情扣5～10分				
				用氢氧化钠标准溶液滴定洗涤液，测定消耗体积。滴定失误扣5分				
	记录与结果	数据记录与校正	15	正确记录数据。涂改勾抹一处扣2分，保留位数不符扣2分，总计扣分10分				
				计算燃料弹热值。计算错误扣5分，单位不全扣1分				
	文明与安全生产	台面卫生及试验后整理	5	台面整洁，仪器摆放有序，结束后整理仪器和台面。杂乱或未整理扣3～5分				
				试验过程同组成员配合默契，操作合理，无仪器破损。否则酌情扣1～5分				
	总分		100					

表 A-17　喷气燃料硫醇性硫测定记录单

样品名称		样品来源			
方法标准					
电位滴定计型号		试油密度	室温/℃		
滴定溶剂种类		硝酸银-异丙醇标液浓度			

测定次数编号	1	2	3
试油取样量			
消耗滴定剂体积			
硫醇硫的质量分数			
质量分数平均值			
重复性检查			

备注：（计算过程）

分析人		核对人		班长	

表 B-17　喷气燃料硫醇性硫测定评分标准

序号	考核内容	考核要点	配分	评分标准	检测结果	扣分	得分	备注
1	准备	试样准备	10	试样混合均匀，测量或记录试样已知密度。未混匀或记录密度扣5分				
				检查试样有无硫化氢。未检查硫化氢扣5分				
		电极的准备	10	玻璃电极预先活化，用擦镜纸擦拭电极，用水冲洗干净。未处理扣5分				
				检查银-硫化银电极，必要时重新涂渍硫化银表层。未处理扣5分				
		电位滴定计准备	10	熟悉电位滴定计的结构和控制方法。不熟悉仪器结构或操作扣5～10分				
				连接仪器，通电预热。连接不正确或未及时预热扣5分				
		滴定溶剂准备	10	配制酸性溶剂。配制错误扣5分				
				氮气除氧，并保持隔绝大气。未处理扣5分				
2	测定	取样并调整滴定装置	15	吸取或称取试样于装有100mL滴定剂的烧杯中。取样失误或溅落扣5分				
				连接安装滴定管路，搅拌。安装或调节不当扣5分				
				润洗滴定管并调节液面。装液润洗不充分或滴定管尖处理不当扣5分				
		电位滴定	20	记录滴定管及电位计的初读数。选滴定方式，滴定，记录数据。速度控制不当或记录不及时酌情扣5～15分				
				结束整理。过早结束滴定过程扣5分				
3	记录与结果计算	数据记录	15	确定滴定体积。记录涂改勾抹一处扣2分。确定终点体积不准确扣5～10分				
				计算试样中的硫醇硫含量。计算错误扣5分				
				重复测定结果之差符合要求。结果超差扣5分				
4	文明与安全生产	台面卫生及试验后整理	10	台面整洁，仪器摆放有序，结束后整理仪器和台面。杂乱未整理扣5～10分				
				试验过程同组成员配合默契，操作合理，无仪器破损。否则酌情扣1～5分				
总分			100					

表 A-18　深色石油产品硫含量测定（管式炉法）记录单

样品名称		样品来源	
样品外观			
方法标准			
NaOH 浓度/(mol/L)			
测定次数	空白	1	2
样品质量/g			
炉膛温度/℃			
燃烧时间/min			
后期焙烧时间/min			
消耗 NaOH 体积/mL			
硫的质量分数			
质量分数平均值			
重复性检查			
备注：(计算过程)			

分析人		核对人		班长	

表 B-18 深色石油产品硫含量测定（管式炉法）评分标准［GB/T387—90］

序号	考核内容	考核要点	配分	评分标准	检测结果	扣分	得分	备注
1	准备	管式炉试验器准备	30	熟悉管式炉试验器的结构和控制方法。不熟悉仪器结构操作扣5～10分				
				检查石英管和石英舟，洗净并干燥。不检查或不洗涤并干燥扣5分				
				检查滴定管、接收瓶等玻璃仪器。不检查或不洗涤扣5分				
				连接洗气系统。连接次序错误扣5分				
				检查漏气。系统漏气未处理扣5分				
				升温。未及时升温或不会设置温度值扣5分				
2	测定	装样	15	准确称样，均匀分布在石英舟底部。若称量严重失误扣5分				
				放入石英舟并连接，调整通气量。不除气泡扣5分。石英舟放入位置不当或流量调整不当酌情扣5～10分				
		试样转化吸收及滴定	30	升温氧化。焙烧时间不够或不符合要求扣3～5分。试样冒黑烟或着火酌情扣5～10分				
				取石英舟洗涤。未洗涤弯管扣5分				
				滴定试液。滴定出现失误酌情扣5～10分				
				做空白试验。未及时记录空白值扣5分				
3	记录与结果计算	数据记录与处理	15	完整记录试验数据。记录涂改勾抹每一处扣2分				
				计算试样硫含量。计算错误扣5分				
				重复测定结果之差符合要求。结果超差扣5分				
4	文明与安全生产	台面卫生及试验后整理	10	台面整洁，仪器摆放有序，结束后整理仪器和台面。杂乱或未整理扣5分				
				试验过程同组成员配合默契，操作合理，无仪器破损。否则酌情扣1～5分				
5	总分		100					

表 A-19 油品闪点和燃点测定记录单

样品名称		样品来源	
样品外观			
方法标准			
大气压力/kPa		室温/℃	
测定次数	1	2	3
闪点测定值/℃			
闪点修正值/℃			
修正后闪点平均值/℃			
燃点测定值/℃			
燃点修正值/℃			
修正后燃点平均值/℃			
重复性检查			

备注：(计算过程)

分析人		核对人		班长	

表 B-19　油品闪点和燃点测定评分标准［GB/T3536—83］

序号	考核内容	考核要点	配分	评分标准	检测结果	扣分	得分	备注
1	准备	克利夫兰开口杯试验器准备	20	熟悉克利夫兰开口杯试验器的结构和控制方法。不熟悉仪器结构或操作扣5～10分				
				检查温度计，安置防护屏。不检查或不安置防护屏扣5分				
				清洗干燥试杯。不清洗或不冷却试杯温度扣5分				
		试样检查	5	检查试样是否含水或是否黏稠，并做相应处理。不检查扣5分				
2	测定	装样	15	装样。不准确扣5分				
				除气泡。不除气泡扣5分				
				检查试样有无沾到仪器外边。不检查或试样沾到仪器外面而不重新装样扣5分				
		测定闪点和燃点	30	安装温度计，调整位置。未调整或不符合要求扣3～5分				
				调整点火火焰。未调整或不符合要求扣3～5分				
				控制加热速度。闪点前28℃时，达到5～6℃/min。速度不符合要求扣5分				
				测闪点，每升温2℃划扫一次。至液面上出现闪火时记录温度。划扫不及时或记录温度不及时扣5分				
				测燃点，划扫不及时或记录温度不及时扣5分				
3	记录与结果计算	数据记录与处理	20	完整记录试验数据和大气压力值。记录涂改勾抹每一处扣2分				
				根据大气压力值对测定值进行修正。未修正扣5～10分				
				重复测定结果之差符合要求。结果超差扣5分				
4	文明与安全生产	台面卫生及试验后整理	10	台面整洁，仪器摆放有序，结束后整理仪器和台面。杂乱或未整理扣5分				
				试验过程同组成员配合默契，操作合理，无仪器破损。否则酌情扣1～5分				
5	总分		100					

表 A-20　运动黏度测定记录单

样品名称		样品来源			
油品外观					
方法标准					
黏度计规格		编号		常数/(mm^2/s^2)	
水浴温度/℃			室温/℃		
流动时间/s					
流动时间允许误差					
流动时间平均值/s					
运动黏度/(mm^2/s)					
重复性检查					

备注：(计算过程)

分析人		核对人		班长	

表 B-20 运动黏度测定评分标准［GB/T265—88］

序号	考核内容	考核要点	配分	评分标准	检测结果	扣分	得分	备注
1	准备	运动黏度试验器准备	20	熟悉运动黏度试验器的结构和控制方法。不熟悉仪器结构或操作扣5～10分				
				检查恒温浴液面高度。如偏低，适当补充液体。不检查扣5分				
				打开恒温浴开关，设置试验温度，预热。不预热或不会设置温度扣5分				
		试样检查	5	检查试样是否含水或机械杂质。不检查扣5分				
2	测定	黏度计检查和装样	15	根据试样预期黏度选择合适规格的黏度计。不会选择扣5分				
				用溶剂油或石油醚清洗黏度计。烘干或热空气吹干。未清洗或不干净酌情扣2～5分				
				按要求装入试样。不会装样或装入过多扣5分				
		测定流动时间	25	安装黏度计，并调整黏度计至垂直状态。未调整或不符合要求扣3～5分				
				调整温度计位置。未调整或不符合要求扣3～5分				
				吸液。测定时有气泡或裂隙扣5分				
				测量时间，记录。计时失误一次扣2分				
				重复测定。未检查或测定次数不足扣5分				
3	记录与结果计算	数据记录与处理	20	完整记录试验数据。记录涂改勾抹一处扣2分				
				检查计算。计算错误扣5～10分				
				重复测定结果之差符合要求。结果超差扣5分				
4	文明与安全生产	台面卫生及试验后整理	15	台面整洁，仪器摆放有序，结束后整理仪器和台面。杂乱或未整理扣5～10分				
				试验过程同组成员配合默契，操作合理，无仪器破损。否则酌情扣1～5分				
5	总分		100					

附录B 学生自我评价表

序号	项目		完成情况		教师评价阶段测验	依据
			个人评价	小组评价		
1	命题课业 20分	资料搜集				
		问题解答		—		理论课业
		计划制定				
2	课堂答辩 10分	团结协作				
		提高创新				
		步骤细化		—		实践课业

续表

序号	项目		完成情况		教师评价阶段测验	依据
			个人评价	小组评价		
3	实训内容 35 分	准备工作				
		规范操作		—		评分标准
		实验报告		—		检验单
4	任务实施 5 分	独立完成				
		小组合作				
		教师指导				
5	安全与卫生防范意识 5 分					
6	存在问题与建议 5 分					
7	任务检查 20 分	情况汇报				
		综合测验		—		成绩单
8	个人签名：		同组人员：			

附录 C　项目化教学指导性意见

C-1　项目化教学指导性意见

[以学习任务（一）汽油馏程和蒸气压测定为例]

在学习任务（一）的学习过程中，学生可在课下依据车用汽油国家质量标准，针对馏程和蒸气压检测项目，完成以下工作内容：

1. 正确选择试验方法标准以及检验过程所需的仪器、试剂等；
2. 找出测定过程的关键操作步骤；
3. 分析影响测定的主要因素及其原因；
4. 正确操作分析仪器并完成馏程和蒸气压指标的检验；
5. 认真填写试验记录单并进行数据处理；
6. 对整个试验过程进行总结，找出优缺点。

C-2　项目化教学指导性意见

[以学习任务（二）喷气燃料冰点和结晶点的测定为例]

在学习任务（二）的学习过程中，学生可在课下依据 3 号喷气燃料国家质量标准，针对冰点检测项目，完成以下工作内容：

1. 正确选择试验方法标准以及检验过程所需的仪器、试剂等；
2. 找出测定过程的关键操作步骤；
3. 分析影响测定的主要因素及其原因；
4. 正确操作分析仪器并完成 3 号喷气燃料冰点指标的检验；
5. 认真填写试验记录单并进行数据处理；
6. 对整个试验过程进行总结，找出优缺点。

参 考 文 献

［1］ 中国石油化工股份有限公司科技部编．石油和石油产品试验方法国家标准汇编（上、下）．北京：中国标准出版社，2010.

［2］ 中国石油化工股份有限公司科技部编．石油产品国家标准汇编（2016）．北京：中国标准出版社，2016.

［3］ 中国石油化工股份有限公司科技部编．石油产品行业标准汇编（2016）．北京：中国标准出版社，2016.

［4］ 中国石油化工股份有限公司科技部编．石油和石油产品试验方法行业标准汇编．北京：中国标准出版社，2016.

［5］ 中国石油化工集团公司人事部著．油品分析工．北京：中国石化出版社，2009.

［6］ 林世雄主编．石油炼制工程（上、下册）．4版．北京：石油工业出版社，2009.

［7］ 侯祥麟主编．中国炼油技术．2版．北京：中国石化出版社，2001.

［8］ 李树培主编．石油加工工艺学．北京：中国石化出版社，2006.

［9］ 熊云等编著．油品应用及管理．北京：中国石化出版社，2015.

［10］ 王先会编著．润滑油脂生产技术．北京：中国石化出版社，2012.

［11］ 廖克俭，戴跃玲编著．石油化工分析．北京：化学工业出版社，2005.

［12］ 王宝仁，孙乃有主编．石油产品分析．2版．北京：化学工业出版社，2014.

［13］ 王宝仁等编著．油品分析．2版．北京：高等教育出版社，2014.

［14］ 蔡智，黄维秋等编著．油品调合技术．北京：中国石化出版社，2008.

［15］ 顾洁等主编．油品分析与化验知识问答．2版．北京：中国石化出版社，2013.

［16］ 朱焕勤主编．油料化验员读本．北京：中国石化出版社，2007.